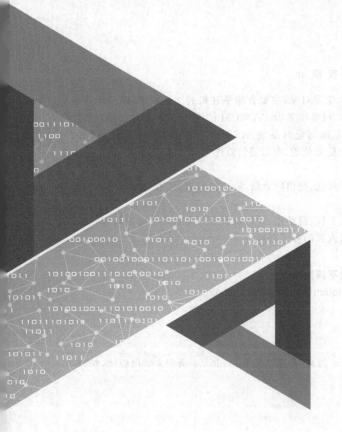

21世纪高等学校物联网专业系列教材

U0285908

单片机原理与应用技术
——C语言编程与Proteus仿真

◎ 孙宝法 编著

清华大学出版社

北京

内 容 简 介

本书选择 Atmel 公司的 AT89C51 单片机作为学习对象，主要介绍单片机的工作原理，以及单片机与外部器件的接口技术。全书共 11 章，分别介绍单片机基础知识、AT89C51 的硬件结构、单片机编程软件与仿真软件、Cx51 语言程序设计、AT89C51 的中断系统与定时系统、AT89C51 的串行通信技术、AT89C51 的人机交互、AT89C51 的资源扩展、AT89C51 模拟信号处理、串行通信器件、单片机应用系统设计等，书中的主要技术有相应的 C 语言代码和仿真实例。

本书以应用为出发点，践行理实一体化的教学理念，突出能力培养，选材适当，体系完整，结构合理，层次清楚，难度适中，循序渐进，便于教学。

本书可以作为高等学校物联网工程、电子信息工程、自动化、计算机科学与技术等专业的教材，也可以作为从事嵌入式系统设计、物联网应用的工程技术人员的参考资料。

图书在版编目（CIP）数据

单片机原理与应用技术：C 语言编程与 Proteus 仿真/孙宝法编著. —北京：清华大学出版社，2023.4
（2025.3重印）

21 世纪高等学校物联网专业系列教材

ISBN 978-7-302-62970-2

Ⅰ. ①单… Ⅱ. ①孙… Ⅲ. ①单片微型计算机－C 语言－程序设计－高等学校－教材 ②单片微型计算机－系统仿真－应用软件－高等学校－教材 Ⅳ. ①TP368.1 ②TP312.8

中国国家版本馆 CIP 数据核字(2023)第 039903 号

责任编辑：陈景辉 薛 阳
封面设计：刘 键
责任校对：焦丽丽
责任印制：丛怀宇

出版发行：清华大学出版社
  网 址：https://www.tup.com.cn，https://www.wqxuetang.com
  地 址：北京清华大学学研大厦 A 座 邮 编：100084
  社 总 机：010-83470000 邮 购：010-62786544
  投稿与读者服务：010-62776969，c-service@tup.tsinghua.edu.cn
  质量反馈：010-62772015，zhiliang@tup.tsinghua.edu.cn
  课件下载：https://www.tup.com.cn，010-83470236
印 装 者：三河市铭诚印务有限公司
经 销：全国新华书店
开 本：185mm×260mm 印 张：17   字 数：416 千字
版 次：2023 年 4 月第 1 版   印 次：2025 年 3 月第 2 次印刷
印 数：1501～1800
定 价：59.90 元

产品编号：096961-01

前言
FOREWORD

目前,物联网技术已经在各个领域得到了广泛的应用。物联网技术的核心是感知识别技术、计算机技术与通信网络技术,其中,传感器与单片机将构成对物体进行检测与控制的嵌入式系统,是物联网的终端,因此,在物联网的发展过程中,单片机与嵌入式系统必将扮演举足轻重的角色,并将得到长足的发展。学习单片机,前景广阔。

主要内容

本书选择 Atmel 公司的 AT89C51 单片机作为学习对象,主要介绍单片机的工作原理,以及单片机与外部器件的接口技术。全书分为 3 部分,共有 11 章。

第一部分为单片机基础,包括第 1~6 章。第 1 章介绍单片机基本知识;第 2 章介绍 AT89C51 的硬件结构及内部功能部件;第 3 章介绍单片机的编程软件 Keil Cx51 和仿真软件 Proteus;第 4 章介绍单片机的 C 语言程序设计方法,突出 Cx51 语言与标准 C 语言 (ANSI C)的不同;第 5 章介绍 AT89C51 的中断系统、定时器/计数器;第 6 章介绍 AT89C51 串行通信的基本原理与串行通信系统的设计技术。

第二部分为单片机最小系统扩展,包括第 7~10 章。第 7 章介绍 AT89C51 的人机交互,主要说明 AT89C51 与键盘、显示器的接口设计技术;第 8 章介绍 AT89C51 的资源扩展,主要说明 AT89C51 与程序存储器、数据存储器、I/O 接口芯片的接口设计技术;第 9 章介绍 AT89C51 模拟信号处理,主要说明 AT89C51 与 ADC0809、DAC0832 芯片的接口设计技术;第 10 章介绍几种常用的串行通信器件,主要说明 I^2C 总线、单总线和 SPI 总线系统的接口设计技术。

第三部分为单片机应用系统设计,包括第 11 章。本章介绍单片机应用系统设计的基本原则、步骤、注意事项等,并以两个实例详细叙述单片机应用系统设计的过程。

本书特色

(1) 单片机选择恰当。AT89C51 功能较全,技术成熟,内部功能部件的配置具有典型性;外部器件扩展比较方便,具有一定的实用性;引脚功能简单,学习相对容易;得到不少电路仿真软件的支持,开展实验便捷。

(2) 原理叙述清楚。本书主要介绍 AT89C51 的工作原理,以及单片机与外部器件的接口技术。为了使读者真正理解单片机与外部器件连接的理论依据,本书在基本原理叙述方面,力求做到全面、清楚、严谨,为将来从事嵌入式系统设计的读者奠定坚实的理论基础。

(3) 使用 C 语言编程。前几年,很多单片机教材使用汇编语言进行程序设计。随着 IT 技术的快速发展,越来越多的工程师使用 C 语言进行单片机应用系统的程序设计。为了降低学习难度,实现学校与社会的无缝对接,提高学生的社会适应度,本书使用 C 语言编程。

(4) 基于 Proteus 软件进行系统仿真。本书基于 Proteus 仿真平台,设计了相当多的单片机应用系统,通过仿真,验证了这些系统的功能与性能,大大提高了课程教学的生动性和趣味性,以此激发学生的学习热情。

(5) 简明易懂,便于教学。根据单片机、嵌入式系统的发展现状与发展趋势,作者对内容进行精挑细选,并对所选的内容反复梳理,使得本书选材恰当,重点突出,结构合理,条理清楚。这样处理,将大大减轻学生阅读和理解的负担,降低学习难度,提高学习效率,使大部分学生能够保持学习单片机的兴趣和热情。

(6) 重视实践能力的培养。从第 3 章开始,在每章都适当安排单片机应用系统设计的内容,帮助学生及时理解、消化、掌握所学的基础知识、基本理论和基本技术,培养学生发现问题、分析问题、解决问题的能力,逐步提高学生的实际操作水平。

配套资源

为了便于教与学,本书配有源代码、教学课件、教学大纲、教学进度表、教案、实验指导书、软件安装包、习题答案、期末试卷及答案。

(1) 获取源代码、软件安装包方式:先刮开并用手机版微信 App 扫描本书封底的文泉云盘防盗码,授权后再扫描下方二维码,即可获取。

源代码

软件安装包

(2) 其他配套资源可以扫描本书封底的"书圈"二维码,关注后回复本书书号,即可下载。

读者对象

本书可以作为高等学校物联网工程、电子信息工程、自动化、计算机科学与技术等专业的教材,也可以作为从事嵌入式系统设计、物联网应用的工程技术人员的参考资料。

致谢

在编写本书过程中,作者参考了很多文献资料,向这些文献的作者表示感谢。
由于作者水平有限,书中疏漏在所难免,敬请广大读者批评指正。

作　者

2023 年 1 月

目录

CONTENTS

第1章
CHAPTER 1
单片机基础知识

本章介绍单片机的基础知识、发展历程、应用领域和发展趋势,简要介绍 8 位单片机的主流机型。通过本章的学习,应该达到以下目标。

(1) 理解单片机的概念、分类、特点,了解单片机的发展历程、应用领域和发展趋势。

(2) 了解 8 位单片机的主流机型与系列。

1.1 单片机概述

1.1.1 单片机的概念

在单片机出现之前,把 CPU、存储器、I/O 端口模块等功能部件安装在一块计算机主板上,通常将这样的计算机主板称为单板机。单板机的结构如图 1.1 所示。

随着工业应用的不断深入,要求把 CPU、存储器、I/O 端口模块等功能部件集成到一块芯片内,这就产生了单片机。单片机的结构如图 1.2 所示。

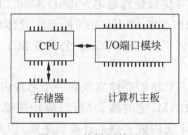

图 1.1　单板机的结构

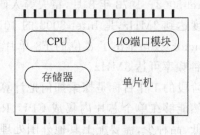

图 1.2　单片机的结构

单片机(Single-Chip Microcomputer,SCM)就是在一片半导体硅片上集成了中央处理器(CPU)、存储器(RAM/ROM)和各种输入/输出(I/O)端口模块的微型计算机。

单片机是微型计算机的一个重要分支,具有一台微型计算机的基本属性,特别适用于测控领域,因此,单片机也被称为微控制器(Micro Control Unit,MCU)或嵌入式微控制器(Embedded Micro Control Unit,EMCU)。

单片机的内部结构如图 1.3 所示。CPU 是单片机的大脑,统一指挥单片机各部分协调工作,ROM 用于存放单片机工作的程序,RAM 用于存放单片机工作的临时数据,系统时钟用于提供单片机工作时所需的时钟信号,中断系统用于处理系统工作时出现的突发事件,定时器/计数器用于定时或对外部事件计数，I/O 端口模块是单片机与外部器件之间的接口，内部总线把单片机的各个主要部件连接为一体。就其结构和工作原理而言，一块单片机芯片就是一台微型计算机。

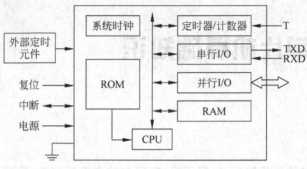

图 1.3　单片机的内部结构

单片机把微型计算机的主要部件集成到一块芯片内，大大缩短了系统内部信号的传输距离，提高了系统的运行速度与可靠性。虽然单片机的性能与通用计算机相差甚远，但是，它具有性能可靠、体积小、价格低、应用开发简单等优点，已经成为嵌入式应用系统和小微型智能产品开发的首选。

1.1.2　单片机的发展历程

自从单片机发明之后，一直受到大型微电子厂商的重视和青睐，因此得到了快速的发展。单片机的发展过程可以分为以下几个阶段。

1. 单片机探索阶段（1971—1976 年）

1971 年 11 月，美国 Intel 公司的霍夫研制成功了世界上第一块 4 位微处理器芯片 Intel 4004，拉开了单片机发展的序幕。1972 年 4 月，霍夫等人又研制成功了第一个 8 位微处理器芯片 Intel 8008。1973 年 8 月，霍夫等人研制出 8 位微处理器芯片 Intel 8080。Intel 8080 的运算速度达到 2MHz，是 Intel 8008 的 10 倍。1974 年 12 月，美国仙童半导体（Fairchild Semiconductor）公司推出了 8 位的 F8 单片机。1976 年，美国 Zilog 公司推出了微处理器 Z80，其时钟频率可达 8MHz。

这个阶段的工作目标是探索如何把计算机的主要功能部件集成到一个芯片内。本阶段的产品虽然能够在单个芯片内集成 CPU、ROM、RAM、定时器、并行口等功能部件，但是，产品性能低、品种少，需要配上其他外围处理电路才能构成完整的计算机系统，因此，本阶段的产品还算不上真正的单片机。

2. 低性能单片机阶段（1976—1978 年）

1976 年，Intel 公司推出了 MCS-48 单片机。MCS-48 集成了 CPU、ROM、RAM、定时器、计数器、I/O 接口、简单的中断系统、时钟等功能部件，是真正意义上的单片机。它体积小、功能全、价格低，得到了广泛的应用。MCS-48 极大地促进了单片机的发展，成为单片机发展史上重要的里程碑。1977 年，中国台湾地区 CI 半导体公司推出了 PIC1650 单片机。

本阶段的单片机仍然处于低性能阶段。

3. 高性能单片机阶段（1978—1983 年）

1978 年，Zilog 公司推出了 Z8 单片机。1980 年，Intel 公司在 MCS-48 的基础上推出了完善的、典型的单片机系列 MCS-51。同年，美国 Motorola 公司推出了 M68 单片机。这些产品使单片机的水平迈上了一个新台阶，此后，各公司的 8 位单片机迅速发展起来了。1982年以后，16 位单片机问世，代表产品是 Intel 公司的 MCS-96 系列单片机。16 位单片机比 8位单片机的数据宽度增加了一倍，主频更高，RAM 增加到了 232B，ROM 达到了 8KB，有 8个中断源，配备了多路 A/D 转换通道，还有高速的 I/O 处理单元，适用于更加复杂的控制系统。

本阶段生产的单片机普遍带有串行 I/O 端口、多级中断系统、16 位的定时器/计数器，片内的 ROM、RAM 容量加大，最大寻址范围可达 64KB，有的片内还带有 A/D 转换器。本阶段的单片机性价比很高，应用广泛，是目前应用较多的单片机。

4. 单片机全面发展阶段（1983—1990 年）

随着单片机在各个领域的广泛应用，逐渐出现了速度快、容量大、功耗低、功能强的 8位、16 位、32 位通用型单片机，以及小型廉价的专用型单片机，还有功能全面的片上单片机系统。这些单片机有 Intel 公司的 8044、Zilog 公司的 Super8、Motorola 公司的 MC68HC11、WDC 公司的 65C124 等。

1985 年，英国 Acorn 公司设计了其第一代 32 位、6MHz 的微处理器 ARM（Advanced RISC Machine），用它做出了一台精简指令集计算机。ARM 处理器功耗低、成本低，ARM芯片架构能够搭载的设备数量多。全世界 99% 的智能手机和平板电脑都采用 ARM 架构。所有的 iPhone 和 iPad 都使用 ARM 的芯片，多数 Kindle 电子阅读器和 Android 设备也都采用这一架构。

我国对单片机的研究主要是从这一阶段开始的。1986 年，全国首届单片机开发与应用交流会在上海召开，在其后的短短 5 年时间里，单片机发展极为迅速，形成单片机研究的第一次高潮。

5. 单片机特色发展阶段（1990 年至今）

进入 20 世纪 90 年代，各厂家又推出功能更强的单片机，如 Intel 公司的 16 位单片机MCS-96 系列的升级产品 80196、Motorola 公司的 16 位单片机 MC68HC16 和 32 位单片机MC8300 系列等。美国国家半导体公司的 COP800 系列单片机采用先进的哈佛结构，Atmel公司把单片机技术与先进的 Flash 存储技术完美地结合起来，推出了性能优秀的 AT89 系列单片机。另外，Freescale、德州仪器（Texas Instruments，TI）、三菱、日立、飞利浦、LG 等公司也开发了一批性能优越的单片机，推动了单片机的发展和应用。

美国 Microchip 公司研制成功了一种完全不兼容 MCS-51 的新一代 PIC 系列单片机，其精简指令集只有 33 条指令，把人们从 Intel 的 111 条复杂指令中解放出来。PIC 系列性能从低到高有几十个型号，可以满足不同的应用需要。其中，PIC12C508 单片机仅有 8 个引脚，是世界上最小的单片机，该型号有 512B 的 ROM、25B 的 RAM、一个 8 位定时器、一根输入线、5 根 I/O 线。

1.1.3　单片机的分类

可以根据实际需要，按照不同标准对单片机进行分类。

1. 按照单片机的用途分类

按照单片机的用途，可以把单片机分为通用型单片机和专用型单片机。

通用型单片机将可开发的 RAM、ROM、外部中断、定时器、计数器、串行通信、I/O 端口等内部资源全部提供给用户,用户可以根据实际应用的需要,设计一个以通用单片机芯片为核心,配以外围接口电路和外围设备,编写相应的控制程序,实现各种不同功能的单片机应用系统。通常所说的单片机,指的就是通用型单片机。本书所介绍的 AT89C51 单片机也是通用型单片机。

专用型单片机是专门针对某些产品的特定用途而设计、制作的单片机。例如,各种家用电器中的控制器就是专用型单片机。由于专用型单片机用于特定用途,因此,单片机制造商往往与测控系统产品的生产厂家合作,共同设计与开发专用的单片机芯片。在设计时,工程师会对单片机的测控功能、系统结构、可靠性和成本等进行综合考虑。专用型单片机针对性强,生产数量大,成本低,性价比高,综合优势十分明显。尽管如此,专用型单片机的基本结构和工作原理仍然是以通用型单片机为基础的。

2. 按照总线结构分类

按照是否提供并行总线,可以把单片机分为总线型单片机和非总线型单片机。

总线型单片机设置有并行地址总线、数据总线和控制总线,通过单片机的引脚,可以扩展外围器件。有些单片机把所需的外围器件、外部器件接口集成到片内,因此,在很多情况下,不需要进行并行总线扩展,这类单片机称为非总线型单片机。

3. 按照数据总线位数分类

按照单片机数据总线的位数,可以将单片机分为 4 位、8 位、16 位和 32 位单片机。

4 位单片机结构简单,价格便宜,适用于控制功能单一的小型电子类产品,如鼠标、游戏杆、电池充电器、遥控器、电子玩具、小家电等。

8 位单片机是目前品种最丰富、应用最广泛的单片机,又分为 51 系列和非 51 系列单片机。51 系列单片机具有典型的哈佛结构、众多的逻辑位操作功能、丰富的指令系统,受到大众的青睐。

16 位单片机的操作速度、数据吞吐能力比 8 位单片机有较大的提高。目前,应用较多的有 TI 的 MSP430 系列、凌阳 SPCE061A 系列、Motorola 的 MC68HC16 系列、Intel 的 MCS-96/196 系列等。

32 位单片机运行速度和功能比 51 系列单片机有大幅度的提高。随着技术的发展、价格的下降,32 位单片机将会与 8 位单片机并驾齐驱。32 位单片机主要由 ARM 公司研制,因此,提及 32 位单片机,一般均指 ARM 单片机。严格来说,ARM 不是单片机,而是一种 32 位处理器内核,实际使用的 ARM 芯片有很多型号,常见的 ARM 芯片主要有飞利浦的 LPC2000 系列、三星的 S3C/S3F/S3P 系列等。

1.1.4 单片机的特点

单片机功能强大、体积小巧、价格低廉、应用方便、稳定可靠,它的出现,给工业自动化、家电、通信等领域带来了一场重大革命和技术进步。单片机之所以能够得到广泛的应用,是因为其具有以下鲜明的特点。

1. 功能强大,控制方便

在单片机的硬件系统中,包含外部中断、定时器、计数器、串行通信等功能部件;在单片机的指令系统中,包含丰富的条件分支转移指令、灵活的 I/O 逻辑操作和较强的位处理功能。基于这些软硬件配置,单片机能够实现各种控制,以满足工业控制的要求。

2. 结构可调,应用灵活

现在的通用型单片机功能齐全,几乎可以用于各种测控系统。根据实际测控系统的需要,对通用型单片机的功能部件进行简化,并在系统结构上进行优化,就可以得到具有特定功能的专用型单片机。

3. 系统稳定,可靠性强

单片机集成度高,体积小,内部采用总线结构,减少了芯片内部的连线,大大提高了单片机的可靠性和抗干扰能力。基于单片机的测控系统,一般零部件比较少,结构简单,系统的可靠性比较强。通过软件的抗干扰设计,可以提高测控系统的抗干扰能力。

4. 嵌入容易,用途广泛

单片机本身就是一个微型计算机系统,只要在单片机的外部增加一些接口,连接一些必要的外围设备,编写相应的程序,就可以构成各种应用系统。几乎可以在任何设施或装置中嵌入体积小巧、功能完善的单片机测控系统,以实现各种方式的检测、处理或控制。就这一点而言,一般的微型计算机是做不到的。

5. 简单易学,便于普及

相对于通用微型计算机和嵌入式系统来说,单片机技术比较容易掌握,单片机应用系统的设计、组装、调试、优化也不是太难,有志于此的大学生和工程技术人员,通过学习,很快就可以入门。

6. 功耗较低,性价比高

一般单片机的工作电压为 $2\sim6V$,功耗只有 $20\sim100mW$,可以用于便携式电子产品中。单片机的功能强大,而价格很低。

从单片机发明到现在,在短短的几十年时间里,单片机得到了长足的发展。近年来,形式多样、集成度高、功能完善的单片机层出不穷,单片机的内部结构更加完美,配套的外围设备功能更加齐全。所有这些技术进步,为单片机应用系统向更大规模、更高层次的发展奠定了坚实的基础。

1.1.5 单片机的应用领域

在单片机发展的初期,主要应用于测试和控制领域。在以过程控制为主、以数据处理为辅的系统中,使用单片机可以获得良好的效果。随着微电子技术、计算机技术、通信技术的迅速发展,单片机的应用领域也越来越广泛。

1. 工业自动化

在工业自动化领域,单片机的应用主要有工业过程自动化、智能控制、设备控制、数据采集与传输、测试、测量、监控等。一般而言,用于工业控制的单片机,要求寻址范围大、运算速度快、处理能力强。

2. 智能仪器仪表

在智能仪器仪表中使用单片机,有助于提高仪器仪表的精度,加速仪器仪表向微型化、集成化、智能化、数字化、多功能化方向发展,使仪器仪表结构简化,体积减小,便于携带和使用。

3. 消费类电子产品

单片机最典型的应用是在家电领域,目前家电产品的一个重要发展趋势是智能化程度不断提高。例如,洗衣机、电冰箱、空调、电风扇、电视机、微波炉、消毒柜等家电产品,在其中嵌入单片机之后,其功能和性能大大提高,实现了智能化、最优化控制。用于家用电器的单片机多为专用型,通常封装小,价格低,外围器件和外部器件接口集成度高。

4. 通信设备

现在的通信设备基本上都实现了基于单片机的智能控制,在调制解调器、程控电话交换机、传真机、信息网络、电话机、手机、楼宇自动呼叫系统、无线对讲机等各种通信设备中,单片机都得到了广泛的应用。

5. 武器装备

在飞机、军舰、坦克、导弹、鱼雷、人造地球卫星、航天飞机、智能炸弹、现代火炮等现代化的武器装备中,都有单片机嵌入其中。

6. 网络终端及计算机外部器件

现代的单片机一般都具备通信接口,可以方便地实现单片机与计算机的数据通信。在银行 ATM 等网络终端中,在打印机、复印件、扫描仪、磁盘驱动器、绘图仪等计算机外部设备中,使用单片机,就可以在网络终端与计算机之间进行通信。

7. 汽车电子设备

单片机已经广泛应用于各种汽车电子设备中,如汽车安全系统、汽车信息系统、智能自动驾驶系统、汽车卫星导航系统、汽车防撞监控系统、汽车自动诊断系统等。

据媒体报道,由国防科技大学自主研制的红旗 HQ3 无人车,于 2011 年 7 月 14 日首次完成了从长沙到武汉 286km 的高速全程无人驾驶实验,创造了我国自主研制的无人车在复杂交通状况下自主驾驶的新纪录,标志着我国无人车在复杂环境识别、智能行为决策和控制等方面实现了新的技术突破,达到了世界先进水平。

8. 医用设备

在医用呼吸机、超声波诊断设备、CT 扫描仪、各种分析仪、监护仪、病床呼叫系统等医用设备中,单片机占据着核心地位,发挥着系统控制和数据处理的作用。

9. 大型设备中的模块

对于大型设备,可以按照功能的不同,把整个系统划分为不同的模块,然后使用单片机构建各种功能模块,通过插拔的方式组成完整的系统。这种模块化的硬件系统设计思想,简化了电路,方便了模块更换,提高了设备的可用率。

10. 多机分布式系统

在实际监控应用中,经常需要在一个区域内布置传感器网络,此时,可以采用多片单片机制作多个传感器节点,借助无线通信技术,构成分布式测控系统。多机分布式系统的运用,使单片机的应用上升到了一个新的层次。

1.1.6 单片机的发展趋势

总的来说,单片机的发展趋势是多功能、高性能、高速度、大容量、低电压、低功耗、低价格、集成化、专业化等。为了满足不同用户的特殊需求,各个公司分别从不同的方面对单片机进行了改进。

1. CPU 的改进

改进 CPU,目标是提高数据处理能力和处理速度。主要措施有:①提高时钟频率,目前,某些单片机的时钟频率已达 40MHz,通过倍频设置,还可以达到更快的速率;②采用双 CPU 结构;③增加数据总线宽度,内部采用 16 位或 32 位数据总线;④16 位和 32 位单片机大多采用流水线结构,指令以队列的形式出现在 CPU 中,且具有很快的运算速度,尤其适用于数字信号处理。

2. 存储器的发展

存储器的主要发展方向是扩大存储容量。对于 8051 内核的单片机来说,片内的程序存储器容量从 1KB 到 64KB 都有,有些单片机的片内程序存储器容量甚至超过 128KB,这样,对于某些测控系统,就可能不必扩展外部程序存储器,从而简化外围电路的设计。新型单片机的片内 RAM 一般可达 256B。

由于半导体技术的发展,早期使用的 EPROM、E^2PROM 已被 Flash 存储器所替代。Flash 存储器的使用,大大简化了应用系统的结构,提高了程序固化的速度,增加了程序存储器的可擦写次数,有些单片机程序存储器的可擦写次数高达 10 万次。

存储器的另一个发展方向是程序保密。一般 EPROM 中的程序容易被复制。为了防止程序外泄,生产厂家对 E^2PROM 或 Flash 存储器采用加锁方式。加锁后,用户无法读取其中的程序,达到了程序保密的目的。

3. 片内 I/O 端口的改进

一般而言,单片机的并行端口可以满足外围设备扩展的需要,而串行端口则可以满足多机通信的需求。

目前,很多单片机的总线端口趋向于采用串行总线结构,例如,Philips 公司开发的 I^2C 总线,用两条信号线代替现行的 8 位并行数据总线,减少了单片机的外部引脚,使得单片机与外部接口电路的连接更加简单。有些单片机设置了一些特殊的串行端口功能,为构成分布式、网络化系统提供了条件。

改进 I/O 端口的一个方向是增加并行端口的驱动能力,这样可以减少外部驱动芯片。例如,有的单片机允许其 I/O 端口输出大电流和高电压,使得单片机能够直接驱动发光二极管(Light Emitting Diode,LED)、液晶显示器(Liquid Crystal Display,LCD)和真空荧光显示器(Vacuum Fluorescent Display,VFD)。

改进 I/O 端口的另一个方向是增加 I/O 端口的逻辑控制功能,以加强 I/O 端口控制的灵活性。例如,中高档单片机的位处理系统允许对 I/O 端口进行位寻址及位操作。

4. 低功耗化

目前,半数以上的 8 位单片机已经实现了 CMOS 化,CMOS 芯片的功耗很小。为了充分发挥低功耗的特点,这类单片机普遍配置有 Wait、Stop 两种工作方式。在这些状态下低电压工作的单片机,工作电流仅在 μA 或 nA 量级,非常适合于靠电池供电的便携式、手持式的仪器仪表。

5. 专业化

就实际应用而言,不同应用对单片机功能和资源的需求是不同的。例如,摩托车的点火器需要一个 I/O 端口较少、RAM 与 ROM 存储空间不大、可靠性较高的小型单片机,如果采用有 40 个引脚、功能强大的单片机,不但投资大,使用起来也不方便。为了简化系统结构,提高系统的稳定性,节约成本,针对特定用途的专用型单片机将会越来越多。

6. 外围电路内装化

随着芯片集成度的不断提高,可以把众多外围功能部件集成到单片机片内。为了适应检测、控制的更高要求,除了一般必须具备的 ROM、RAM、中断系统、定时器/计数器之外,片内集成的部件还有 ADC、DAC、DMA 控制器、中断控制器、锁相环、频率合成器、字符发生器、声音发生器、译码驱动器等。随着集成电路技术与工艺的发展,可以把大规模的外围电路全部嵌入单片机内部,实现系统的单片化。

7. 向嵌入式操作系统方向发展

现代的单片机不只是在裸机环境下开发和使用,大量专用的嵌入式操作系统被广泛应用于高级单片机上,作为掌上电脑和手机的核心处理器的高端单片机,甚至可以直接使用 Windows、Linux、Android 和 iOS 等操作系统。

1.2　单片机系列介绍

20 世纪 80 年代以来,单片机的发展非常迅速,世界著名单片机生产厂商投放市场的产品就有几十个系列,数百种型号。其中有 Intel 公司的 MCS-48、MCS-51,Motorola 公司的 6801、6802,Zilog 公司的 Z8 系列,Rockwell 公司的 6501、6502,Philips 公司的 80C51、8xC552 系列等。另外,NEC、日立等公司也相继推出了多种型号的单片机。

在我国,使用最多的还是 Intel 公司的单片机及其兼容单片机。MCS-51 单片机是最早进入我国的单片机主流产品之一。

1.2.1　MCS-51 系列单片机

MCS 是 Intel 公司的单片机系列符号,如 MCS-48、MCS-51、MCS-96 系列单片机。MCS-51 系列单片机包括:三个基本型 8031、8051、8751,三个增强型 8032、8052、8752,对应的低功耗型 80C31、80C51、87C51,专用型 8044、8744。

1. 基本型

MCS-51 系列单片机基本型的典型产品有 8031、8051、8751。

8031 内部包含 1 个 8 位 CPU、128B 的 RAM、21 个特殊功能寄存器、4 个 8 位并行 I/O 端口、1 个全双工串行口、2 个 16 位定时器/计数器、5 个中断源,但是片内没有程序存储器,需要扩展 EPROM 芯片。

8051 在 8031 的基础上增加了 4KB 的 ROM 作为程序存储器,ROM 内的程序是公司在制作芯片时代用户烧制的,出厂的 8051 都是具有特殊用途的单片机。因此,8051 属于专用型单片机,只能用于控制程序已经确定的大批量生产的产品中。

8751 在 8031 的基础上增加了 4KB 的 EPROM,即 8031 扩展一片 4KB 的 EPROM 就相当于 8751。用户可以将程序固化在 EPROM 中,也可以反复修改程序。

2. 增强型

Intel 公司在 MCS-51 系列三种基本型单片机的基础上,又推出了增强型系列产品,即 52 子系列。MCS-51 系列单片机增强型的典型产品有 8032、8052、8752。它们的内部 RAM 增加到 256B,8052、8752 的内部程序存储器增加到 8KB,16 位定时器/计数器增至 3 个,中断源增加到 6 个,串行接口通信速率提高了 5 倍。

MCS-51 系列单片机的基本型、增强型产品的内部硬件资源如表 1.1 所示。

表 1.1　MCS-51 系列单片机的基本型、增强型产品的内部硬件资源

类型	型号	ROM 形式	ROM 存储容量/KB	RAM 存储容量/B	并行口/位	串行口/个	定时器/计数器/个	中断源/个
基本型	8031	—	—	128	4×8	1	2	5
	8051	ROM	4	128	4×8	1	2	5
	8751	EPROM	4	128	4×8	1	2	5
增强型	8032	—	—	256	4×8	1	3	6
	8052	ROM	8	256	4×8	1	3	6
	8752	EPROM	8	256	4×8	1	3	6

3. 低功耗型

MCS-51 系列单片机低功耗型的典型产品有 80C31、80C51、87C51。低功耗型单片机采用 CMOS 工艺,功耗很低,适于电池供电或其他要求低功耗的场合。例如,8051 的功耗是 630mW,而 80C51 的功耗是 120mW。此类单片机有两种掉电工作方式,一种是 CPU 停止工作,其他部件继续工作;另一种是除片内 RAM 继续保持数据外,其他部件都停止工作。

4. 专用型

MCS-51 系列单片机专用型的典型产品有 8044、8744。它们在 8051 的基础上,又增加了一个串行接口,主要用于利用串行接口通信的分布式多机测控系统。

1.2.2　80C51 系列单片机

8051 是 MCS-51 系列中的典型产品,该系列中的其他单片机都是在 8051 的基础上进行功能的增减而得到的。

20 世纪 80 年代中期以后,Intel 公司把精力集中在计算机 CPU 芯片的研发上,逐渐放弃了单片机芯片的生产。但是,以 MCS-51 核心技术为主导的单片机已经成为许多电气公司竞相选用的对象。Intel 公司以专利或技术交换的形式把 8051 内核技术转让给 Atmel、Philips、Analog、Devices、Dallas 等公司。这些公司的兼容单片机,与 8051 的内核结构、指令系统相同,采用 CMOS 工艺或 CHMOS 工艺,因此,常用 80C51 系列单片机来称呼所有具有 8051 内核与指令系统的单片机。习惯上,把这些兼容机统称为 51 系列单片机,或 51 单片机。

注意:不要把 80C51 系列单片机与 Intel 公司的 MCS-51 系列中的低功耗型单片机 80C51 相混淆,也不应该把 80C51 系列单片机直接称为 MCS-51 系列单片机,因为 80C51 系列单片机是所有具有 8051 内核与指令系统的单片机的总称,而 MCS-51 系列单片机只是 Intel 公司专用的单片机系列符号。

有的公司在 8051 的基础上又进行了一些扩充,得到增强型、扩展型的单片机,使其功能和市场竞争力更强。在 80C51 系列单片机的发展历史中,经历过以下 3 次技术飞跃。

1. 第一次飞跃:向 MCU 转化

在 Intel 公司实行技术开放后,荷兰 Philips 公司利用其在电子应用方面的优势,在 8051 基本结构的基础上,着重发展 80C51 系列单片机的控制功能和外围电路的功能,突出

了单片机的微控制器的特征。

2. 第二次飞跃：引入闪存

1998 年后，80C51 系列单片机又出现了一个新的分支，称为 89 系列单片机。美国 Atmel 公司率先把闪烁存储器(Flash Memory)应用于单片机中，使得在系统开发过程中修改程序变得十分容易，大大缩短了单片机系统的开发周期。

3. 第三次飞跃：向 SoC 转化

SoC(System on a Chip)称为系统级芯片，也称为片上系统，是一个带有专用功能目标的集成电路，其中包含完整的硬件系统，并有嵌入式软件的全部内容。

美国 Silicon Labs 公司推出的 C8051F 系列单片机，把 80C51 系列单片机从 MCU 推向 SoC 时代。C8051F 系列单片机的主要特点是：在保留 80C51 系列单片机基本功能和指令系统的基础上，以先进的技术改进 8051 的内核，使其指令运行速度比一般的 80C51 系列单片机提高了大约 10 倍，在片上增加了 A/D、D/A 转换模块，I/O 接口的配置从固定方式改变为由软件设定的方式，时钟系统更加完善，有多种复位方式。

1.2.3　AT89 系列单片机

在众多的 MCS-51 系列单片机及其各种衍生的兼容机中，Atmel 公司推出的 AT89 系列，尤其是该系列中的 AT89C51 单片机，在 8 位单片机应用中占有相当大的市场份额。1994 年，Atmel 公司以 E^2PROM 技术与 Intel 公司的 80C51 内核的使用权进行交换。该公司技术优势是其闪烁存储器技术，将闪烁存储器与 80C51 内核相结合，形成了 AT89 系列。

AT89 系列单片机包括 AT89C5x、AT89S5x 两个子系列，与 MCS-51 系列单片机在功能、引脚及指令系统等方面完全兼容。此外，AT89 系列单片机中的某些产品又增加了一些新的功能，如看门狗定时器 WDT、在线编程 ISP、串行接口技术 SPI 等。AT89 系列单片机主要产品的片内硬件资源如表 1.2 所示。

表 1.2　AT89 系列单片机主要产品的片内硬件资源

型　　号	闪烁存储器容量/KB	RAM 存储容量/B	I/O 端口线/位	定时器/计数器/个	中断源/个	引脚数/个
AT80C1051	1	128	15	1	3	20
AT80C2051	2	128	15	2	5	20
AT89C51	4	128	32	2	5	40
AT89C52	8	256	32	3	8	40
AT89LV51	4	128	32	2	6	40
AT89LV52	8	256	32	3	8	40
AT89S52	8	256	32	3	8	40
AT89C55	20	256	32	3	8	44

在表 1.2 中，80C1051、80C1052 为低档机型。AT89LV51、AT89LV52 中的“LV”表示低电压。AT89LV51 单片机的工作时钟频率为 12MHz，工作电压为 2.7~6V，编程电压 V_{PP} 为 12V。AT89S52 的最高工作时钟频率为 40MHz。

AT89C51 单片机是 AT89 系列中的代表性产品。AT89C51 单片机的时钟频率最高可达 24MHz，4KB 的闪烁存储器，允许在线编程，允许使用编程器对其重复编程，支持由软件选择的两种掉电工作方式，非常适合于用电池供电或其他要求低功耗的场合。由于

AT89C51 单片机具有很多优点,因此,受到了控制系统设计人员的钟爱。

尽管 AT89 系列单片机有多种机型,但是,掌握好其基本型 AT89C51 单片机是十分重要的,因为它具有典型性、代表性,是具有 8051 内核的各种型号单片机的基础,也是各种增强型、扩展型等衍生产品的基础。

本书重点介绍 8 位单片机 AT89C51 的基本原理与接口设计技术,以及基于 AT89C51 单片机的单片机应用系统设计技术。为了简便,下文将把"AT89C51 单片机"简写为 "AT89C51"。

1.2.4 其他主流单片机简介

1. AVR 系列单片机

1997 年,Atmel 公司利用 Flash 技术研发出高速 8 位单片机 AVR。AVR 单片机采用精简指令集,以字作为指令长度单位,指令长度固定,指令格式、指令种类、寻址方式相对较少,取址周期短,可以预取指令,实现流水作业,因此,可以高速执行指令。AVR 单片机有丰富的外部器件,如看门狗电路 WDT、低电压检测电路 BOD,增强了系统可靠性。工业级产品的 I/O 端口驱动能力强,可以直接驱动可控硅或继电器,无须功率驱动器件。另外,还有模/数转换电路 ADC、脉宽调制电路 PWM 等,便于工程应用。

2. PIC 系列单片机

Microchip 公司出品的 PIC 单片机,采用精简指令集,功耗低,抗干扰性能好,可靠性高,有较强的模拟接口,代码保密性好,大部分芯片有与其兼容的闪烁程序存储器,性价比高。PIC 单片机有几十个型号,功能配置从低级到高级都有,可以满足高、中、低档电子产品的各种需要。

3. STC 系列单片机

STC 系列单片机是我国深圳市宏晶科技有限公司开发的具有自主知识产权的增强型 51 单片机,功能强大,抗干扰能力强,可以直接替换 Atmel 等公司的产品。STC 系列单片机有多个子系列,几十个型号,可以满足不同应用需要。

4. ARM 单片机

近年来,随着电子设备智能化和网络化程度不断提高,出现了一种新型的单片机——ARM。ARM 单片机是以 ARM 处理器为核心的单片微型计算机。ARM 处理器是英国 Acorn 公司(1990 年 11 月 27 日,改组为 ARM 计算机公司)设计的低功耗、低成本的 RISC 微处理器,全称为 Advanced RISC Machine。ARM7 内核是 0.9MIPS/MHz 的三级流水线和冯·诺依曼结构,ARM9 内核是五级流水线,提供 1.1MIPS/MHz 的哈佛结构。ARM 处理器本身是 32 位的,但是也配备 16 位指令集。一般来说,实现同样的功能,16 位代码比 32 位代码节省 35% 的程序存储空间,同时还能保留 32 位代码的所有优势。

ARM 单片机采用了新型的 32 位 ARM 核处理器,使其在指令系统、总线结构、调试技术、功耗、性价比等方面都超过了传统的 51 系列单片机,同时,ARM 单片机在芯片内部集成了大量的外部器件,功能和可靠性都大大提高。ARM 单片机以其低功耗和高性价比的优势逐渐步入高端市场,成为时下的主流产品。

5. LPC 系列单片机

LPC 是荷兰 Philips 公司推出的高性能、微功耗的单片机,基于 80C51 内核,嵌入了掉电检测、片内 RC 振荡器等功能,LPC 在高集成度、低成本、低功耗的应用设计中可以满足多方面的要求。LPC 是 ARM7 的一个型号,NXP 公司(前身为 Philips 公司的事业部之一)有两个系列的 LPC 单片机:LPC700 和 LPC900。

LPC900 系列单片机属于增强型 51 单片机,两个机器周期的指令系统,集成了 E^2PROM、I^2C 总线、SPI 总线、增强型 UART 接口、比较器、实时时钟、ADC/DAC、IAP(应用中编程)等一系列有特色的功能部件,并提供 ICP(在电路编程)、ISP(在系统编程)等多种下载调试模式。LPC900 系列单片机的 CPU 主频是传统 51 单片机的 6 倍,在完全掉电模式下,电流低于 $1\mu A$。

6. EMC 单片机

EMC 单片机是中国台湾地区义隆公司的产品,大部分产品与 PIC 系列的 8 位单片机兼容,而且兼容产品的资源比 PIC 系列单片机多,价格便宜,有很多系列可选,但是,抗干扰性能比较差。

7. HOLTEK 单片机

HOLTEK 单片机是中国台湾地区台湾盛扬半导体公司的产品,价格便宜,种类较多,抗干扰性能比较差,适用于消费类电子产品。

8. TI 公司单片机

德州仪器公司提供了 TMS370 和 MSP430 两大系列的通用单片机。TMS370 系列单片机是 8 位单片机,采用 CMOS 工艺,有多种存储模式、多种外围接口模式,适用于复杂的实时控制场合。MSP430 系列单片机是一种超低功耗、功能集成度比较高的 16 位单片机,特别适用于要求功耗低的场合。

习题

一、选择题

1. 在家用电器中,使用单片机应该属于微型计算机的_____应用。
　　A. 辅助设计　　　　B. 测量控制　　　　C. 数值计算　　　　D. 数据处理

2. 8031 指的是_____。
　　A. CPU　　　　　　B. 微处理器　　　　C. 单片微机　　　　D. 控制器

3. 8051 与 8751 的区别是_____。
　　A. 内部数据存储单元数目不同　　　　　　B. 内部数据存储器的类型不同
　　C. 内部程序存储器的类型不同　　　　　　D. 内部寄存器的数目不同

4. 80C51 单片机的片内 RAM 容量是_____。
　　A. 4KB　　　　　　B. 8KB　　　　　　C. 128B　　　　　　D. 256B

5. AT89C51 的 CPU 的位数是_____位。
　　A. 4　　　　　　　B. 8　　　　　　　C. 16　　　　　　　D. 32

二、填空题

1. 除了"单片机"这一名称之外,单片机还可以称为_____和_____。

2. 与普通微型计算机不同,单片机将_____、_____和_____三部分集成于一块芯片上。

3. 按照单片机数据总线的位数，可以将单片机分为_____位、_____位、_____位和_____位单片机。

4. Atmel 公司推出的 AT89 系列单片机最突出的优点是使用了_____技术。

5. AT89C51 相当于 MCS-51 系列单片机中的_____型号的产品。

三、简答题

1. 什么是单片机？在很多场合，单片机又被称为 MCU 或 EMCU，为什么？

2. 单片机有哪些特点？

3. MCS-51 系列单片机的基本型芯片分别是哪几种？它们的差别是什么？

4. 为什么不能把 51 系列单片机称为 MCS-51 系列单片机？

四、问答题

1. 说明单片机的工作原理。

2. 按照单片机的用途，可以把单片机分为通用型单片机和专用型单片机。试说明通用型单片机和专用型单片机的含义。

第 2 章
CHAPTER 2 | AT89C51 的硬件结构

本章介绍 AT89C51 硬件系统的结构。首先,总述硬件系统的基本组成;然后,分别介绍硬件系统的各个部件,包括 CPU、存储器、并行 I/O 端口;最后,介绍设计单片机应用系统时所必需的时钟电路与复位电路。通过本章学习,应该达到以下目标。

(1) 了解 AT89C51 硬件系统的基本组成。
(2) 掌握 CPU 的构成与控制原理。
(3) 掌握程序存储器与数据存储器的结构。
(4) 初步了解并行 I/O 端口的位电路结构与工作过程。
(5) 掌握单片机应用系统的时钟电路、复位电路与复位操作。

2.1 片内硬件系统的组成

2.1.1 片内功能部件简介

AT89C51 把控制应用所需要的基本功能部件集成在一个芯片中,片内功能部件的拓扑结构如图 2.1 所示。AT89C51 片内功能部件有运算器、控制器、程序存储器、数据存储器、特殊功能寄存器、中断系统、定时器/计数器、串行端口、并行 I/O 端口等。各功能部件通过

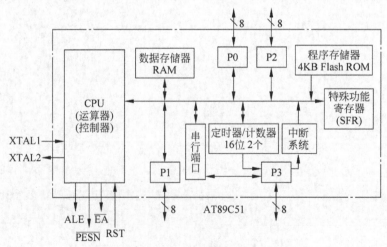

图 2.1 AT89C51 片内功能部件的拓扑结构

总线连接在一起,基本结构与传统的微型计算机相同,也是 CPU 加上外围芯片。CPU 通过特殊功能寄存器对各种功能部件进行控制。

AT89C51 有一个 8 位的中央处理器(Central Processing Unit,CPU),又称为微处理器,包括运算器和控制器,与通常微型计算机的 CPU 基本相同,只是增加了面向控制的位处理功能。片内有 4KB 的闪烁存储器(Flash Memory),属于只读存储器(Read-Only Memory,ROM),用于存放程序或表格;有 128B 的存储空间,映射在片内 RAM 区的 00H～7FH 地址范围内,属于随机存储器(Random Access Memory,RAM),用于存放系统运行时的临时数据;有 21 个特殊功能寄存器(Special Function Register,SFR),是片内各个功能部件的控制寄存器和状态寄存器,映射在片内 RAM 区的 80H～FFH 地址范围内;有 5 个中断源;有 2 个 16 位的定时器/计数器;有 1 个全双工异步串行通信口。

2.1.2　引脚介绍

AT89C51 有 40 个引脚,采用双列直插式封装(Dual In-line Package,DIP)。AT89C51 的封装与引脚分布如图 2.2 所示。

按照引脚的功能,把引脚分为 4 类:电源引脚、时钟引脚、控制引脚和 I/O 端口引脚。

1. 电源引脚

(1) V_{CC}(40 脚):接+5V 直流电源,给单片机供电。

(2) V_{SS}(20 脚):接地。

2. 时钟引脚

(1) XTAL1(19 脚):片内振荡器反相放大器的输入端,或外部时钟振荡器的输入端。

(2) XTAL2(18 脚):片内振荡器反相放大器的输出端。

当使用片内振荡器时,XTAL1、XTAL2 跨接外部石英晶体振荡器和微调电容;当采用外接时钟时,XTAL1 接收外部时钟振荡器的时钟信号,XTAL2 悬空。

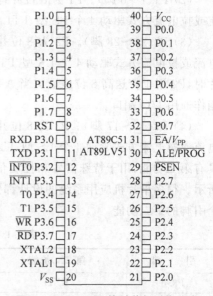

图 2.2　AT89C51 的封装与引脚分布

3. 控制引脚

控制引脚提供控制信号,有的引脚还具有第二功能。

(1) RST(Reset,9 脚):复位引脚,外接复位电路。

(2) $\overline{PSEN}$(Programming Strobe Enable,29 脚):外部程序存储器的读选通信号。当单片机外接程序存储器时,该引脚接外部程序存储器的 $\overline{OE}$ 端。在单片机读外部程序存储器时,此引脚输出脉冲的负跳沿作为读外部程序存储器的选通信号。

(3) ALE/$\overline{PROG}$(Address Latch Enable/PROGramming,30 脚):ALE 提供低 8 位地址锁存允许信号。在系统扩展时,ALE 的负跳沿将 P0 发出的低 8 位地址锁存在外接的地址锁存器中,然后,P0 再作为数据端口使用。

$\overline{PROG}$ 是该引脚的第二功能,在对片内程序存储器编程时,此引脚用于输入编程脉冲。

（4）$\overline{EA}/V_{PP}$（External Access/Voltage Pulse of Programming，31 脚）：$\overline{EA}$ 提供访问内部程序存储器或外部程序存储器的选择信号。当 $\overline{EA}=0$ 时，只访问外部程序存储器，地址为 0000H～FFFFH，片内 4KB 的程序存储器未用。当 $\overline{EA}=1$ 时，首先访问片内 4KB 的程序存储器，当 PC 值超过 0FFFH 时，即超出片内程序存储器的 4KB 地址范围时，将自动转向外部程序存储器，从 1000H 地址开始执行程序，片外程序存储器地址为 0000H～0FFFH 的 4KB 存储空间未用。

V_{PP} 是该引脚的第二功能，用于提供编程电压。当需要对片内 Flash ROM 固化编程时，该引脚用于输入编程电压，加在 V_{PP} 引脚的编程电压为＋5V 或＋12V。

4. I/O 端口引脚

（1）P0（32～39 脚）。P0 为 8 位并行 I/O 端口，每个引脚能够以灌电流方式驱动 8 个 LS 型 TTL 负载。当 AT89C51 扩展外部存储器或 I/O 接口芯片时，P0 用于分时传送低 8 位地址与 8 位数据。当 AT89C51 不扩展外部存储器和 I/O 接口芯片时，P0 可用作通用 I/O 端口。

（2）P1（1～8 脚）。P1 为 8 位并行 I/O 端口，具有内部上拉电阻，每个引脚能够以灌电流或拉电流方式驱动 4 个 LS 型 TTL 负载，是专供用户使用的 I/O 端口。

（3）P2（21～28 脚）。P2 为 8 位并行 I/O 端口，具有内部上拉电阻，每个引脚能够以灌电流或拉电流方式驱动 4 个 LS 型 TTL 负载。当 AT89C51 扩展外部存储器或 I/O 接口芯片时，P2 用于传送高 8 位地址。当 AT89C51 不扩展外部存储器和 I/O 接口芯片时，P2 可用作通用 I/O 端口。

（4）P3（10～17 脚）。P3 为 8 位并行 I/O 端口，具有内部上拉电阻，每个引脚能够以灌电流或拉电流方式驱动 4 个 LS 型 TTL 负载，可以用作通用 I/O 端口。另外，每个引脚还具有第二功能，用于特殊信号和控制信号的输入/输出。P3 各个引脚的第二功能如表 2.1 所示。很多单片机应用系统的设计都要用到 P3 某些引脚的第二功能，读者应该熟记 P3 各个引脚的第二功能。

表 2.1   P3 各个引脚的第二功能

引　脚	第 二 功 能	第二功能说明
P3.0	RXD	串口输入端
P3.1	TXD	串口输出端
P3.2	$\overline{INT0}$	外部中断 0 输入端
P3.3	$\overline{INT1}$	外部中断 1 输入端
P3.4	T0	定时器/计数器 0 外部信号输入端
P3.5	T1	定时器/计数器 1 外部信号输入端
P3.6	$\overline{WR}$	外部 RAM 写选通信号输出端
P3.7	$\overline{RD}$	外部 RAM 读选通信号输出端

4 个并行 I/O 端口分别有各自的用途。在扩展外部存储器或 I/O 接口芯片的系统中，P0 用于分时传送低 8 位地址信号和 8 位数据信号，P2 专用于传送高 8 位地址信号，P3 通常根据需要使用其第二功能，此时，供用户使用的 I/O 端口就只有 P1 和 P3 的未用作第二功能的引脚了。

2.2　中央处理器

中央处理器是单片机最核心的部分,是单片机的大脑,包括运算器和控制器两部分,主要完成运算和控制功能。这一点与通用的微处理器相同,但是,单片机的中央处理器更强调控制功能。

2.2.1　运算器

运算器主要用来对操作数进行算术运算、逻辑运算和位操作运算,包括算术逻辑单元、累加器、程序状态字寄存器、位处理器和两个暂存器。

1. 算术逻辑单元

算术逻辑单元(Arithmetic Logic Unit,ALU)可以对 8 位变量进行加、减、乘、除等基本算术运算,进行逻辑与、逻辑或、逻辑异或、循环、求补、清 0 等基本逻辑操作,还具有位操作功能,如对位变量进行置 1、清 0、求反、测试转移、逻辑与、逻辑或等操作。

2. 累加器

累加器 A 是 AT89C51 使用最频繁的一个 8 位寄存器,也可以写成 ACC。累加器 A 位于特殊功能寄存器区,字节地址为 E0H,可位寻址,位地址为 E0H～E7H。累加器 A 的格式如图 2.3 所示。

位地址	E7H	E6H	E5H	E4H	E3H	E2H	E1H	E0H
位编号	ACC.7	ACC.6	ACC.5	ACC.4	ACC.3	ACC.2	ACC.1	ACC.0

图 2.3　累加器 A 的格式

累加器 A 的作用如下。

(1) 累加器 A 是 ALU 的数据源之一,又是 ALU 运算结果的存放单元。

(2) 乘法指令、除法指令必须通过 ACC 进行。

(3) CPU 中的数据传送大多数都通过累加器 A,累加器 A 相当于数据的中转站。

3. 程序状态字寄存器

程序状态字(Program Status Word,PSW)是一个 8 位可编程的寄存器,位于特殊功能寄存器区,字节地址为 D0H,可位寻址,位地址为 D0H～D7H。PSW 的格式如图 2.4 所示。

位地址	D7H	D6H	D5H	D4H	D3H	D2H	D1H	D0H
位符号	Cy	Ac	F0	RS1	RS0	OV	—	P
位编号	PSW.7	PSW.6	PSW.5	PSW.4	PSW.3	PSW.2	PSW.1	PSW.0

图 2.4　PSW 的格式

PSW 包含程序运行的状态信息,其中,P、OV、Ac 和 Cy 保存当前指令执行后累加器 A 的状态信息,以供程序查询和判断。PSW 中各位的作用如下。

(1) P(PSW.0):奇偶标志位。P 表示累加器 A 中的"1"的个数的奇偶性。若 A 中"1"的个数为奇数,则 P=1;若 A 中"1"的个数为偶数,则 P=0。在串行通信中,常用奇偶校验的方法来检验数据串行传输的正确性,因此,该标志位在串行通信中具有重要意义。

（2）PSW.1：保留位。这一位虽然未定义名称，但是也可以进行位寻址操作，用位编号 PSW.1 或位地址 D1H 表示。

（3）OV(PSW.2)：溢出标志位。当执行算术指令时，OV 用来指示运算结果是否产生溢出。若结果产生溢出，则 OV=1；否则，OV=0。

（4）RS1、RS0(PSW.4、PSW.3)：4 组工作寄存器区选择控制位。这两位可由程序员设置，用于选择片内 RAM 中 4 组工作寄存器区中的一组作为当前工作寄存器区。RS1、RS0 的值与当前工作寄存器区的对应关系如表 2.2 所示。

表 2.2   RS1、RS0 的值与当前工作寄存器区的对应关系

RS1	RS0	当前工作寄存器区	内部 RAM 地址
0	0	0 区	00H～07H
0	1	1 区	08H～0FH
1	0	2 区	10H～17H
1	1	3 区	18H～1FH

（5）F0(PSW.5)：允许用户使用的状态标志位。在程序中，可以用指令来查询 F0 的值，并根据查询结果进行分支结构的程序设计，从而控制程序的流向。如果程序员使用汇编语言进行程序设计，那么，应该充分利用 F0 位。

（6）Ac(PSW.6)：辅助进位标志位。在进行 BCD 加法或减法运算时，若 ACC 的 D3 位向 D4 位进位或借位，则 Ac=1；否则，Ac=0。

（7）Cy(PSW.7)：进位标志位。在执行算术运算指令时，若 ACC 的 D7 位有进位或借位，则 Cy=1；否则，Cy=0。在位处理器中，Cy 是位累加器。

2.2.2   控制器

控制器的主要任务是识别指令，并根据指令的性质控制单片机的各个功能部件，保证各个功能部件自动、协调地工作。控制器的功能是控制指令的读入、译码、执行，对单片机的各个功能部件进行定时和逻辑控制。

单片机执行指令是在控制器的控制下进行的，执行一条指令的过程如下：首先，从程序存储器中读取指令，送入指令寄存器(Instruction Register，IR)保存；然后，把 IR 的输出送到指令译码器，对指令进行译码；译码结果送给定时控制逻辑电路，定时控制逻辑电路根据对指令的译码结果，产生一系列的定时信号和控制信号，控制单片机的各个功能部件进行相应的工作，执行指令。

在单片机应用系统中，整个程序的执行过程是：在控制器的控制下，以主振频率为基准，从程序存储器中逐条取出指令，进行译码，然后由定时控制逻辑电路发出各种定时控制信号，将各个功能部件的运行组织在一起。对于运算指令，还要将运算的结果状态送入 PSW。

控制器包括程序计数器、程序地址寄存器、指令寄存器、指令译码器、条件转移逻辑电路和时序控制逻辑电路等。

程序计数器(Program Counter，PC)是控制器中最基本的寄存器，存放下一条要执行的指令在程序存储器中的地址。PC 的计数宽度决定了程序存储器的地址范围。AT89C51 的 PC 为 16 位，故可对 64KB(2^{16}B)的程序存储器进行寻址。

2.3　存储器

　　一般通用计算机的存储器只有一个逻辑空间,程序存储器与数据存储器是统一编址的。访问存储器时,一个地址对应唯一的存储空间,可以是 ROM,也可以是 RAM,并使用同类的访问指令。这种存储器结构称为冯·诺依曼结构。AT89C51 存储器采用的是哈佛结构,即程序存储器与数据存储器是独立的,两个存储器各有自己的寻址空间与寻址方式。对于单片机"面向控制"的实际应用来说,这种结构更加方便。

　　根据电气性能划分,AT89C51 的存储器分为只读存储器(ROM)和随机存储器(RAM)。AT89C51 片内 ROM 的存储容量为 4KB,片内 RAM 的存储容量为 256B,根据需要,两者最大均可扩展至 64KB。

　　按照用途划分,AT89C51 的存储空间分为程序存储器、数据存储器与特殊功能寄存器。程序存储器使用的是 ROM,而数据存储器与特殊功能寄存器使用的是 RAM。

2.3.1　程序存储器

1. 程序存储器的结构

　　程序存储器是只读存储器,用于存放程序和表格。AT89C51 程序存储器的结构与地址空间如图 2.5 所示。

　　AT89C51 片内有 4KB 的存储空间,当片内 4KB 的 ROM 不够用时,可以扩展片外 ROM,最多可以扩展至 64KB。此时,整个程序存储空间分为片内和片外两部分,片内 4KB 的 Flash 存储器的地址范围为 0000H～0FFFH,片外 64KB 存储器的地址范围为 0000H～FFFFH。从图 2.5 可以看出,片内 ROM 的地址范围和片外 ROM 的低位地址范围相同。CPU 究竟是访问片内的存储空间,还是访问片外的存储空间,由 $\overline{EA}$ 引脚所接的电平确定。

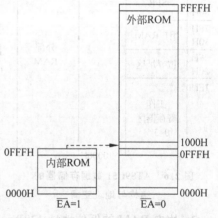

图 2.5　AT89C51 程序存储器的结构与地址空间

　　当 $\overline{EA}$ 接低电平时,CPU 只访问外部程序存储器,地址为 0000H～FFFFH。此时,片内 4KB 的程序存储器没有用到。当 $\overline{EA}$ 接高电平时,CPU 首先访问片内 4KB 的程序存储器,当 PC 值超过 0FFFH 时,即超出片内程序存储器的 4KB 地址范围时,自动转向外部程序存储器执行程序。此时,片外 ROM 的低位地址的 4KB 程序存储空间没有用到。

　　CPU 读外部 ROM 时,从 PC 中取出 16 位地址,由 P0、P2 同时输出,P0 输出地址的低 8 位,P2 输出地址的高 8 位;当 ALE 信号有效时,由地址锁存器锁存低 8 位地址信号;地址锁存器的低 8 位地址信号和 P2 输出的高 8 位地址信号同时加到外部 ROM 的 16 位地址输入端;当地址信号有效时,外部 ROM 将相应地址单元中的内容送到 P0,CPU 读入后,存入指定单元。

2. 程序存储器的入口地址

　　在程序存储器的 64KB 存储空间中,有一小段存储空间是单片机的专用单元,具有特殊的用途。

0000H 是系统程序的启动地址。单片机复位后,(PC)=0000H,CPU 从地址为 0000H 的单元开始读取指令。从 0000H 到外部中断 0 的入口地址 0003H 只有 3B,不可能安排一个完整的程序,因此,一般在该单元中放置一条跳转指令,跳向主程序的入口地址,从那里开始执行主程序。

5 个中断源的中断服务子程序的入口地址如表 2.3 所示,在这 5 个地址中,用户不能安排其他内容。从表 2.3 可见,相邻两个中断源的中断服务子程序的入口之间只有 8B 的间隔,一般情况下,8B 不足以存放中断服务子程序,因此,通常在这些中断服务子程序的入口地址放置一条跳转指令,跳向相应的中断服务子程序。

表 2.3　5 个中断源的中断服务子程序的入口地址

中　断　源	中断服务子程序入口地址
外部中断 0(INT0)	0003H
定时器/计数器 0(T0)	000BH
外部中断 1(INT1)	0013H
定时器/计数器 1(T1)	001BH
串口	0023H

2.3.2　数据存储器

1. 数据存储器的结构

数据存储器是随机存储器,用于存放程序执行过程中用到的数据。AT89C51 数据存储器的结构与地址空间如图 2.6 所示。

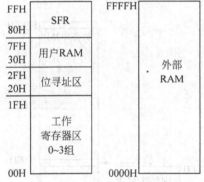

图 2.6　AT89C51 数据存储器的
结构与地址空间

当系统扩展数据存储器时,整个数据存储空间分为片内和片外两部分,片内 RAM 的 256B 的地址范围为 00H~FFH,片外 64KB 存储器的地址范围为 0000H~FFFFH。片内 RAM 和片外 RAM 是两个相互独立的空间,在一个应用系统中可以同时使用。

在用汇编语言进行程序设计时,为了指示单片机是访问片内 RAM 还是访问片外 RAM,分别用两种不同的传送指令:MOV 指令用于片内 00H~FFH 范围内寻址,MOVX 指令用于片外 0000H~FFFFH 范围内寻址。

2. 片内 RAM 的低位地址 128B

AT89C51 片内 RAM 低位地址 128B 的结构与地址空间如图 2.7 所示。128B 的存储空间分成三个部分:工作寄存器区、位寻址区、堆栈和数据缓冲区。

(1) 工作寄存器区(00H~1FH)。工作寄存器区共有 32B,分成 4 组,每组 8B,编号为 R0~R7。R0~R7 可以指向 4 组中的任何一组。用户可以通过指令设置 PSW 中的 RS1、RS0 的值,选择 4 组工作寄存器区中的某一组为当前工作寄存器,如表 2.2 所示。当前未使用的工作寄存器区也可以作为一般的 RAM 使用。例如,如果在程序中只用到第 0 组工作寄存器(00H~07H),那么,08H~1FH 区域就可以作为一般的 RAM 使用。

(2) 位寻址区(20H~2FH)。位寻址区共有 16B,它们既可以像普通 RAM 单元一样进行字节寻址,也可以对每个 RAM 单元中的任何一个位单独进行存取,这就是位寻址。20H~2FH 用于位寻址时,共有 128 位,每位都分配了一个特定地址,即 00H~7FH。这些地址称为位地址,如图 2.7 所示。在位操作类指令中,使用的地址是位地址。

7FH ⋮ 30H									堆栈、数据 缓冲区
2FH	7F	7E	7D	7C	7B	7A	79	78	
2EH	77	76	75	74	73	72	71	70	
2DH	6F	6E	6D	6C	6B	6A	69	68	
2CH	67	66	65	64	63	62	61	60	
2BH	5F	5E	5D	5C	5B	5A	59	58	
2AH	57	56	55	54	53	52	51	50	
29H	4F	4E	4D	4C	4B	4A	49	48	位寻址区
28H	47	46	45	44	43	42	41	40	
27H	3F	3E	3D	3C	3B	3A	39	38	
26H	37	36	35	34	33	32	31	30	
25H	2F	2E	2D	2C	2B	2A	29	28	
24H	27	26	25	24	23	22	21	20	
23H	1F	1E	1D	1C	1B	1A	19	18	
22H	17	16	15	14	13	12	11	10	
21H	0F	0E	0D	0C	0B	0A	09	08	
20H	07	06	05	04	03	02	01	00	
1FH ⋮ 18H				3组					
17H ⋮ 10H				2组					工作寄存器区
0FH ⋮ 08H				1组					
07H ⋮ 00H				0组					

图 2.7　AT89C51 片内 RAM 低 128B 的结构与地址空间

(3) 堆栈和数据缓冲区(30H~7FH)。堆栈和数据缓冲区共有 80B,用于存放用户数据,或用作堆栈区,也称为用户 RAM 区。AT89C51 对用户 RAM 区是按字节存取的。

2.3.3　特殊功能寄存器

AT89C51 内部的定时器、串行数据缓冲器、状态寄存器、各种控制寄存器、I/O 端口等都以特殊功能寄存器的形式出现,它们离散地分布在片内 RAM 的高位地址 128B 中,地址范围为 80H~FFH。AT89C51 特殊功能寄存器的地址映像如表 2.4 所示。

表 2.4 列出了特殊功能寄存器的名称、符号和字节地址,其中,有的特殊功能寄存器可以位寻址。若特殊功能寄存器的字节地址的末位为 0 或 8,则该特殊功能寄存器可以位寻址;否则,该特殊功能寄存器不能位寻址。可以位寻址的特殊功能寄存器有 11 个,共有位地址 88 个,其中 5 个位未用,其余 83 个位可以位寻址。可以位寻址的特殊功能寄存器的最低位的位地址等于其字节地址。

可以位寻址的特殊功能寄存器的每一位都有位地址,有的还有位名称。对累加器 A、程序状态字 PSW、I/O 端口,还可以用位编号进行操作。例如,累加器 A 最高位,位地址是 E7H,位编号是 ACC.7。又如,程序状态字 PSW 的最低位,位地址是 D0H,位名称为 P,位编号是 PSW.0,在编写代码时,可以使用 D0H、P、PSW.0 三者之一,它们都代表同一个位。

表 2.4　AT89C51 特殊功能寄存器的地址映像

名　　称	符号	位地址/位定义/位编号								字节地址
		D7	D6	D5	D4	D3	D2	D1	D0	
寄存器 B	B	F7H	F6H	F5H	F4H	F3H	F2H	F1H	F0H	F0H
累加器 A	ACC	E7H	E6H	E5H	E4H	E3H	E2H	E1H	E0H	E0H
		ACC.7	ACC.6	ACC.5	ACC.4	ACC.3	ACC.2	ACC.1	ACC.0	
程序状态字	PSW	D7H	D6H	D5H	D4H	D3H	D2H	D1H	D0H	D0H
		Cy	Ac	F0	RS1	RS0	OV		P	
		PSW.7	PSW.6	PSW.5	PSW.4	PSW.3	PSW.2	PSW.1	PSW.0	
中断优先级控制	IP	BFH	BEH	BDH	BCH	BBH	BAH	B9H	B8H	B8H
				PS	PT1	PX1	PT0	PX0		
I/O 端口 3	P3	B7H	B6H	B5H	B4H	B3H	B2H	B1H	B0H	B0H
		P3.7	P3.6	P3.5	P3.4	P3.3	P3.2	P3.1	P3.0	
中断允许控制	IE	AFH	AEH	ADH	ACH	ABH	AAH	A9H	A8H	A8H
		EA			ES	ET1	EX1	ET0	EX0	
I/O 端口 2	P2	A7H	A6H	A5H	A4H	A3H	A2H	A1H	A0H	A0H
		P2.7	P2.6	P2.5	P2.4	P2.3	P2.2	P2.1	P2.0	
数据缓冲	SBUF									99H
串行控制	SCON	9FH	9EH	9DH	9CH	9BH	9AH	99H	98H	98H
		SM0	SM1	SM2	REN	TB8	RB8	TI	RI	
I/O 端口 1	P1	97H	96H	95H	94H	93H	92H	91H	90H	90H
		P17	P1.6	P1.5	P1.4	P1.3	P1.2	P1.1	P1.0	
T1 高字节	TH1									8DH
T0 高字节	TH0									8CH
T1 低字节	TL1									8BH
T0 低字节	TL0									8AH
C/T 方式选择	TMOD	GATE	C/T̄	M1	M0	GATE	C/T̄	M1	M0	89H
C/T 控制	TCON	8FH	8EH	8DH	8CH	8BH	8AH	89H	88H	88H
		TF1	TR1	TF0	TR0	IE1	IT1	IE0	IT0	
电源控制	PCON	SMOD				GF1	GF0	PD	IDL	87H
DPTR 高	DPH									83H
DPTR 低	DPL									82H
堆栈指针	SP									81H
I/O 端口 0	P0	87H	86H	85H	84H	83H	82H	81H	80H	80H
		P0.7	P0.6	P0.5	P0.4	P0.3	P0.2	P0.1	P0.0	

　　有的特殊功能寄存器虽然有位名称，但是没有位地址，不能进行位寻址。例如，TMOD 的每一位都有位名称：GATE、C/T̄、M1、M0，但是没有位地址，因此不能进行位寻址。

　　在片内 RAM 的 80H～FFH 区域中，有的字节未命名。对未命名的字节进行操作是没有意义的，结果将是一个随机数。因此，不应该对这些字节进行读/写操作。

前面已经介绍了累加器 A 和程序状态字 PSW 两个特殊功能寄存器。下面再介绍一些特殊功能寄存器,更多的特殊功能寄存器将在相关章节中进行介绍。

1. 寄存器 B

寄存器 B 是为乘法、除法设置的。在不执行乘法、除法操作时,可以把它作为一个普通寄存器使用。在乘法中,两个乘数分别存放在 A、B 中。执行乘法指令后,乘积存放在 BA 寄存器对中,乘积的高 8 位存放在 B 中,乘积的低 8 位存放在 A 中。在除法中,被除数存放在 A 中,除数存放在 B 中。执行除法指令后,整数商存放在 A 中,余数存放在 B 中。

2. 数据指针 DPTR

数据指针(Data Pointer,DPTR)是一个 16 位的特殊功能寄存器,由两个寄存器 DPH 和 DPL 组成,DPH 是 DPTR 的高 8 位,DPL 是 DPTR 的低 8 位。DPTR 既可作为一个 16 位的寄存器使用,也可作为两个独立的寄存器 DPH、DPL 使用。

相对于地址指针 PC,DPTR 称为数据指针。实际上,DPTR 主要用于存放一个 16 位地址,作为访问外部程序存储器或外部数据存储器的地址指针。

3. 堆栈指针 SP

堆栈是 CPU 用来暂时存放部分数据的“仓库”,由内部 RAM 中的若干个存储单元组成。AT89C51 的堆栈是向上生长型的,堆栈指针(Stack Pointer,SP)指向栈顶,用于存放栈顶地址,可以指向内部 RAM 的 00H~7FH 的任何单元。

单片机复位后,SP 中的内容为 07H,使得堆栈实际上是从 08H 开始。为了不影响工作寄存器区,最好在单片机复位后且运行程序前,把 SP 的值设置为 60H 或更大的值。

堆栈主要是为子程序调用和响应中断而设立的,堆栈有如下两个功能。

(1) 保护断点。子程序调用和中断服务子程序调用,最终都要返回主程序,因此,在调用子程序之前,应该预先把主程序的断点在堆栈中保护起来,为程序的正确返回做准备。

(2) 保护现场。单片机在执行子程序或中断服务子程序时,很可能要用到一些寄存器,这就会破坏这些寄存器中原有的内容。因此,在执行子程序或中断服务子程序之前,应该把有关寄存器中的内容在堆栈中保护起来。

堆栈中数据存取按照后进先出(Last In First Out,LIFO)的原则。堆栈操作有如下两种。

(1) 压入堆栈。执行 PUSH 指令,首先(SP)+1→SP,然后把 1B 压入堆栈。

(2) 弹出堆栈。执行 POP 指令,首先从堆栈中取出 1B,然后(SP)−1→SP。

2.3.4　位地址空间

AT89C51 的内部数据存储器有 128 个可寻址位,字节地址为 20H~2FH;特殊功能寄存器有 83 个可寻址位,映射在片内 RAM 的字节地址为 80H~FFH 的区域中。因此,AT89C51 片内 RAM 共有 211 个可寻址位。

AT89C51 硬件系统中有一个布尔处理器,它是一个 1 位处理器,以 PSW 的进位标志位 Cy 作为累加器,以位寻址区的各个位作为存储器。

从指令方面来说,AT89C51 有一个进行布尔操作的指令集,包括位变量的传送、修改、逻辑运算、测试转移等。

2.4   并行 I/O 端口

AT89C51 有 4 个 8 位并行 I/O 端口,分别是 P0、P1、P2 和 P3。每个 I/O 端口内部都有一个 8 位的数据输出锁存器,使得 CPU 数据从 I/O 端口输出时可以得到锁存。4 个数据输出锁存器与端口号 P0、P1、P2、P3 同名,属于特殊功能寄存器。每个 I/O 端口内部都有一个 8 位数据输入缓冲器,数据输入时可以得到缓冲。

这些端口可以按字节进行输入、输出,也可以位寻址。4 个并行 I/O 端口的结构互不相同,功能、用途差异较大,下面分别加以介绍。

2.4.1   P0 端口

P0 是一个 8 位并行 I/O 端口,既能用作地址/数据总线,又能用作通用 I/O 端口。一般情况下,P0 用作地址/数据复用口,这时就不能再用作通用 I/O 端口了。P0 的字节地址为80H,位地址为 80H～87H。

1. 位电路结构

P0 的 8 位具有完全相同但又相互独立的电路结构,P0 的某一位 P0.x 的位电路结构如图 2.8 所示。

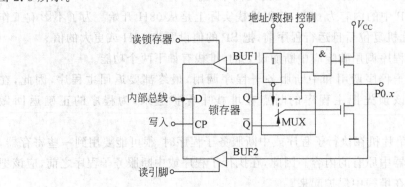

图 2.8   P0.x 的位电路结构

P0.x 的电路主要包括如下元件。

(1) 一个数据输出锁存器,用于对输出数据的锁存。

(2) 两个三态数据输入缓冲器 BUF1 和 BUF2,用于读锁存器数据或读引脚数据的缓冲。

(3) 一个多路转接开关 MUX,它的一个输入来自锁存器的 $\overline{Q}$ 端,另一个输入来自"地址/数字"信号的反相输出。MUX 由"控制"信号控制。

(4) 数据输出的驱动和控制电路由两只场效应管(Field Effect Transistor,FET)组成。

2. P0 的特点

(1) 当 P0 用作地址/数据复用口时,用于扩展存储器或并行 I/O 端口,输出低 8 位地址和输入/输出 8 位数据。

(2) 当 P0 作为低 8 位地址输出口时,输出锁存器中的内容保持不变。

(3) 当 P0 用作通用 I/O 端口时,需要在片外接上拉电阻。

2.4.2　P1 端口

P1 是单功能 I/O 端口,只能用作通用 I/O 端口,字节地址 90H,位地址 90H～97H。

1. 位电路结构

P1 的某一位 P1.x 的位电路结构如图 2.9 所示。P1.x 的位电路主要包括如下元件。

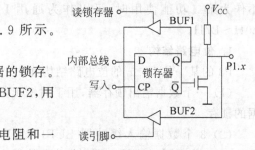

(1) 一个数据输出锁存器,用于对输出数据的锁存。

(2) 两个三态数据输入缓冲器 BUF1 和 BUF2,用于读锁存器数据或读引脚数据的缓冲。

(3) 数据输出驱动电路,由一个片内上拉电阻和一个场效应管组成。

图 2.9　P1.x 的位电路结构

2. P1 的特点

P1 有内部上拉电阻,作为输出口时,不需要外接上拉电阻。

2.4.3　P2 端口

P2 是一个双功能口,既能用作地址总线,又能用作通用 I/O 端口,字节地址为 A0H,位地址 A0H～A7H。

1. 位电路结构

P2 的某一位 P2.x 的位电路结构如图 2.10 所示。

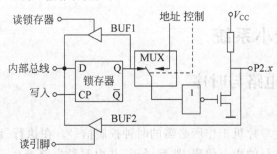

图 2.10　P2.x 的位电路结构

P2.x 的电路主要包括如下元件。

(1) 一个数据输出锁存器,用于对输出数据的锁存。

(2) 两个三态数据输入缓冲器 BUF1 和 BUF2,用于锁存器数据或引脚数据的输入缓冲。

(3) 一个多路转接开关 MUX,它的一个输入是锁存器的 Q 端,另一个输入是内部地址的高 8 位。

(4) 输出驱动电路,由场效应管和内部上拉电阻组成。

2. P2 的特点

(1) 作为地址输出线使用时,P2 可以输出外存储器的高 8 位地址,与 P0 输出的低 8 位地址一起构成 16 位地址线,可以寻址 64KB 的地址空间。

(2) 当 P2 作为高 8 位地址输出口时,输出锁存器中的内容保持不变。

(3) P2 内部有上拉电阻,作为输出口时,不需要外接上拉电阻。

2.4.4　P3 端口

AT89C51 的引脚数较少,因此,P3 的每个引脚都分别定义了第二功能。当某个引脚不作为第二功能使用时,可以作为通用 I/O 使用。P3 的字节地址为 B0H,位地址为B0H~B7H。

1. 位电路结构

P3 的某一位 P3.x 的位电路结构如图 2.11 所示。P3.x 的电路主要包括如下元件。

（1）一个数据输出锁存器,用于对输出数据的锁存。

（2）3 个数据输入缓冲器 BUF1、BUF2和 BUF3,分别用于读锁存器、读引脚数据和第二功能数据的输入缓冲。

（3）输出驱动电路,由"与非"门、场效应管和内部上拉电阻组成。

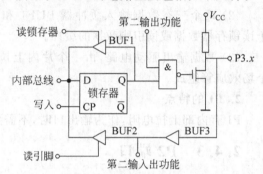

图 2.11　P3.x 的位电路结构

2. P3 的特点

（1）P3 内部有上拉电阻,作为输出口时,不需要外接上拉电阻。

（2）引脚输入部分有两个缓冲器,第一功能的输入信号取自缓冲器 BUF2 的输出端,第二功能的输入信号取自缓冲器 BUF3 的输出端。

2.5　单片机最小系统

2.5.1　时钟电路与时序

1. 时钟电路

时钟电路用于产生单片机工作所必需的时钟控制信号。在执行指令时,CPU 首先到程序存储器中取出需要执行的指令代码,然后译码,并由时钟电路产生一系列的控制信号,控制各个功能部件协同工作。AT89C51 的各个功能部件都以时钟控制信号为基准,一拍一拍、有条不紊地工作,因此,时钟频率决定了单片机的速度,时钟电路的质量直接影响单片机系统的稳定性。

常用的时钟电路有两种方式:内部时钟方式和外部时钟方式。

（1）内部时钟方式。AT89C51 片内一个高增益反相放大器,XTAL1 引脚为输入端,XTAL2 引脚为输出端。这两个引脚跨接石英晶体振荡器和微调电容,构成一个稳定的自激振荡器,电路如图 2.12 所示。电路中的电容 C_1、C_2 选择 30pF 左右。AT89C51 通常选择振荡频率为 6MHz 或 12MHz 的石英晶体。晶体的振荡频率越高,系统的时钟频率越高,单片机的运行速度

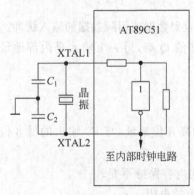

图 2.12　内部时钟方式的电路

越快。

当使用片内时钟时，XTAL1、XTAL2 引脚还能为单片机应用系统中的其他芯片提供时钟信号，但是，需要增加驱动能力。时钟信号输出方式有两种，如图 2.13 所示。

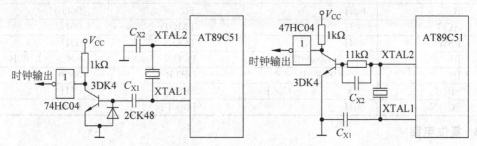

图 2.13　时钟信号的输出方式

（2）外部时钟方式。使用外部振荡器产生的脉冲信号，脉冲信号一般为低于 12MHz 的方波。外部时钟源直接接到 XTAL1 引脚，XTAL2 引脚悬空。在构建多机测控系统时，常常采用外部时钟方式，以便控制多机的同步。

2. 时序

所谓时序，是指控制器按照指令的功能，发出一系列在时间上有序的信号，控制和启动逻辑电路，完成某种操作。

单片机执行的指令都是在时序控制电路的控制下进行的，各种时序均与时钟周期有关。时钟周期是单片机的基本时间单位。若晶振的频率为 f_{osc}，则时钟周期为 $T_{osc} = 1/f_{osc}$。例如，若 $f_{osc} = 6MHz$，则 $T_{osc} = 166.7ns$。

机器周期是 CPU 完成一个基本操作所需的时间，记为 T_{cy}。1 个机器周期等于 12 个时钟周期，即 $1T_{cy} = 12T_{osc}$。例如，若 $f_{osc} = 6MHz$，则 $1T_{cy} = 12T_{osc} = 12/f_{osc} = 2\mu s$。

一个机器周期中的 12 个时钟周期分为 6 个状态 S1～S6，每个状态又分为两拍 P1、P2。因此，一个机器周期的 12 个时钟周期可以顺序表示为：S1P1、S1P2、S2P1、S2P2、…、S6P1、S6P2。

指令周期是执行一条指令所需的时间。执行一条指令往往需要几个机器周期，每个机器周期完成一个基本操作，如取指令、读数据、写数据等。对于一些简单的指令，取出指令后立即执行，只需要一个机器周期。有些复杂的指令，需要两个机器周期，如转移指令。乘指令、除指令需要四个机器周期。

2.5.2　复位与复位电路

1. 复位

在 RST 引脚加上时间大于两个机器周期的高电平，就可以使单片机复位。复位操作将对单片机初始化。除此之外，当出现程序"跑飞"或系统处于"死锁"状态时，按复位键可以使单片机重新启动，摆脱"跑飞"或"死锁"状态。

复位后，ALE 和 $\overline{PSEN}$ 引脚均为高电平，片内 RAM 中的内容不变。复位后，PC 初始化为 0000H，使单片机从 0000H 单元开始执行程序。复位操作还对特殊寄存器有影响。例如，SP 初始化为 07H，P0～P3 端口的所有引脚均为高电平等。单片机复位后内部寄存器的状态如表 2.5 所示。其中，×表示不确定。

表 2.5　单片机复位后内部寄存器的状态

寄 存 器 名	复 位 状 态	寄 存 器 名	复 位 状 态
PC	0000H	T1	0000H
B	00H	T0	0000H
ACC	00H	TMOD	00H
PSW	00H	TCON	00H
IP	×××00000B	PCON	0×××0000B
IE	0××00000B	DPTR	0000H
SBUF	××××××××B	SP	07H
SCON	00H	P0～P3	FFH

2. 复位电路

AT89C51 片内复位电路的结构如图 2.14 所示。复位引脚 RST 通过一个施密特触发器与内部复位电路相连,施密特触发器用来抑制噪声。在每个机器周期的 S5P2,内部复位电路对施密特触发器的输出电平采样一次,得到内部复位操作所需要的信号。

AT89C51 的复位是由外部复位电路实现的,外部复位电路通常采用上电自动复位和按键复位两种方式。

(1) 上电自动复位电路。最简单的上电自动复位电路如图 2.15 所示。

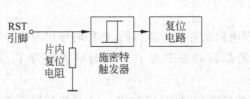

图 2.14　AT89C51 片内复位电路的结构　　图 2.15　上电自动复位电路

上电自动复位是通过外部复位电路的电容充电来实现的。当电源接通时,就可以实现自动上电复位。当时钟频率为 6MHz 时,C 取 $22\mu F$,R 取 $1k\Omega$。

(2) 按键复位电路。按键复位有电平方式和脉冲方式两种。电平方式的复位电路如图 2.16 所示,引脚 RST 经电阻与电源 V_{CC} 接通,实现复位。当时钟频率为 6MHz 时,C 取 $22\mu F$,R_s 取 200Ω,R_k 取 $1k\Omega$。

脉冲方式的复位电路如图 2.17 所示,利用 RC 电路产生的正脉冲实现复位。当时钟频率为 6MHz 时,R、C 的取值如图 2.17 所示。

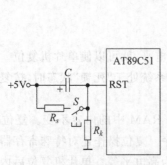

图 2.16　按键电平复位电路

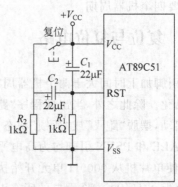

图 2.17　按键脉冲复位电路

2.5.3 AT89C51 的最小系统

AT89C51 内部包含运算器和控制器,还有 256B 的 RAM 和 4KB 的 Flash ROM,芯片本身就是一个数字处理系统。将单片机的 V_{CC} 引脚(40 脚)接上 +5V 直流电源,V_{SS} 引脚(20 脚)接地,RST 引脚(9 脚)接复位电路,XTAL1、XTAL2 引脚(19、18 脚)跨接晶振构成时钟电路,即可构成 AT89C51 的最小系统,如图 2.18 所示。

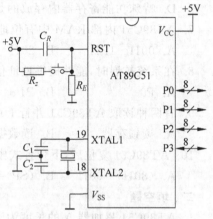

图 2.18 AT89C51 的最小系统

这种最小系统设计简单,在能够满足单片机应用系统功能要求的情况下,可以优先考虑直接采用该系统。但是,最小系统只适用于一些简单的单片机应用系统,对于稍微复杂一点的单片机应用系统,该最小系统就不能满足要求了,此时,需要对它进行扩展。

需要说明的是,所有复杂的单片机应用系统,都是在最小系统的基础上扩展而成的,因此,在进行单片机应用系统设计时,单片机最小系统是不可或缺的。

习题

一、选择题

1. AT89C51 用于选择片外程序存储器的控制信号是_____。

   A. RST   B. ALE   C. $\overline{EA}$ D. $\overline{PSEN}$

2. ALE 有效,表示_____。

   A. 从 ROM 中读取数据   B. 从 P0 可靠地送出地址的低 8 位

   C. 从 RAM 中读取数据   D. 从 P0 送出数据

3. AT89C51 的引脚 $\overline{EA}$=1 时,则可以扩展 ROM _____。

   A. 64KB   B. 60KB   C. 56KB   D. 128KB

4. PC 的值是_____。

   A. 当前正在执行指令的前一条指令的地址

   B. 当前正在执行指令的地址

   C. 当前正在执行指令的下一条指令的地址

   D. 控制器中指令寄存器的地址

5. 以下有关 PC 和 DPTR 的说法,_____是错误的。

   A. DPTR 是可以访问的,而 PC 不能访问

   B. 它们都是 16 位寄存器

   C. 在单片机运行时,它们都具有自动加"1"的功能

   D. DPTR 可以分为两个 8 位的寄存器使用,但是 PC 不能

6. 下列说法中，_____是正确的。

　　A. 内部 RAM 的位寻址区，只能位寻址，而不能字节寻址

　　B. 单片机的主频越高，它的运算速度越快

　　C. 在 AT89C51 中，一个机器周期等于 $1\mu s$

　　D. 特殊功能寄存器内存放的是栈顶单元的内容

7. AT89C51 内部 RAM 中有位地址的区域是_____。

　　A. 00H～1FH　　　B. 20H～2FH　　　C. 20H～3FH　　　D. 30H～7FH

8. 在系统扩展时，能够提供地址信号的低 8 位的端口是_____。

　　A. P0　　　　　　B. P1　　　　　　C. P2　　　　　　D. P3

9. 有两种读取 AT89C51 并行 I/O 口信息的方法，一种是读引脚，另一种是_____。

　　A. 读锁存器　　　B. 读数据　　　C. 读累加器 A　　　D. 读指令

10. AT89C51 复位后，下列各式中正确的是_____。

　　A.（80H）＝00H　　B.（SP）＝00H　　C. SBUF＝00H　　D. TH0＝00H

二、填空题

1. AT89C51 累加器 A 的长度为_____位。若 A 中的内容为 63H，那么，P 标志位的值为_____。

2. AT89C51 程序存储器的寻址范围是由程序计数器 PC 的位数所决定的，因为 AT89C51 的 PC 是_____位的，因此，它的程序存储器的寻址范围为_____。

3. AT89C51 的堆栈只能设置在_____，堆栈指针 SP 是_____位寄存器。

4. 通过堆栈操作实现子程序调用，首先要把_____的内容入栈，以进行断点保护。子程序调用返回时，再进行出栈保护，把保护的断点送回到_____。

5. 内部 RAM 的低 128 个单元中，有_____组工作寄存器，可作为工作寄存器区的单元地址为_____～_____。

6. 内部 RAM 中有_____个位可位寻址。位地址为 40H 的位所在字节的字节地址为_____。

7. 片内字节地址为 2AH 单元的最低位的位地址是_____；片内字节地址为 88H 单元的最低位的位地址是_____。

8. P0～P3 均是_____位并行 I/O 端口。P0、P2 除了可以进行数据的输入、输出外，在进行系统扩展时，常用作_____。

9. AT89C51 的一个机器周期等于_____个时钟周期。在 AT89C51 中，如果采用 12MHz 晶振，那么，一个时钟周期为_____，一个机器周期为_____。

10. 当 AT89C51 运行出错或程序陷入死循环时，_____就可以摆脱困境。在 RST 引脚上加_____个机器周期以上的高电平，就可以使单片机复位。

11. AT89C51 复位后，R4 所对应的存储单元的地址为_____，因为复位后 PSW＝_____。这时，当前工作寄存器区是第_____组工作寄存器区。

12. AT89C51 复位后，（SP）＝_____，此时，第一个入栈的数据将存入_____单元。

13. AT89C51 有_____个特殊功能寄存器，可以位寻址的特殊功能寄存器有_____个，可以进行位寻址的位有_____个。

三、简答题

1. AT89C51 片内都集成了哪些功能部件？

2. 当 AT89C51 的引脚 $\overline{EA}$ 接低电平和接高电平时，CPU 怎么访问程序存储器？

3. 在 64KB 程序存储器空间中，有 5 个单元地址，分别对应 AT89C51 的 5 个中断源的中断服务子程序的入口地址，请写出这些中断源及对应的中断服务子程序的入口地址。

4. 读外部 ROM 的控制线是哪几条？读外部 RAM 的控制线是哪几条？

5. 简述 P3 的各个引脚的第二功能。

6. 位地址 00H～7FH 和内部 RAM 中字节地址 00H～7FH 的编址相同，读写时会不会混淆？为什么？

第3章
CHAPTER 3 | 单片机编程软件与仿真软件

本章介绍单片机编程软件 Keil Cx51 和仿真软件 Proteus。通过本章的学习,应该达到以下目标。

(1) 了解单片机编程软件 Keil Cx51 的功能,熟悉 Keil Cx51 的工作环境,掌握 Keil Cx51 的使用方法。

(2) 了解单片机仿真软件 Proteus 的功能,熟悉 Proteus 的工作环境,掌握 Proteus 的使用方法。

3.1 单片机编程软件 Keil Cx51

3.1.1 Keil Cx51 简介

以单片机作为控制核心的单片机应用系统是硬件系统与软件系统的结合,二者缺一不可。单片机应用系统的硬件系统设计、制作完成之后,接下来就需要进行相应的软件系统设计,即编写、编译、调试程序。就基于 51 系列兼容单片机的单片机应用系统而言,可以在 Keil Cx51、CodeWarrior、IAR 等软件开发平台上编写、编译、调试程序。

目前,应用最广泛的 51 系列兼容单片机应用程序开发平台是美国 Keil Software 公司的 Keil Cx51。Keil Cx51 提供了包括 C 编译器、宏汇编、连接器、库管理和仿真调试器等部件在内的完整开发方案,通过集成开发环境 μVision,把这些部件组合在一起。如果使用 C 语言进行单片机应用程序设计,那么,Keil Cx51 一定是很多工程师的首选。

3.1.2 Keil Cx51 的工作界面

本节以 Keil C51 V9.54 为例,介绍 Keil Cx51 的工作界面。

下载软件 Keil C51 V9.54,在文件夹"keilc51-v9.54"中找到"c51v954a.exe"文件,双击该文件,开始安装。依照安装向导,完成 Keil Cx51 的安装。安装完成后,在桌面上将出现 Keil μVision5 图标。

在桌面上双击 Keil μVision5 图标,或者选择"开始"→"所有程序"→Keil μVision5 选项,进入 Keil μVision5 的工作界面,如图 3.1 所示。Keil μVision5 的工作界面是一个标准的 Windows 窗口,包括标题栏、菜单栏、工具栏、工程窗格、程序编辑区、编译输出窗格和状态栏等。

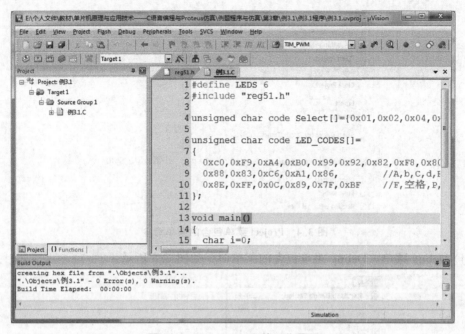

图 3.1　Keil μVision5 的工作界面

1. 标题栏

Keil μVision5 工作界面的最上面一行是标题栏,用于显示当前打开的工程文件的存储路径与文件名。

2. 菜单栏

标题栏的下面一行是菜单栏。Keil μVision5 的菜单栏包括 File、Edit、View、Project、Flash、Debug、Peripherals、Tools、SVCS、Window、Help 等 11 个主菜单,各个主菜单包含若干个菜单命令。常用的主菜单有 File、View、Project、Debug 等。

（1）File 菜单。File 菜单包含的菜单命令如图 3.2 所示。

（2）View 菜单。View 菜单包含的菜单命令如图 3.3 所示。

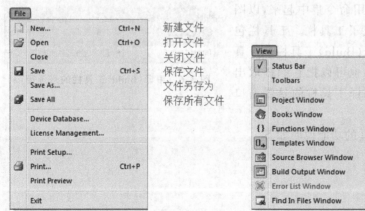

图 3.2　File 菜单包含的菜单命令

图 3.3　View 菜单包含的菜单命令

（3）Project 菜单。Project 菜单包含的菜单命令如图 3.4 所示。

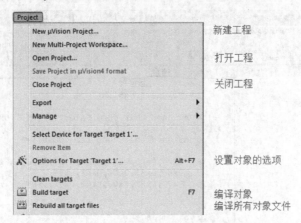

图 3.4 Project 菜单包含的菜单命令

（4）Debug 菜单。Debug 菜单包含的菜单命令如图 3.5 所示。

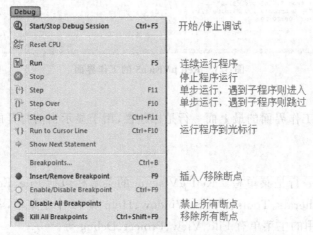

图 3.5 Debug 菜单包含的菜单命令

3．工具栏

把 Keil μVision5 的常用命令集中起来，以图标的形式显示出来，就构成了工具栏。工具栏包括文件（File）工具栏和编译（Build）工具栏。工具栏一般位于菜单栏的下面，也可以把它们提取出来作为悬浮窗口。例如，编译工具栏的悬浮窗口如图 3.6 所示。

图 3.6 编译（Build）工具栏的悬浮窗口

Keil μVision5 常用工具的功能说明如下。

：开始/停止调试。

：插入断点。

：移除断点。

：禁止所有断点。

：移除所有断点。

：编译当前文件。

：编译对象文件。

：编译所有对象文件。

：设置对象的选项。

4．工程窗格

工程窗格用于显示当前打开的工程文件，其中包含头文件、源程序文件等。通过工程窗格，可以清楚地看出本工程文件所包含的文件以及各种文件的层次结构，便于文件管理。在 View 菜单中，可以选择显示/隐藏工程窗格，一般选择显示工程窗格。

5．程序编辑区

程序编辑区是 Keil μVision5 工作界面的主要部分，用于编写头文件、源程序文件等。在工程窗格中，双击某个头文件或源程序文件，就在程序编辑区打开这个文件。在程序编辑区选中某个头文件或源程序文件，单击鼠标右键，在弹出的快捷菜单中选择 Close 选项，就关闭了这个文件。

选择 Edit→Configuration 选项，弹出 Configuration 对话框，如图 3.7 所示。在这个对话框中，可以设置源程序代码的字体、字形、字号、颜色等。

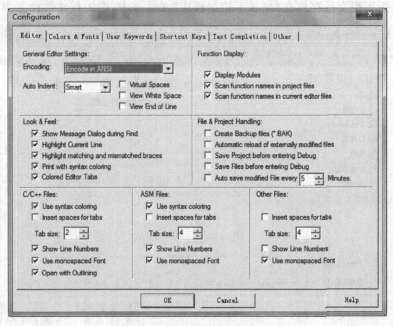

图 3.7　Configuration 对话框

6．编译输出窗格

选择 View→Build Output Window 选项，可以选择显示/隐藏编译输出窗格。如果选择显示编译输出窗格，那么，在 Keil μVision5 工作界面的下部，将出现编译输出（Build Output）窗格。在编译工程之后，Build Output 窗格将会显示编译结果。如果程序有错误，系统将给出错误或警告提示，并指示错误或警告所在的行。程序员可以按照提示信息进行修改，然后重新编译，直至没有错误为止。如果在 Build Output 窗格中显示"0 Error(s)，0 Warning(s)"，说明编译成功。

7. 状态栏

状态栏位于 Keil μVision5 工作界面的底部,用于显示当前系统的状态,以及当前光标所在位置的行号与列号。

3.1.3　Keil Cx51 的使用方法

基于 Keil μVision5 设计单片机应用系统的控制程序,一般包括新建工程、新建C文件、把C文件添加到工程中、编译工程等。下面以数码管轮流显示控制程序设计为例,介绍单片机应用系统程序设计的过程。

为了使设计文件结构清晰,应该对设计文件进行归类管理,为此,在桌面新建一个文件夹"例 3.1",在这个文件夹中,再新建一个文件夹"例 3.1 控制程序",用于保存本程序设计的相关文件。

1. 新建工程

新建一个工程的步骤如下。

(1) 在 Keil μVision5 工作界面,选择 Project→New μVision Project 选项,弹出 Create New Project 对话框,如图 3.8 所示。在该对话框中,选择存放工程文件的路径,输入工程文件名。这里,把工程文件存放在"例 3.1 控制程序"文件夹中,把工程文件命名为"例 3.1"。

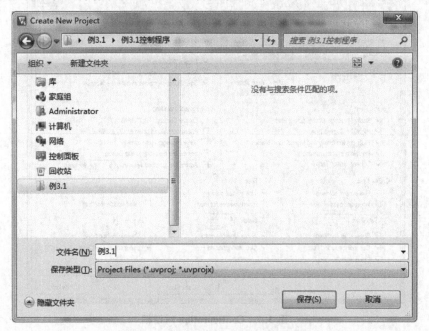

图 3.8　Create New Project 对话框

(2) 单击"保存"按钮,弹出 Select Device for Target 'Target 1'对话框,如图 3.9 所示。在该对话框中,选择单片机的种类及型号。

(3) 单击 OK 按钮,弹出 μVision 对话框,如图 3.10 所示。

(4) 单击"否"按钮,就在桌面文件夹"例 3.1"的子文件夹"例 3.1 控制程序"中新建了一个工程文件"例 3.1"。

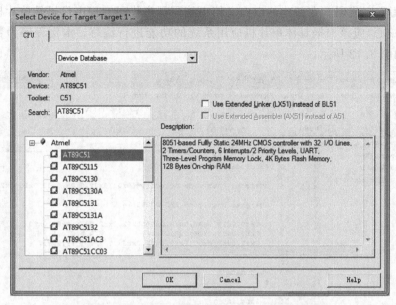

图 3.9　Select Device for Target 'Target 1' 对话框

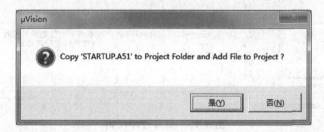

图 3.10　μVision 对话框

2. 新建 C 文件

新建一个 C 文件的步骤如下。

（1）在文件工具栏中，单击 New 按钮，在程序编辑区新建一个空白文档 Text1，如图 3.11 所示。

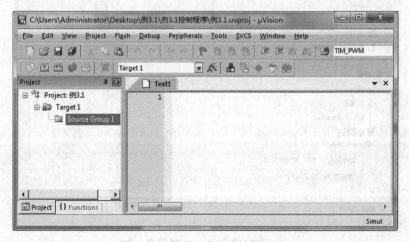

图 3.11　新建一个空白文档 Text1

（2）编写程序代码。在新建的空白文档中编写程序代码。程序代码是单片机应用系统控制程序的核心，应该根据具体单片机应用系统的功能进行编写。本例程序为数码管轮流显示程序，如图 3.12 所示。

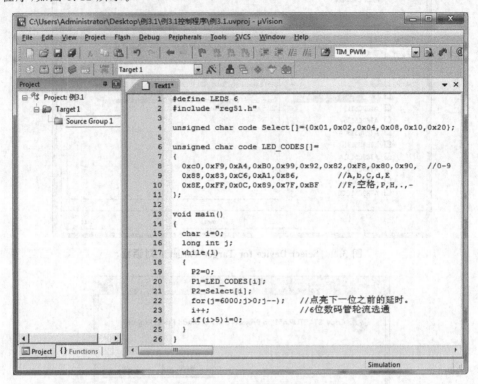

图 3.12　编写程序代码

（3）在文件工具栏中，单击 Save 按钮，弹出 Save As 对话框，如图 3.13 所示。

图 3.13　Save As 对话框

（4）在地址栏中选择存放 C 文件的文件夹"例 3.1\例 3.1 控制程序"，在"文件名"输入框中输入文件名"例 3.1 控制程序. C"。注意，这里的文件扩展名必须是". C"或". c"。

（5）单击"保存"按钮，保存 C 文件。

3. 把 C 文件添加到工程中

（1）在工程窗格右击 Source Group1 文件夹，在弹出的快捷菜单中，选择 Add Existing Files to Group 'Source Group 1'选项，如图 3.14 所示。

（2）在弹出的 Add Files to Group 'Source Group 1' 对话框中，选择新建的 C 文件"例 3.1 控制程序. C"，如图 3.15 所示。

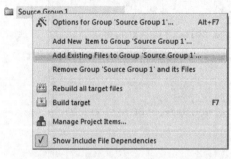

图 3.14 选择 Add Existing Files to Group
'Source Group 1'选项

图 3.15 Add Files to Group 'Source Group 1'对话框

（3）单击 Add 按钮，再单击 Close 按钮。这时，在工程窗格的 Source Group1 文件夹中出现文件"例 3.1 控制程序. C"，表明已经成功地把这个 C 文件添加到工程中了。

4. 设置对象选项

C 文件中的程序是用 C 语言编写的高级语言程序，单片机不能直接执行，必须用编译软件把它转换成单片机能够直接执行的机器语言，即生成 HEX 文件。为此，在编译程序之前，需要设置对象选项，选择生成 HEX 文件。

在编译工具栏中，单击 Options for Target 按钮，弹出 Options for Target 'Target 1'对话框，如图 3.16 所示。单击 Output 标签，勾选 Create HEX File 复选框。单击 OK 按钮，回到 Keil μVision5 工作界面。

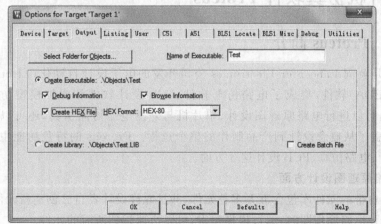

图 3.16 Options for Target 'Target 1'对话框

5. 编译工程

在工程窗格的 Source Group1 文件夹中,双击"例 3.1 控制程序.C",打开这个 C 文件。在编译工具栏中,单击 Rebuild all target files 按钮 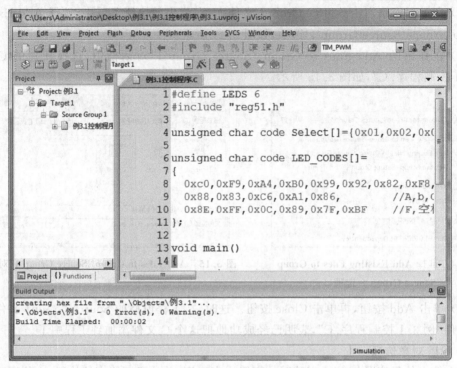,编译工程。编译工程之后,在 Build Output 窗格中显示"0 Error(s), 0 Warning(s)",说明编译成功,如图 3.17 所示。

图 3.17 编译工程

此时,在文件夹"例 3.1\例 3.1 控制程序\Objects"中出现了一个文件"例 3.1.hex",这就是可以下载到单片机供单片机直接执行的 HEX 文件。

保存 Keil 工程文件"例 3.1",备用。

3.2 单片机仿真软件 Proteus

3.2.1 Proteus 简介

Proteus 是英国 Labcenter Electronics 公司开发的电子设计自动化(Electronic Design Automation,EDA)软件,集成了电路仿真软件、PCB 设计软件和虚拟模型仿真软件。在 Proteus 平台,可以进行电路原理图设计、单片机与外围电路协同仿真,还可以一键切换到 PCB 设计,涵盖了从概念设计到产品制作的整个过程。Proteus 的特色功能主要体现在电路原理图设计、电路仿真、PCB 设计这 3 方面。

1. 在电路原理图设计方面

(1) 系统自带的元件库包含五万多种元件,并且允许设计者自己创建新元件。

(2) 在设计电路原理图时,通过模糊搜索,可以快速找到所需的元件。

（3）智能连线功能使导线连接更加简单快捷，缩短了电路原理图设计时间。

（4）使用总线设计方法，可以使电路简洁明了。

（5）使用子电路设计方法，可以使电路原理图的结构更加清晰。

（6）在修改电路原理图之后，通过同步操作，能够使材料清单（Bill of Material，BOM）与电路原理图保持一致。

（7）通过个性化设置，可以生成高质量的图纸，方便同行交流。

（8）通过设计浏览器，可以观察设计过程中各阶段的情况。

2. 在电路仿真方面

（1）系统自带的元件库包含三万五千多个仿真元件，Labcenter Electronics 公司还在不断发布新的仿真元件，也可以导入第三方的仿真元件。另外，设计者还可以通过内部原型或使用厂家的 SPICE 文件，自行设计仿真元件。

（2）系统带有多种激励源，包括直流、正弦、脉冲、分段线性脉冲、音频、指数信号、单频FM 和数字时钟等，支持文件形式的信号输入，还可以用脚本编程语言 EasyHDL 生成特殊的激励信号，用于电路测试与调试。

（3）系统配置丰富的虚拟仪器，包括示波器、逻辑分析仪、信号发生器、直流电压/电流表、交流电压/电流表、数字图案发生器、频率计/计数器、SPI 调试器、I^2C 调试器等。

（4）基于工业标准 SPICE3F5，可以实现模拟电路、数字电路、模数混合电路、单片机及其外围电路组成的单片机应用系统的仿真。支持 UART/USART/EUSARTs 仿真、中断仿真、SPI 仿真、I^2C 仿真、MSSP 仿真、PSP 仿真、RTC 仿真、ADC 仿真、CCP/ECCP 仿真；支持多处理器协同仿真；支持单片机汇编语言、C 语言源码级仿真；还能够与 Keil Cx51 等软件进行联合仿真。

（5）支持主流单片机的仿真。目前支持的单片机类型有 8051/52、AVR、PIC10/12/16/18/24/33、HC11、Basic Stamp、MSP430、8086、DSP Piccolo、ARM7、Cortex-M0、Cortex-M3、Arduino 等。随着版本的不断更新，Proteus 将支持更多类型单片机的仿真。

（6）支持多种通用外部器件的仿真，例如，键盘/按键、LED 点阵、LED 数码管、字符型/图形型 LCD 模块、直流/步进/伺服电机、RS232 虚拟终端、电子温度计等。

（7）提供全速运行、单步运行、设置断点等多种调试方式。

（8）提供直观、动态的显示方式。例如，用色点显示引脚的电平，以不同颜色表示导线对地电压的大小，使仿真效果更加直观。结合使用电机、显示器、按钮等动态器件，使仿真过程更加生动。

（9）基于图形化的分析工具，可以精确分析电路的多项指标，包括瞬态特性、频率特性、传输特性、噪声、失真、傅里叶频谱等。

3. 在 PCB 设计方面

（1）电路原理图设计完成之后，可以一键进入 PCB 设计工作界面。

（2）自带 PCB 设计模板，允许对 PCB 设计进行标注。

（3）系统自带元件封装库，包括主流的直插元件封装、贴片元件封装等。如果需要，也可以从其他工程导入元件封装，或由设计者自己创建封装。

（4）具有完整的 PCB 设计功能，支持 16 个铜箔层、2 个丝印层和 4 个机械层，允许以任意角度放置元件，用户可以灵活设置布线策略，能够自动进行设计规则检查。

（5）支持自动/人工布局，支持自动/人工布线，支持泪滴生成、等长匹配。

（6）可以设置贯通孔、盲孔和埋孔等三种类型的过孔。

（7）可以对电路进行精确分析，还可以进行信号一致性分析。

（8）可以三维展示设计效果，系统提供大量 3D 封装库，也可在 Proteus 中创建新的 3D 元件封装，或者从第三方导入 3D 元件封装。

（9）支持输出多种格式的文件，包括 Gerber X2、ODB++、MCD，方便 PCB 制作。

3.2.2　Proteus 的工作界面

本节以 Proteus 8.6 SP2 Professional 为例，介绍 Proteus 的工作界面。

下载软件 Proteus 8.6 SP2 Professional，在文件夹中找到 Proteus_8.6_SP2_Pro.exe 文件，双击该文件，开始安装。依照安装向导，完成 Proteus 软件的安装。安装成功之后，在桌面上将出现 Proteus 8 Professional 图标。

双击桌面上的 Proteus 8 Professional 图标 ，或者选择"开始"→"所有程序"→ Proteus 8 Professional→Proteus 8 Professional 选项，打开 Proteus 首页，如图 3.18 所示。Proteus 首页是一个 Windows 窗口，包括标题栏、菜单栏、工具栏、Home Page 标签等。Proteus 首页的功能较少，主要包括新建工程、打开工程、保存工程、关闭工程等命令，在菜单栏和工具栏中，分别以菜单命令和工具按钮的形式罗列了这些命令。

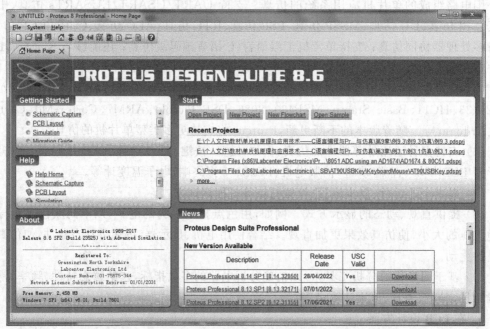

图 3.18　Proteus 首页

单击 Schematic Capture 按钮 ，切换到电路原理图工作界面，如图 3.19 所示。

电路原理图工作界面是一个标准的 Windows 窗口，包括标题栏、菜单栏、工具栏、Schematic Capture 标签等。

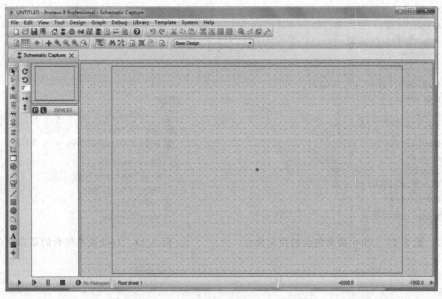

图 3.19　电路原理图工作界面

1. 菜单栏

菜单栏包括 File、Edit、View、Tool、Design、Graph、Debug、Library、Template、System、Help 等 11 个主菜单。

(1) File 菜单。File 菜单包含的菜单命令如图 3.20 所示。

(2) Edit 菜单。Edit 菜单包含的菜单命令如图 3.21 所示。

图 3.20　File 菜单包含的菜单命令

图 3.21　Edit 菜单包含的菜单命令

(3) View 菜单。View 菜单包含的菜单命令如图 3.22 所示。

(4) Tool 菜单。Tool 菜单包含的菜单命令如图 3.23 所示。

(5) Design 菜单。Design 菜单包含的菜单命令如图 3.24 所示。

(6) Graph 菜单。Graph 菜单包含的菜单命令如图 3.25 所示。

(7) Debug 菜单。Debug 菜单包含的菜单命令如图 3.26 所示。

(8) Library 菜单。Library 菜单包含的菜单命令如图 3.27 所示。

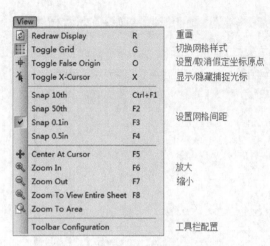

图 3.22　View 菜单包含的菜单命令

图 3.23　Tool 菜单包含的菜单命令

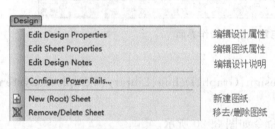

图 3.24　Design 菜单包含的菜单命令

图 3.25　Graph 菜单包含的菜单命令

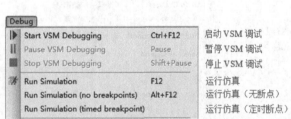

图 3.26　Debug 菜单包含的菜单命令

图 3.27　Library 菜单包含的菜单命令

（9）Template 菜单。Template 菜单包含的菜单命令如图 3.28 所示。

（10）System 菜单。System 菜单包含的菜单命令如图 3.29 所示。

2. 工具栏

为了使操作更加简便,把一些常用的菜单命令集合起来,构成工具栏。工具栏包括文件工具栏、视图工具栏、编辑工具栏、设计工具栏和元件工具栏。

3. Schematic Capture 标签

在电路原理图工作界面,Schematic Capture 标签占据大部分空间,包括对象选择工具栏、对象方向控制工具栏、预览窗格、对象选择器窗格、电路原理图设计区、仿真进程控制工具栏、状态栏等。

图 3.28　Template 菜单包含的菜单命令　　图 3.29　System 菜单包含的菜单命令

（1）对象选择工具栏。对象选择工具栏位于 Schematic Capture 标签的左侧。在该工具栏中，可以选择常用的元件、节点、网络标号、虚拟仪表、图形等。

（2）对象方向控制工具栏。在对象选择工具栏的右边，有一组对象方向控制按钮。通过这些按钮，可以设置所选对象的方向。

（3）预览窗格。通常情况下，该窗格显示整个电路原理图的缩略图。在预览窗格上单击鼠标左键，将出现一个绿色矩形框，标出电路原理图设计区中当前显示的区域。在预览窗格上单击鼠标左键后，在预览窗格上移动鼠标，可以改变电路原理图设计区中当前显示的区域。

（4）对象选择器窗格。在设计电路原理图时，经常需要放置特定的元件，而在放置元件之前，需要把所需的元件从元件库加载到对象选择器窗格。若在对象选择器窗格中选中一个对象，则预览窗格显示该对象的预览。

（5）电路原理图设计区。在电路原理图设计区，可以进行放置元件、编辑元件属性、布局、布线等操作。该窗格没有滚动条，需要通过预览窗格来改变电路原理图的可视范围。在电路原理图设计区单击鼠标的滚轮，然后移动鼠标，也可以改变电路原理图的可视范围。滚动鼠标的滚轮，可以对电路原理图进行缩放。

（6）仿真进程控制工具栏。在 Schematic Capture 标签的左下角，有一组仿真进程控制按钮。通过这些按钮，可以进行全速、单步仿真，也可以暂停、终止仿真。

（7）状态栏。状态栏位于 Schematic Capture 标签的右下角，用于显示当前图纸信息、当前光标坐标等。

3.2.3　电路原理图设计方法

1. 电路原理图设计区的基本操作

在预览窗格中，在希望显示的位置单击，在电路原理图设计区，将显示以鼠标单击处为中心的内容。

图纸的默认坐标原点在电路原理图设计区的中央，也可以为图纸设置一个假定坐标原点。选择 View→Toggle False Origin 选项，把光标移到电路原理图设计区的某点，单击，就把该点设置为假定坐标原点。如果设置了假定坐标原点，那么，在状态栏中显示的就是当前光标相对于假定坐标原点的坐标值。再次选择 View→Toggle False Origin 选项，可以取消假定坐标原点。

在设计电路原理图时,图纸中的栅格有助于元件对齐,提高设计效率。选择 View→Toggle Grid 选项,可以在无栅格、点状栅格和实线栅格三种状态中进行切换。栅格间距是由当前设置的捕捉尺寸决定的。Proteus 坐标系统的最小识别单位为 1thou。thou 是英制长度单位,1thou=0.001inch=0.0254mm。

当光标在原理图编辑窗格内移动时,坐标值以固定步长变化,这就是捕捉。选择 View→X-Cursor 选项,将在光标上显示一个交叉十字,准确显示捕捉点。当光标指向某元件引脚末端或某导线时,系统将捕捉到这些对象,称为实时捕捉。实时捕捉功能可以方便地实现元件引脚或导线的连接。

选择 View→Redraw Display 选项,将刷新电路原理图设计区中的显示内容,同时,预览窗格中的内容也被刷新。当执行一些操作导致电路原理图设计区显示错乱时,可以使用该命令来刷新显示内容。

2. 添加对象到对象选择器窗格

单击对象选择器窗格上方的选择按钮 P,弹出 Pick Devices 对话框,如图 3.30 所示。

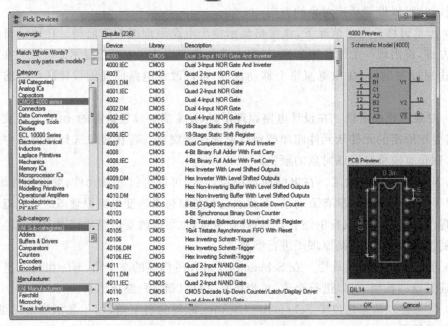

图 3.30　Pick Devices 对话框

通过该对话框,可以从元件库中选择对象,并加载到对象选择器窗格,供绘制电路原理图使用。

3. 放置对象

在设计电路原理图时,最基本的操作是放置对象。放置对象的步骤如下。

(1) 根据对象的类别,在对象选择工具栏中选择相应模式的图标。此时,在对象选择器窗格中将显示该模式的各个对象的名称。

(2) 从对象选择器窗格中选择需要放置的对象。

(3) 把光标移到电路原理图设计区,光标变成铅笔形状。单击,就在光标所在位置放置了一个对象。

（4）如果还需要放置这个对象，把光标移到另一个位置，单击，在该位置又放置了一个对象。此时，对象的序号会自动加 1。

（5）如果不需要再放置这个对象了，把光标移到对象选择工具栏的箭头按钮 上，单击，光标从铅笔形状变成箭头形状，结束对象的放置操作。

4. 选择对象

在电路原理图设计区，把光标指向对象，单击，就选中了该对象。选中的对象将高亮显示。选中某个对象时，与该对象相连的所有导线也被选中。拖动鼠标，可以选中一组对象。在电路原理图设计区的空白处单击，将取消对所有对象的选择。

5. 移动对象

用鼠标左键拖曳选中的对象，可以移动该对象。如果错误地移动了一个对象，那么，连线可能变得一团糟。此时，可以选择 Edit→Undo Changes 选项，撤销本次操作，恢复电路原理图原来的状态。

6. 删除对象

光标指向对象，双击，就删除了该对象，同时删除与该对象相连的所有导线。

7. 移动标签

许多类型的对象都附着一个或多个标签，用于标明对象的属性。例如，电阻就有一个 Part Reference 标签和一个 Resistance 标签。可以移动这些标签，使电路图看起来更加美观。选中对象，使光标指向标签，按住鼠标左键，拖动标签到新的位置，松开鼠标左键，就移动了标签。

8. 调整对象的大小

在电路原理图设计区，可以调整子电路、图表、直线、边框、圆弧等对象的大小。选中某个对象，在该对象周围将出现句柄，拖动句柄，就可以调整对象的大小。

9. 改变对象的方向

在电路原理图设计区，可以改变对象的方向。选中某个对象，单击鼠标右键，在弹出的快捷菜单中，选择旋转的方向和角度，就可以改变对象的方向。

10. 编辑对象的属性

对象一般都具有文本属性，可以通过对话框编辑这些属性。选中某个对象，双击，将弹出一个对话框，通过这个对话框，可以编辑对象的属性。

11. 复制对象

选中对象，单击鼠标右键，在弹出的快捷菜单中，选择 Copy To Clipboard 选项；把光标移到目标位置，单击鼠标右键，在弹出的快捷菜单中，选择 Paste From Clipboard 选项。这样，就在目标位置复制了一个对象。

12. 自动布线器

在绘制导线时，如果自动布线器是开启的，那么系统将自动在两个连接点之间选择一条合适的布线路径。可以选择 Tool→Wire Autorouter 选项，打开或关闭自动布线器。

13. 绘制导线

每个元件引脚的末端都有连接点，Proteus 把导线视作连续的连接点。把光标移到第一个连接点，单击；再把光标移到另一个连接点，单击。这样，就在两个连接点之间连接了导线。

在绘制导线的过程中，常常需要改变导线的方向，此时，只要在转折点单击即可。

14. 绘制总线

为了简化电路原理图,可以用一条导线代表数条并行的导线,这就是所谓的总线。当电路中有多根并行的地址线、数据线、控制线时,一般应该使用总线。

在总线的起点单击鼠标右键,在弹出的快捷菜单中,选择 Place→Bus 选项,沿着总线的路径移到光标,在总线的终点双击,一条总线就绘制好了。

15. 绘制总线分支线

总线分支线用来连接总线和元件引脚。为了区分与其他导线,一般用斜线来表示总线分支线。此时,必须关闭自动布线器。

16. 放置电路节点

若导线的交叉点有电路节点,则两条导线在电气上是相连的;否则,它们在电气上是不相连的。在绘制导线时,系统自动判断是否需要放置节点。例如,当三条导线汇于一点时,系统会自动放置节点。在两条导线交叉时,系统不会自动放置节点。此时,若要使两条导线电气相连,就必须手工放置电路节点。

单击对象选择工具栏中的"放置节点"按钮┿,把光标移到电路原理图设计区,指向两条导线的交叉点,光标上出现一个"×"号,单击,就放置了一个电路节点。

3.3 电路仿真系统设计实例

例 3.1 如图 3.31 所示,以 AT89C51 为控制核心,以 6 位数码管作为显示器,设计 6 位 LED 数码管控制系统的仿真电路。基于 Keil Cx51 软件设计控制程序,实现 6 位数码管的轮流选通,并分别显示字符 0,1,…,5。

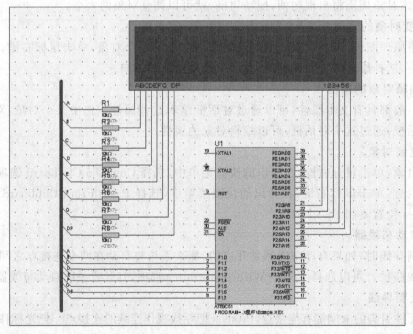

图 3.31 6 位 LED 数码管控制系统

分析：单片机应用系统包括硬件系统和软件系统，因此，在桌面新建一个文件夹"例 3.1"，在这个文件夹中再新建两个文件夹"例 3.1 仿真电路"和"例 3.1 控制程序"，分别用于保存本例的硬件系统和软件系统。

设计过程包括仿真原理图电路设计、控制程序设计、电路原理图与控制程序联合仿真等。仿真原理图电路设计包括新建 Proteus 工程、绘制电路原理图，控制程序设计包括新建 Keil 工程、编写与编译控制程序。

AT89C51 是仿真电路的核心，P1 的 8 个引脚 P1.0～P1.7 分别连接数码管的段码引脚 a～dp，P2 的 6 个引脚 P2.0～P2.5 分别连接数码管的位选引脚 1～6；6 个电阻起限流作用；为了使电路图简洁明了，采用总线结构。

解　详细设计过程如下。

1）新建 Proteus 工程

Proteus 是以工程的形式管理文件的，因此，在设计仿真电路之前，必须新建一个工程。新建一个 Proteus 工程的步骤如下。

（1）打开 Proteus 软件。在 Proteus 首页，选择 File→New Project 选项，弹出 New Project Wizard：Start 对话框，如图 3.32 所示。在该对话框中，选择存放工程文件的路径，输入工程文件名。这里，把工程文件存放在"例 3.1 仿真电路"文件夹，并把工程文件命名为"例 3.1. pdsprj"。

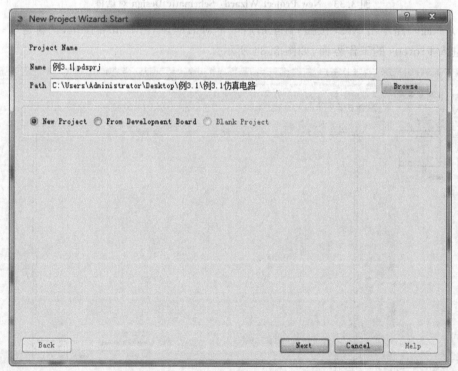

图 3.32　New Project Wizard：Start 对话框

（2）单击 Next 按钮，弹出 New Project Wizard：Schematic Design 对话框，如图 3.33 所示。在该对话框中，选择一种设计模板 Landscape A4，并选中 Create a schematic from the selected template 单选按钮。

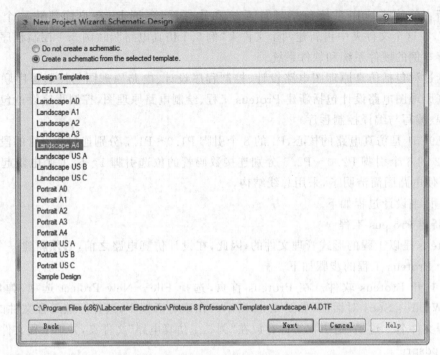

图 3.33 New Project Wizard：Schematic Design 对话框

（3）下面一路单击 Next 按钮，直至最后一个对话框，单击 Finish 按钮，就新建了一个工程，并进入 Proteus 的工作界面，如图 3.34 所示。

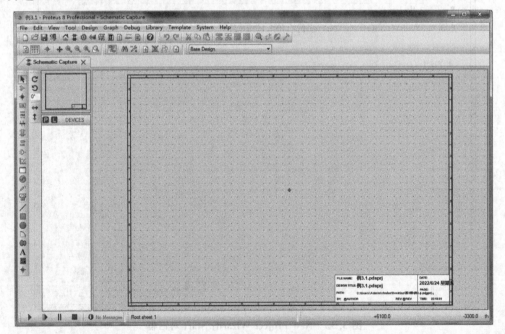

图 3.34 Proteus 的工作界面

2）绘制电路原理图

（1）把设计电路原理图所需的元件加到对象选择器窗格。本例用到的元件有单片机

AT89C51、6 位 7 段数码管和电阻。

在对象选择器窗格中,单击选择按钮 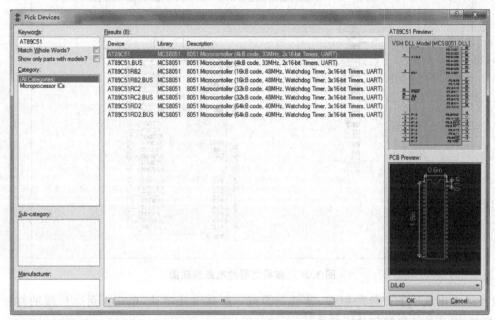 ,弹出 Pick Devices 对话框,如图 3.35 所示。在 Keywords 文本框中输入"AT89C51",系统在设备库中进行搜索,并将搜索结果显示在 Results 列表框中,如图 3.35 所示。在 Results 列表框中双击 AT89C51,把单片机 AT89C51 添加到对象选择器窗格。

图 3.35　Pick Devices 对话框

在 Keywords 文本框中重新输入"7SEG"。在 Results 列表框中双击 7SEG-MPX6-CA-BLUE,把 6 位共阳极蓝色 7 段数码管添加到对象选择器窗格。

在 Keywords 文本框中重新输入"RES",勾选 Match Whole Words 复选框。在 Results 列表框中显示与 RES 完全匹配的搜索结果。在 Results 列表框中双击 RES,将电阻 RES 添加到对象选择器窗格。

单击 OK 按钮,结束元件选择。经过以上操作,在对象选择器窗格中就有了 AT89C51、7SEG-MPX6-CA-BLUE 和 RES 三个元件。

(2) 放置元件。在对象选择器窗格中,选中 AT89C51;把光标移到电路原理图设计区,在准备放置元件的位置单击,即在该位置放置了一个 AT89C51。

用同样的方法,可以把 7SEG-MPX6-CA-BLUE 和 RES 放置到电路原理图设计区。本例的电路原理图中有 8 个电阻,可以连续放置 8 个电阻,以提高效率。

(3) 电路原理图布局。电路原理图布局常常是通过移动元件实现的。在电路原理图中,如果某个元件的位置不合适,可以移动该元件。将光标移到元件上,右击,选中该元件。拖动鼠标,将元件移至新位置后,松开鼠标,即完成移动操作。布局之后的电路原理图如图 3.36 所示。

(4) 绘制总线。单击对象选择工具栏中的"总线"按钮 ,使之处于选中状态;将光标移到电路原理图设计区,单击,确定总线的起始位置;沿着总线的路径移动鼠标,电路原理

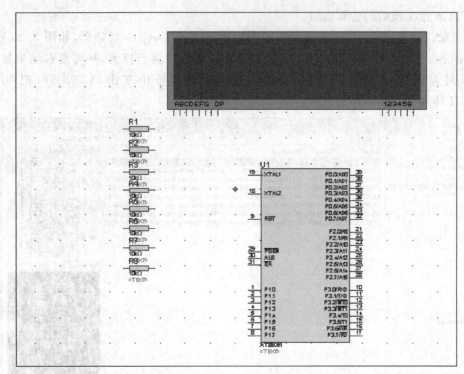

图 3.36　布局之后的电路原理图

图设计区将出现一条蓝色的粗线,这就是总线;在总线转弯处,单击;到达总线的终止位置,双击,确认并结束绘制总线操作。

(5)元件引脚连线。Proteus 具有智能连线功能,在可能需要画线的地方进行自动检测。下面以电阻 R1 的右端连接到数码管的 A 端的操作为例,说明元件引脚连线的过程。

单击对象选择工具栏中的箭头按钮 ，把光标切换成箭头。此时,系统处于放置导线状态。当光标靠近 R1 右端的连接点时,光标上出现一个"×"号,表明捕捉到了 R1 的连接点,单击;移动鼠标(不用拖动鼠标),当光标靠近数码管 A 端的连接点时,光标上出现一个"×"号,表明捕捉到了数码管的连接点;单击,此时,就在两个引脚之间建立了连接。

用同样的方法,可以完成其他引脚的连线。在连线过程的任何时刻,按 Esc 键或单击鼠标右键,将放弃连线操作。

(6)元件与总线的连线。元件与总线连线的关键是绘制总线分支线。首先关闭自动布线器,然后绘制总线分支线。

绘制导线之后的电路原理图如图 3.37 所示。

(7)给总线分支线添加标签。单击对象选择工具栏中的"导线标签"按钮 LBL ,使之处于选中状态;将光标移到总线分支线上,光标上出现一个"×"号,表明捕捉到了可以标注的总线分支线;单击,弹出 Edit Wire Label 对话框,如图 3.38 所示。

在 String 下拉列表框中输入标签名称,单击 OK 按钮,就给该总线分支线添加了标签。用同样的方法,可以给其他导线加标签。注意,在给导线加标签时,相互连接的导线必须具有相同的标签名称。

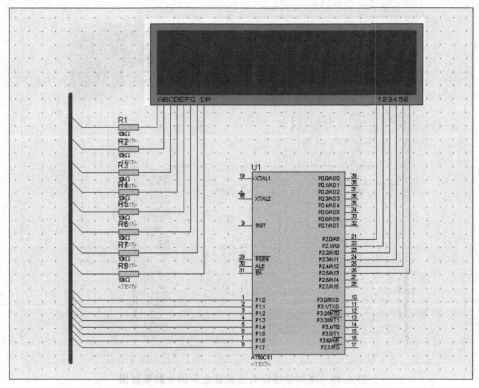

图 3.37　绘制导线之后的电路原理图

图 3.38　Edit Wire Label 对话框

添加总线分支线标签之后的电路原理图如图 3.39 所示。

至此,整个电路原理图便绘制完成了。

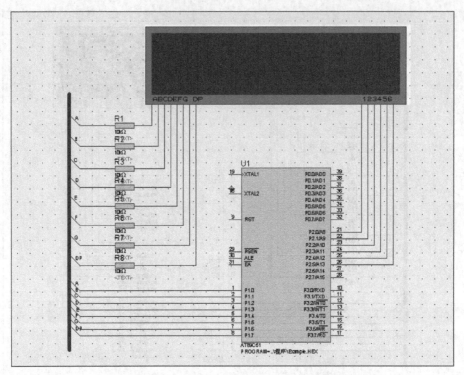

图 3.39　添加总线分支线标签之后的电路原理图

3）控制程序设计

在 3.1.3 节已经设计了 6 位数码管轮流显示的控制程序，并把 Keil 工程文件保存在文件夹"例 3.1 控制程序"。此处略。

4）电路原理图与控制程序联合仿真

进入 Proteus 工作界面，打开工程"例 3.1.pdsprj"。在电路原理图设计区，把光标移到 AT89C51，双击，弹出 Edit Component 对话框，如图 3.40 所示。

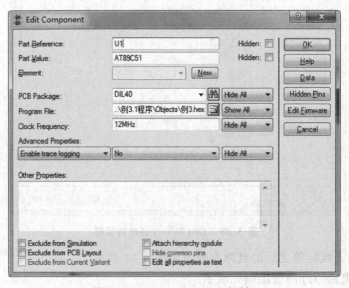

图 3.40　Edit Component 对话框

　　单击 Program File 文本框右侧的"打开"按钮,在弹出的对话框中,选择在 Keil μVision5 中生成的 HEX 文件"例3.hex",单击 OK 按钮,把 HEX 文件添加到单片机中,作为仿真电路的控制程序。此时,便可实现电路原理图与控制程序的联合仿真了。

　　单击"仿真运行开始"按钮 ▶,观察每个引脚的电平变化,红色代表高电平,蓝色代表低电平。数码管轮流显示的运行结果如图3.41所示,6个数码管轮流显示 0,1,…,5。

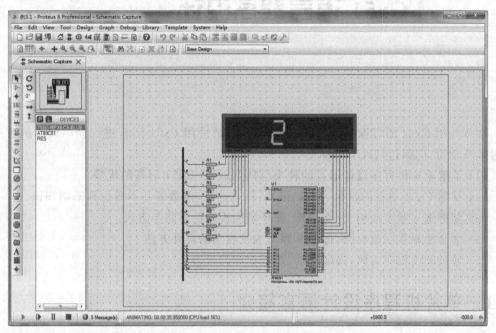

图 3.41　数码管轮流显示的运行结果

　　本例第一次使用数码管,读者只需初步了解其使用方法即可。关于数码管的详细介绍,参见7.2节。

习题

1. 自己动手,在计算机上安装 Keil Cx51 软件。
2. 自己动手,在计算机上安装 Proteus 软件。
3. 设计仿真电路原理图,并编写控制程序,使连接在 P1.0 上的 LED 点亮。

第 4 章
CHAPTER 4 | Cx51 语言程序设计

本章介绍 Cx51 语言程序设计的基本知识,以及使用 Cx51 语言进行程序设计的方法。通过本章学习,应该达到以下目标。

(1) 了解单片机程序设计语言的种类与特点,了解 Cx51 语言的优势。

(2) 掌握 Cx51 语言的常量、变量、运算符、表达式、函数等基本概念和基础知识。

(3) 掌握编写顺序结构、分支结构、循环结构程序的思路与方法。

(4) 学会绘制程序流程图,逐步掌握结构化程序的设计方法。

(5) 通过阅读程序实例,提高阅读、理解程序的能力。

4.1 单片机程序设计语言简介

程序是若干条指令的有序集合,单片机运行就是执行这个指令序列,编写程序的过程称为程序设计。用于单片机程序设计的语言有 3 种:机器语言、汇编语言和高级语言。

4.1.1 机器语言

在单片机中,所有的指令、数据都是用二进制代码表示的。用二进制代码表示指令的语言称为机器语言,用机器语言编写的程序称为机器语言程序。

对于单片机来说,机器语言程序能够被单片机直接识别并快速执行,但是,对于程序员来说,机器语言程序难读、难懂、难记、难编、易错。用机器语言编写程序,编程人员首先要记住单片机的全部指令代码及其功能,需要自己处理每条指令和每个数据的存储空间分配与输入/输出,还要记住程序中每一步所使用的工作单元的状态。这是一件非常困难的工作,而且编出的程序全部是 0 和 1 的指令代码,没有直观性,容易出错。另外,不同型号单片机的机器语言互不相通,因此,机器语言程序的通用性差。

4.1.2 汇编语言

为了克服机器语言的缺点,人们使用与指令代码含义相近的英文单词缩写、字母和数字代替二进制代码,这些英文单词缩写称为助记符。用英文助记符表示指令的语言称为汇编语言。用汇编语言编写的程序,称为汇编语言程序。

指令是 CPU 用来执行某种操作的命令。一条指令只能完成一种操作,功能有限。为了使单片机具有更多的功能,能够完成复杂的任务,就需要一系列的指令。单片机能够执行的各种指令的集合,称为它的指令系统。一般来说,单片机的指令系统越丰富、寻址方式越多、每条指令执行的速度越快,那么,它的总体功能就越强。

不同型号单片机的指令系统也不相同。AT89C51 的指令系统包含 111 条基本指令,按照指令的功能来划分,可以分为数据传送指令(28 条)、算术运算指令(24 条)、逻辑运算指令(25 条)、控制转移指令(17 条)、位操作指令(17 条)。

汇编语言具有如下特点。

(1) 由于助记符指令和机器语言指令一一对应,汇编语言程序能够直接管理和控制硬件设备,能够处理中断,能够直接访问寄存器和 I/O 端口,因此,用汇编语言编写的程序效率高,占用存储空间小,运行速度快,用汇编语言能够编写出最优化的程序。

(2) 汇编语言采用助记符,指令代码能够反映出指令的含义,因此,用汇编语言编程比用机器语言编程容易一些,在一定程度上降低了程序设计难度,而且汇编语言程序比较易读、易懂,便于编程人员之间进行交流。

(3) 汇编语言仍然是面向机器的语言,在进行程序设计时,程序员必须深入了解硬件。

(4) 汇编语言的指令系统与 CPU 的类型密切相关,不同 CPU 的单片机有不同的指令系统,因此,汇编语言程序缺乏通用性。

(5) 汇编语言程序中包含助记符,单片机不能直接识别和处理,必须借助于编译器,把它转换成单片机能够识别和处理的机器语言程序。

4.1.3　高级语言

机器语言和汇编语言都是面向机器的语言,受到单片机类型的限制,程序不能在不同类型的单片机上通用。为了克服机器语言和汇编语言的缺点,人们开发了接近于自然语言的高级语言。高级语言是一种面向过程的语言,接近于英语和数学表达式,使用了许多数学公式和数学计算上的习惯用语,非常擅长于科学计算。高级语言程序通用性强,无论何种型号的单片机,只要配置相应的编译程序,把用高级语言编写的源程序编译成机器语言目标程序,单片机都可以执行。从这个意义上说,高级语言不受具体机器的限制,因此,在用高级语言编程时,编程人员不必深入了解单片机的硬件结构和指令系统。高级语言直观、易懂、易学、易用,高级语言程序可读性强、可移植性强,便于修改、维护与升级。

用于单片机编程的高级语言是 C 语言。C 语言编译平台提供了丰富的库函数,支持浮点运算,具有较强的数据处理能力,编程、编译、调试和维护的效率很高。与汇编语言相比,用 C 语言开发的程序占用空间大、运行效率低,但是,随着微电子技术的飞速发展,芯片容量和运行速度大幅度提高,这些缺点都不再是编程人员考虑的主要问题。近年来,设计人员通常都使用 C 语言来进行单片机的应用程序设计。

本书采用 Keil Cx51 作为单片机应用程序开发平台。在语法上,Cx51 语言与标准 C 语言(ANSI C)基本相同,例如,在数据运算、程序控制语句、函数的编写与调用等方面,Cx51 语言与标准 C 语言没有明显的差别。但是,Cx51 语言毕竟是针对 51 系列单片机的,它有自己的特点。例如,标准 C 语言是为通用计算机设计的,不必考虑存储空间的问题,而单片机的存储空间非常有限,Cx51 语言必须考虑程序和数据的存储模式。

4.2 Cx51 语言的变量与运算符

4.2.1 变量

1. 常量和变量

单片机中的数据分为常量和变量。常量是数值和字符等不能改变的量,可以不经说明和定义直接使用,而变量是在程序运行过程中可以根据需要改变的量,在引用之前必须定义类型。由于 51 单片机的存储结构具有特殊性,因此,Cx51 语言中的变量与标准 C 语言有所不同。Cx51 支持标准 C 语言的大多数变量类型,但是,也为这些变量新增了多种存储类型,还新增了一些标准 C 语言没有的变量类型。

在程序中使用变量之前,必须先用标识符作为变量名,并指出变量的数据类型和存储类型,这样编译系统才能为变量分配相应的存储空间。Cx51 定义一个变量的格式为:

数据类型 ［存储类型］ 变量名表;

其中,"数据类型"和"存储类型"的次序可以互换,"存储类型"不是必需的。

2. 数据类型

为了提高程序的执行效率和资源利用率,在程序运行期间,需要根据数据的不同采用不同的处理方法,为此,需要把数据定义为不同类型。Cx51 支持的数据类型如表 4.1 所示。

表 4.1 Cx51 支持的数据类型

数据类型	长度/b	值　域	说　明
unsigned char	8	$0 \sim 2^8 - 1$	无符号字符型
char	8	$-2^7 \sim 2^7 - 1$	有符号字符型
unsigned int	16	$0 \sim 2^{16} - 1$	无符号整型
int	16	$-2^{15} \sim 2^{15} - 1$	有符号整型
unsigned long	32	$0 \sim 2^{32} - 1$	无符号长整型
long	32	$-2^{31} \sim 2^{31} - 1$	有符号长整型
float	32		单精度浮点型
double	64		双精度浮点型
sfr	8	$0 \sim 2^8 - 1$	8 位特殊功能寄存器型
sfr16	16	$0 \sim 2^{16} - 1$	16 位特殊功能寄存器型
bit	1	0,1	位型
sbit	1	0,1	特殊功能位型

在表 4.1 中,sfr、sfr16、bit、sbit 是 Cx51 新增的数据类型,不支持数组和指针操作。

(1) sfr 用于定义特殊功能寄存器变量。这种类型的变量存储在片内的特殊功能寄存器存储区中,用来对特殊功能寄存器进行读写操作。例如,在 Cx51 语言程序的头文件中有变量定义"sfr P0＝0x80;",这个语句定义了 P0 端口在片内的寄存器地址是 0x80,在程序中,可以用 P0 对该端口寄存器进行操作。

(2) sfr16 也用于定义特殊功能寄存器变量,与 sfr 不同的是,它用来定义占 2B 的特殊功能寄存器变量。例如,在 Cx51 语言程序的头文件中有变量定义"sfr16 DPTR＝0x82",这个语句定义了片内 16 位数据指针寄存器 DPTR,其低 8 位字节地址为 0x82,高 8 位字节地址为 0x83,在程序中,可以使用 DPTR 对这 2B 进行操作。

(3) bit 用来定义位变量,值只能是 0 或 1。位变量位于 AT89C51 内部 RAM 的位寻址区(0x20～0x2F),共为 16B,最多可定义 128 个位变量。如果需要指定 bit 类型变量的存储类型,只能是 data 或 idata,其他存储类型无效。

(4) sbit 用于定义特殊功能寄存器的位变量,用来对特殊功能寄存器的可寻址位进行读写操作。例如,"sbit P0_0＝P0^0;"语句定义 P0_0 为特殊功能寄存器 P0 的第 0 位,后面对该位的操作可用 P0_0 代替。符号^后面的数字定义特殊功能寄存器可寻址位在寄存器中的位置,取值必须是 0～7。

3. 存储类型

在 Cx51 语言中,对变量增加了存储类型。Cx51 数据的存储类型如表 4.2 所示。变量的存储类型不同,存储的位置就不同,访问变量所需要的时间也不同。

表 4.2　Cx51 数据的存储类型

存 储 类 型	存 储 区	与存储空间的对应关系
data	DATA	片内 RAM 直接寻址区,位于片内 RAM 的低 128B(0x00～0x7F)
bdata	BDATA	片内 RAM 位寻址区,位于片内 RAM 的 0x20～0x2F
idata	IDATA	片内 RAM 间接寻址区,位于片内 RAM 的高 128B(0x80～0xFF)
xdata	XDATA	片外 64KB 的 RAM 空间
pdata	PDATA	片外 RAM 的低 256B
code	CODE	程序存储区

(1) data 存储类型。存储类型为 data 的变量存储在片内可直接寻址的数据存储器 DATA 区中。DATA 区位于片内 RAM 的低 128B(0x00～0x7F)。存储类型为 data 的变量,CPU 对其访问速度最快。把经常使用的变量放在 DATA 区,可以提高程序运行速度。

例如,把 i 定义为无符号字符型、存储类型为 data 的变量,可以声明为:

unsigned char data i;

(2) bdata 存储类型。存储类型为 bdata 的变量存储在片内数据存储器的可寻址位的 BDATA 区。BDATA 区位于片内 RAM 中,字节地址为 0x20～0x2F,共 16B,共计 128 个可寻址位。

例如,进行如下声明后,可用位变量 value0 访问字节变量 value 的第 0 位。

unsigned char bdata value;
bit value0 = value^0;

假设 value 的原值为 0x00,现欲将 value 的第 0 位置 1,那么,可以采用按字节访问方式"value＝0x01;"实现,也可以按位寻址方式"value0=1;"实现。

(3) idata 存储类型。存储类型为 idata 的变量存储在片内间接寻址的数据存储器 IDATA 区中,IDATA 区使用指针来进行寻址和访问。

51 内核单片机的 RAM 仅有 128B,因此,没有间接寻址数据存储区,idata 与 data 没有区别。52 内核单片机的 RAM 有 256B,当低 128B 的直接寻址数据存储区不够用时,可以使用高 128B 的间接寻址数据存储区,但是访问速度比 data 慢一些。

(4) xdata 存储类型。存储类型为 xdata 的变量存储在片外数据存储器 XDATA 区中,采用 16 位地址,可以访问外部数据存储区 64KB 内的任何地址。

(5) pdata 存储类型。存储类型为 pdata 的变量存储在片外数据存储区 PDATA 中,即片外数据存储器中的第一页,地址为 0x00~0xFF,存储空间为 256B。

对 PDATA 区寻址,只需要装入 8 位地址,而对 XDATA 区寻址要装入 16 位地址,因此,对 PDATA 区的寻址要比对 XDATA 区的寻址快一些。

由于存储类型为 pdata 和 xdata 的变量存储在片外数据存储器,访问速度慢,因此,这两种存储类型的变量适合保存原始数据或最终结果,而对于需要频繁访问的中间结果,应该尽量不用或少用这两种存储类型的变量。

(6) code 存储类型。存储类型为 code 的变量将存储在程序存储器中,变量只能读不能写,因此,适合存储常量或查表类的数组数据,不能用于存储程序运行过程中需要修改的变量。对于存储类型为 code 的变量,如果要改变变量的值,只能在程序中修改,然后把程序重新写入程序存储器中。

通过使用 code 存储类型,把常量或查表类的数组数据存储在程序存储器中,可以不占用 RAM 的存储空间,提高程序的运行速度。

4.2.2　运算符

1. 常用运算符

Cx51 语言常用的运算符有算术运算符、关系运算符、逻辑运算符、位运算符和复合运算符。Cx51 的运算符如表 4.3~表 4.7 所示。

表 4.3　Cx51 的算术运算符

运 算 符	含 义	示 例
+	加法运算	x=6; y=x+3; →y=9
−	减法运算	x=6; y=x−3; →y=3
*	乘法运算	x=6; y=x*3; →y=18
/	除法运算	x=6; y=x/3; →y=2
x++	先用 x 值,再加 1	x=6; y=x++; →y=6,x=7
++x	先加 1,再用 x 值	x=6; y=++x; →y=7,x=7
x−−	先用 x 值,再减 1	x=6; y=x−−; →y=6,x=5
−−x	先减 1,再用 x 值	x=6; y=−−x; →y=5,x=5
%	求余运算	x=6; y=x%4; →y=2

表 4.4　Cx51 的关系运算符

运 算 符	含 义	示 例
>	大于	x=6; y=x>3; →y=1
>=	大于或等于	x=6; y=x>=3; →y=1
<	小于	x=6; y=x<3; →y=0
<=	小于或等于	x=6; y=x<=3; →y=0
==	等于	x=6; y=x==3; →y=0
!=	不等于	x=6; y=x!=3; →y=1

表 4.5　Cx51 的逻辑运算符

运　算　符	含　　义	示　　例
&&	逻辑与	y＝1&&0→y＝0
||	逻辑或	y＝1||0→y＝1
！	逻辑非	y＝!0→y＝1

表 4.6　Cx51 的位运算符

运　算　符	含　　义	示　　例
&	对两个二进制数按位与	y＝1010B&1100B→y＝1000B
|	对两个二进制数按位或	y＝1010B|1100B→y＝1110B
^	对两个二进制数按位异或	y＝1010B^1100B→y＝0110B
~	二进制数按位取反	y＝~1010B→y＝0101B
<< n	把二进制数左移 n 位,高位丢弃,低位补 0	y＝1010B<<1→y＝0100B
>> n	把二进制数右移 n 位,低位丢弃,高位补 0	y＝1010B>>1→y＝0101B

表 4.7　Cx51 的复合运算符

运　算　符	含　　义	示　　例
＋＝	加并赋值	x＝6；x＋＝3；→x＝9
—＝	减并赋值	x＝6；x—＝3；→x＝3
＊＝	乘并赋值	x＝6；x＊＝3；→x＝18
/＝	除并赋值	x＝6；x/＝3；→x＝2
％＝	取模并赋值	x＝6；x％＝3；→x＝0
&＝	与并赋值	x＝1010B；x&＝1100B→x＝1000B
|＝	或并赋值	x＝1010B；x|＝1100B→x＝1110B
^＝	异或并赋值	x＝1010B；x^＝1100B→x＝0110B
<<＝	左移并赋值	x＝1010B；x<<＝1→x＝0100B
>>＝	右移并赋值	x＝1010B；x>>＝1→x＝0010B
？：	条件运算符	x＝6>2?3:4→x＝3

注意：在前十个复合运算符左边的变量,既是源操作数,又是目标操作数。

2. 运算符的优先级与结合性

常量、变量与运算符结合,可以构成各种各样的表达式。运算符具有不同的优先级,同级运算符还有结合性。表达式的计算不仅要考虑运算符的优先级,还要考虑运算符的结合性。优先级决定先算什么,后算什么。结合性决定是从左向右计算,还是从右向左计算。如果是从左向右计算,称这个运算符具有左结合性;否则,称这个运算符具有右结合性。

在各种运算符中,括号运算符的优先级最高;其次是单目运算符,如负号运算符—、自增运算符++、自减运算符——、非运算符!、按位取反运算符~;再次是算术运算符;然后是关系运算符;接着是逻辑运算符;再接着是位运算符;最后是赋值运算符。

关于运算符优先级与结合性的详细规定,请参考标准 C 语言程序设计教程。

4.3　Cx51 语言的函数

4.3.1　Cx51 语言函数介绍

Cx51 语言程序是由一个主函数和若干子函数构成的,通过函数的有序调用,实现程序预期的功能。Cx51 语言程序的函数可以分为两大类,一类是程序员自定义的函数,另一类是系统提供的库函数。无论是自定义函数还是库函数,在被调用之前,需要对函数进行声明,自定义函数的声明由程序员按照规则完成,库函数的声明由系统提供的若干个头文件分类完成。

1. 自定义函数

常用的自定义函数的结构如下。

```
返回值类型　函数名(参数类型　形参)
{
    数据定义;
    执行语句;
    返回值;
}
```

其中,形参和返回值是函数与外界联系的桥梁。形参是形式参数的简称,是在函数调用时由外界传入函数体内的参数。函数可以没有形参,也可以有多个形参。对于没有形参的函数,小括号必须保留,此时,可以在小括号内加上 void,也可以不加。返回值是函数运行完毕时返回给调用该函数的那个语句的值。如果函数没有返回值,那么,应该把返回值类型声明为 void 类型。如果一个函数不加返回值类型,编译器将把它的返回值类型编译为整型。

在程序中,一般需要使用变量。根据作用范围的不同,变量可分为局部变量和全局变量。局部变量是定义在函数内部的变量,只在该函数内部有效。全局变量是定义在函数外部的变量,从其定义位置开始到源程序结束都有效。如果全局变量和某一函数的局部变量同名,那么,在该函数内部,只有局部变量有效。

在自定义函数中,有一种最特殊的函数,那就是主函数 main()。在 Cx51 语言程序中,必须有且只能有一个主函数。一个 Cx51 语言程序的执行是从主函数开始的,主函数可以调用库函数和其他自定义函数,而库函数和其他自定义函数不能调用主函数。主函数的声明格式一般为:

```
int main(void)
```

其中,参数"void"用于说明主函数没有参数。int 是主函数的返回值类型,用于向操作系统说明程序的退出状态,返回 0 代表正常退出,返回 1 代表异常退出。

主函数的声明格式也可以为:

```
void main(void)
```

此时,主函数没有返回值。

2. 库函数

Keil Cx51 提供了丰富的库函数。库函数是系统自带的已经编写好的功能函数,供开发人员调用。正确、灵活地使用库函数,可以提高编程效率,使程序代码简洁、结构清晰、易于调试与维护。库函数包括输入/输出库函数、数学计算库函数、字符判断转换库函数、字符串处理库函数、类型转换及内存分配库函数、本征库函数等。

输入/输出库函数在 stdio.h 文件中定义,数学计算库函数在 math.h 文件中定义,字符判断转换库函数在 ctype.h 文件中定义,字符串处理库函数在 string.h 文件中定义,类型转换及内存分配库函数在 stdlib.h 文件中定义,本征库函数在 intrins.h 文件中定义。每个库函数都在相应的头文件中定义了函数原型。如果在程序中需要使用某个库函数,那么,应该在程序的开头处使用包含语句"♯include"把这个函数所在的头文件包含到程序中来。

4.3.2　Cx51 语言函数应用示例

例 4.1　在 AT89C51 的 P1.0 连接一个 LED,编写程序,使 LED 周期闪烁。LED 周期闪烁的电路原理图,如图 4.1 所示。

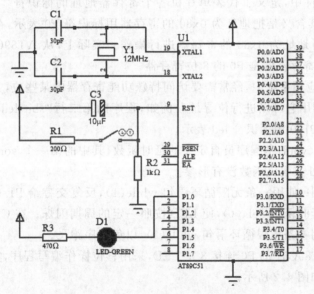

图 4.1　LED 周期闪烁的电路原理图

分析:从电路原理图可见,当 P1.0 为低电平时,LED 点亮;当 P1.0 为高电平时,LED 熄灭。为了使 LED 周期闪烁,可以让 LED 点亮一段时间,再让 LED 熄灭一段时间,周而复始。为此,需要设计一个延时函数 delay()。在主函数中调用函数 delay(),达到延时的目的。

解　控制程序如下。

```
♯include <reg51.h>        //包含单片机寄存器定义的头文件
sbit led = P1^0;          //把 P1.0 定义为 led,提高程序的可移植性

/*延时函数*/
void delay(void)
{
    unsigned int i;        //定义无符号整数,取值范围为 0～65535
    for(i = 0;i < 40000;i++);   //40000 次空循环,实现延时
}
```

```
/ * 主函数 * /
int main(void)
{
  while(1)                      //无限循环,使 LED 持续闪烁
  {
    led = 0;                    //P1.0 输出低电平,灯点亮
    delay();                    //调用延时函数,延时一段时间
    led = 1;                    //P1.0 输出高电平,灯熄灭
    delay();                    //延时一段时间
  }
}
```

说明:

(1) 程序的第一行"♯include＜reg51.h＞",作用是把 AT89C51 的头文件 reg51.h 包含进来。在这个头文件中,定义了代表单片机各个寄存器地址的标识符。例如,其中的定义"sfr P0＝0x80;",其含义是把地址为 0x80 的寄存器用标识符 P0 表示,在编程时,对 P0 进行操作,就相当于对地址为 0x80 的寄存器进行操作。实际上,从 AT89C51 的硬件系统角度,地址为 0x80 的寄存器就是 P0 的 8 位寄存器。

(2) 在单片机应用系统中,经常需要访问特殊功能寄存器的某些位,为此,Keil Cx51 提供了关键字 sbit,利用它可以进行位寻址。例如,程序的第二行"sbit led＝P1^0;",其作用是把 P1 的第 0 位 P1.0 用标识符 led 表示。

(3) void delay(void)是程序员自定义的延时函数,其中的第一个 void 表明该函数没有返回值,第二个 void 表明该函数没有形参。

(4) 在主函数中,使用一条无限循环语句 while(1),反复交替给 P1.0 引脚赋值高电平和低电平,并调用延时函数 delay(),使 LED 按照一定的周期闪烁。在 Cx51 语言程序的主函数中,一般都使用一条无限循环语句 while(1),以免程序跑飞。

例 4.2 在 AT89C51 的 P0 连接 8 个 LED,采用移位操作编写程序,实现流水灯。流水灯的电路原理图,如图 4.2 所示。

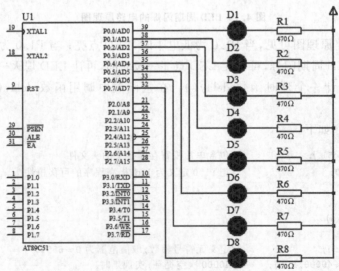

图 4.2　流水灯的电路原理图

分析：为了实现 8 个 LED 的流水显示，只需控制 P0 端口的电平。为此，首先设置 P0＝11111110B，然后使 P0 左移。

解　控制程序如下。

```
# include <reg51.h>

void delay(void)
{
  unsigned int i;
  for(i = 0;i < 40000;i++);
}

int main(void)
{
  unsigned char led,a,b;        //定义三个无符号字符型变量,暂存临时数据
  led = 0xfe;                   //led = 11111110B,即 P0.0 上的 LED 点亮,其他引脚上的 LED 熄灭
  while(1)                      //无限循环,使 LED 流水亮灭
  {
    P0 = led;                   //把 led 状态赋给 P0,实现 LED 亮灭
    a = led >> 7;               //先把 led 的最高位放到 a 的最低位,a 的其他位全为 0
    b = led << 1;               //把 led 左移一位,最低位补零
    led = b|a;                  //位或运算,即把 led 的最高位放到 led 的最低位,实现环移一位
    delay();
  }
}
```

说明：

（1）如图 4.1 所示，为了使 AT89C51 正常工作，应该把 40 脚接＋5V 直流电源，把 20 脚接地，使之成为闭合回路，给单片机接上电源。同时，还要根据单片机的型号与 CPU 频率，设计合适的时钟电路和复位电路。如果仿照图 4.1 设计这个控制系统的实物，那么，必须设计这些配套电路，得到单片机最小系统，然后，在单片机最小系统的基础上进行扩展，得到所需的控制系统。

（2）在如图 4.2 所示的电路原理图中，只有 AT89C51，却没有电源、时钟电路和复位电路，而系统仍然能够正常运行。这是因为单片机最小系统已经成为单片机应用系统的标配，或者说，只要用到单片机，就必须有单片机最小系统，这已经成为程序员们的常识，不说自明，因此，在 Proteus 仿真平台，只要画出了单片机，Proteus 默认这个单片机就代表了单片机最小系统，而不必再画电源、时钟电路和复位电路。今后，在 Proteus 中画电路原理图时，将略去单片机的电源、时钟电路和复位电路。

4.4　Cx51 语言基本结构程序设计

在进行 Cx51 语言程序设计时，经常使用结构化程序设计方法。使用这种方法，由顺序结构、分支结构、循环结构的程序段可以构成复杂的程序。结构化程序的结构清晰，容易编辑，方便验证，可靠性强。

4.4.1　顺序结构程序设计

顺序结构是最基本、最简单的程序结构，在执行顺序结构程序时，按照指令的先后顺序

依次执行。顺序结构程序的功能比较弱,但是,它是所有复杂程序的基础和组成部分,必须熟练掌握。虽然编写顺序结构程序比较容易,但是,要想设计出高质量的顺序结构程序也需要一定的技巧。

例 4.3　在 AT89C51 的 P0、P1 分别连接 8 个 LED,设计程序,用 P0 显示加法 134+25 的运算结果,用 P1 显示减法 146-68 的运算结果。用 P0、P1 显示运算结果的电路原理图如图 4.3 所示。

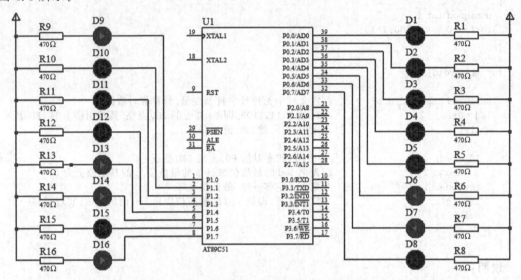

图 4.3　用 P0、P1 显示运算结果的电路原理图

分析:在单片机内,无符号字符型数据用 8 位二进制数表示,取值范围为 0～255。这里的操作数都是正整数,运算结果也是正整数,而且不大于 255,因此,可以采用无符号字符型。另一方面,P0、P1 端口也是 8 位二进制数,因此,可以用 P0、P1 显示运算结果。

解　控制程序如下。

```
# include < reg51.h >
int main(void)
{
unsigned char a = 134,b = 25,c = 146,d = 68;
P0 = a + b;                //P0 = 134 + 25 = 159 = 1001 1111B
P1 = c - d;                //P1 = 146 - 68 = 78 = 0100 1110B
while(1);                  //循环等待,防止主程序退出后程序跑飞
}
```

说明:主函数中的四条语句按照顺序依次执行,最后停留在无限循环语句"while(1);"上,循环等待,防止主程序退出后程序跑飞。

4.4.2　分支结构程序设计

在实际问题中,往往需要单片机对某种情况进行判断,根据判断结果进行相应的处理。这就需要用到分支结构程序。分支结构程序可以用 if 语句或 switch/case 语句来实现。

1. if 语句

if 语句根据判断结果的真假决定程序的走向,有三种基本形式。

(1) 单分支形式。单分支形式 if 语句的格式为：

```
if(表达式)
{
    分支程序
}
```

若"表达式"为真,则执行花括号中的分支程序,然后,再执行下面的程序；否则,跳过花括号,执行下面的程序。单分支形式 if 语句的程序流程如图 4.4 所示。

例如,考虑求单字节有符号数的补码。根据补码的定义,非负数的补码就是其自身,负数的补码是其反码加 1。在求一个数的补码时,只需判断该数的符号,有两个出口：非负、负,因此,可以用单分支形式的 if 语句来实现。假设单字节有符号数已经存在累加器 A 中,并把求出的补码还存在累加器 A 中,那么,求一个数补码的程序流程如图 4.5 所示。

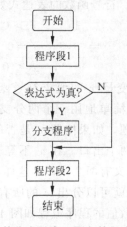

图 4.4　单分支形式 if 语句的程序流程图

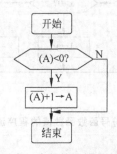

图 4.5　求一个数补码的程序流程图

(2) 两分支形式。两分支形式 if 语句的格式为：

```
if(表达式)
{
  分支程序 1
}
else
{
  分支程序 2
}
```

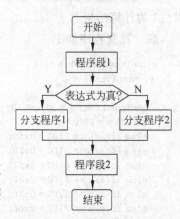

图 4.6　两分支形式 if 语句的程序流程图

若"表达式"为真,则执行分支程序 1；否则,执行分支程序 2。然后,再执行下面的程序。两分支形式 if 语句的程序流程如图 4.6 所示。

(3) 多分支形式。分支结构可以嵌套,即分支程序中还可以包含另外一个分支结构。通过分支结构的嵌套,可以处理多于两个分支的情况。多分支形式 if 语句的格式为：

```
if(表达式 1)
{
    语句组 1
}
else if(表达式 2)
```

```
      {
        语句组 2
      }
    else if(表达式 m)
        {
          语句组 m
        }
      else
        {
          语句组 n
        }
```

若"表达式 1"为真,则执行"语句组 1";否则,若"表达式 2"为真,则执行"语句组 2";……;若所有的表达式都不为真,则执行语句组 n。

例如,给定自变量 x 的值,求符号函数的函数值 y。符号函数的表达式如下:

$$y = \begin{cases} 1, & x > 0 \\ 0, & x = 0 \\ -1, & x < 0 \end{cases}$$

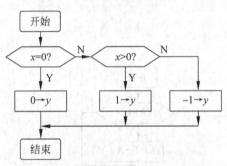

图 4.7 求符号函数函数值的程序流程图

根据自变量 x 的值求符号函数的函数值 y 有三个出口,简单地用一个两分支结构程序不能解决这个问题。如果按照 x 是否等于 0 来划分,那么就只有两个出口。在 x 不等于 0 时,根据 x 是否为正数,又有两个出口。这样,通过两次使用两分支结构,就可以分出 x 的所有三种情况。求符号函数函数值的程序流程如图 4.7 所示。

例 4.4 基于如图 4.2 所示的电路,用 if 语句编写程序,用与 P0 连接的 8 个 LED 显示 54/18 的计算结果。

解 控制程序如下。

```c
# include < reg51.h >
int main(void)
{
    unsigned char a = 54,b = 18;
    if(a/b == 1)P0 = 0xfe;          //第一个 LED 亮
    else if(a/b == 2)P0 = 0xfd;     //第二个 LED 亮
    else if(a/b == 3)P0 = 0xfb;     //第三个 LED 亮
    else if(a/b == 4)P0 = 0xf7;     //第四个 LED 亮
    else if(a/b == 5)P0 = 0xef;     //第五个 LED 亮
    else if(a/b == 6)P0 = 0xdf;     //第六个 LED 亮
    else if(a/b == 7)P0 = 0xbf;     //第七个 LED 亮
    else if(a/b == 8)P0 = 0x7f;     //第八个 LED 亮
    else P0 = 0xff;                 //所有 LED 不亮
    while(1);
}
```

2. switch…case 语句

对某情况的判断有三个或三个以上出口,选择其中之一,这是一种多分支结构。可以用 switch…case 语句实现这种多分支结构。根据 switch 中表达式的值,决定要执行的程序段,用于实现多中选一。switch…case 语句的格式如下。

```
switch(表达式)
{
    case 常量表达式 1:程序段 1;      //若表达式 = 常量表达式 1,则执行程序段 1
    break;                      //跳出 switch 结构
    case 常量表达式 2:程序段 2;      //若表达式 = 常量表达式 2,则执行程序段 2
    break;                      //跳出 switch 结构
    …
    default:程序段 n;            //若表达式不等于任何一个常量表达式,则执行程序段 n
}
```

用 switch…case 语句实现多分支结构的程序流程如图 4.8 所示。

例 4.5　基于如图 4.2 所示的电路,用 switch…case 语句编写程序,用与 P0 连接的 8 个 LED 显示 54/18 的计算结果。

解　控制程序如下。

```
# include < reg51.h >
int main(void)
{
    unsigned char a = 54, b = 18;
    switch(a/b)                 //用 switch/case 语句
    {
        case 1: P0 = 0xfe; break;    //第一个 LED 亮
        case 2: P0 = 0xfd; break;    //第二个 LED 亮
        case 3: P0 = 0xfb; break;    //第三个 LED 亮
        case 4: P0 = 0xf7; break;    //第四个 LED 亮
        case 5: P0 = 0xef; break;    //第五个 LED 亮
        case 6: P0 = 0xdf; break;    //第六个 LED 亮
        case 7: P0 = 0xbf; break;    //第七个 LED 亮
        case 8: P0 = 0x7f; break;    //第八个 LED 亮
        default: P0 = 0xff;         //所有 LED 不亮
    }
    while(1);
}
```

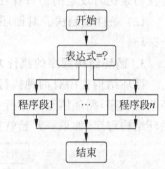

图 4.8　用 switch…case 语句实现多分支结构的程序流程图

从例 4.4、例 4.5 可以看出,对于一个多分支结构程序,既可以用 if 语句实现,也可以用 switch…case 语句实现。一般来说,如果对某情况的判断结果是并列的几个值,那么,用 switch…case 语句来实现,程序结构会更加清晰,程序执行效率也更高。

4.4.3　循环结构程序设计

在实际的控制问题中,经常会遇到这样的情况:同一个操作需要重复执行许多次。这种有规律而又需要反复处理的问题,可以用循环结构程序来解决。例如,为了求 100 个数的累加和,没必要连续安排 100 条加法指令,可以只用一条加法指令,并使其循环执行 100 次。

循环结构程序的优点是:缩短程序的长度,减少程序占用的内存空间,程序结构紧凑,可读性强。但是,循环结构程序并不能节省程序的执行时间。

1. 循环结构程序的组成

循环结构程序通常由下面四部分组成。

(1) 循环初始化。循环初始化程序段用于完成循环前的准备工作。例如,设置循环控制计数的初值、地址指针的起始地址、变量初值等。

(2) 循环处理。循环处理部分是循环结构程序的核心,完成实际的处理工作,反复循环执行,又称循环体。这部分程序的内容,取决于实际处理的问题。

(3) 循环控制。在重复执行循环体的过程中,不断修改循环控制变量,当符合结束条件时,就结束循环程序的执行。

(4) 循环结束。这部分用于分析、处理和存放循环程序执行的结果。

2. 循环控制

循环结构程序的循环控制方法有计数控制法和条件控制法两种。

(1) 计数控制法。计数控制法是依据循环变量的值来决定循环次数。循环变量的初值是在初始化时设定的。只有在循环次数已知的情况下,才能使用计数控制法。

(2) 条件控制法。对循环次数未知的问题,往往需要根据某种条件来判断是否应该终止循环。

3. 循环结构程序的执行方式

循环结构程序有两种执行方式。一种是先执行后判断,如图 4.9(a)所示。对于这种循环结构程序,循环体至少执行一次。另一种是先判断后执行,如图 4.9(b)所示。对于这种循环结构程序,如果一开始就满足循环结束条件,那么循环体一次也不执行。

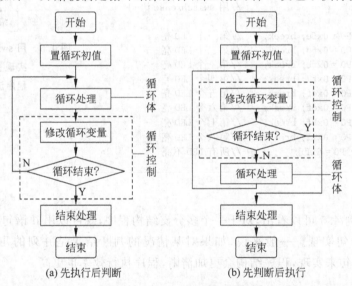

(a) 先执行后判断   (b) 先判断后执行

图 4.9   循环结构程序的组成

一个循环结构程序中不再包含其他循环结构程序,这种循环结构程序称为单重循环结构程序。如果一个循环结构程序中又包含其他循环结构程序,那么,整个循环结构程序称为多重循环结构程序。包含其他循环结构程序的循环结构程序,称为外循环结构程序;被包含的循环结构程序,称为内循环结构程序。

在多重循环结构程序中,只能在外循环结构程序的循环体内嵌套一个完整的循环结构程序,而不允许内、外循环结构程序的循环体相互交叉。

在解决实际问题时,经常需要使用多重循环结构程序。最常见的多重循环结构程序是延时程序,它是控制系统最常用的程序之一。

4. for 循环结构程序

for 循环结构用于按指定的次数反复执行循环体,格式如下。

```
for(表达式 1;表达式 2;表达式 3)
{
    循环体
}
```

for 循环结构程序执行过程如下。

(1) 执行表达式 1,对循环变量赋初值。

(2) 执行表达式 2。若表达式 2 结果为真,则执行循环体,并执行表达式 3。表达式 3一般是改变循环变量的值。

(3) 再次执行表达式 2,并判断结果真假。若表达式 2 结果为真,重复步骤(2)。

(4) 若表达式 2 结果为假,则退出 for 循环。

易见,for 循环结构程序是先判断后执行。如果一开始表达式 2 就为假,那么,循环体一次也不执行。

例 4.6 基于如图 4.3 所示的电路,用 for 循环结构程序计算 7 的阶乘,并把结果送 P1和 P0 显示。

解 控制程序如下。

```
# include < reg51. h>
int main(void)
{
    unsigned char i;
    unsigned int s = 1;
    for(i = 1;i <= 7;i++)            //先判断,后执行; i 自增,改变循环变量
    {
        s = s * i;                   //计算阶乘
    }
    P1 = s/256;                      //高 8 位送 P1 显示,P1 = 19 = 0001 0011B
    P0 = s % 256;                    //低 8 位送 P0 显示,P0 = 176 = 1011 0000B
    while(1);
}
```

5. while 循环结构程序

while 循环结构程序的格式如下。

```
while(表达式)
{
    循环体
}
```

while 循环结构程序执行过程如下。

(1) 判断表达式的真假。

(2) 若表达式为真,则执行循环体;否则,终止循环。

易见,while 循环结构程序是先判断后执行。如果一开始表达式就为假,那么,循环体一次也不执行。

例 4.7 基于如图 4.3 所示的电路,用 while 循环结构程序计算 7 的阶乘,并把结果送P1 和 P0 显示。

解 控制程序如下。

```
# include < reg51. h>
int main(void)
```

```
{
  unsigned char i = 1;
  unsigned int s = 1;
  while(i < = 7)                    //先判断,后执行
  {
    s = s * i;                      //计算阶乘
    i++;                            //i自增,改变循环变量
  }
  P1 = s/256;                       //高 8 位送 P1 显示
  P0 = s % 256;                     //低 8 位送 P0 显示
  while(1);
}
```

6. do…while 循环结构程序

do…while 循环结构程序的格式如下。

```
do
{
  循环体
}
while(表达式);
```

do…while 循环结构程序执行过程如下。

(1) 执行循环体。

(2) 计算表达式。

(3) 若表达式为真,则重复执行循环体;否则,终止循环。

易见,do…while 循环结构程序是先执行后判断。无论一开始表达式是否为真,循环体至少执行一次。

例 4.8　基于如图 4.3 所示的电路,用 do…while 循环结构程序计算 7 的阶乘,并把结果送 P1 和 P0 显示。

解　控制程序如下。

```
# include < reg51. h >
int main(void)
{
  unsigned char i = 1;
  unsigned int s = 1;
  do
  {
    s = s * i;
    i++;
  }while(i < = 7);                  //先执行,后判断
  P1 = s/256;
  P0 = s % 256;
  while(1);
}
```

4.5　Cx51 语言的数组与指针

4.5.1　数组

数组是相同数据类型的数据按照一定顺序组成的集合。具体地说,把有限个数据类型

相同的变量用同一个名字命名,然后用编号区分它们,就构成了一个数组,这个名字称为数组名,组成数组的各个变量称为数组的元素,编号称为下标。数组可以分为一维数组、二维数组和多维数组。

1. 一维数组

(1) 一维数组的定义。一维数组的定义格式为:

数据类型　　数组名[常量表达式];

其中,数据类型是指数组元素的数据类型,同一个数组的所有元素的数据类型都是相同的。数组名是程序员定义的数组标识符。方括号中的常量表达式表示数据元素的个数,称为数组的长度。

例如,定义有 3 个元素的字符型数组 m,格式为:

char m[3];

其中,m 的 3 个元素分别是 m[0]、m[1]、m[2]。

(2) 一维数组的初始化。数组初始化是指在数组定义时,给数组元素赋予初值。例如,数组初始化语句

int m[3] = {0,1,2};

相当于三个赋值语句 m[0]＝0,m[1]＝1,m[2]＝2。

当{}中值的个数少于数组元素个数时,只给前面元素赋值,其他元素自动赋 0。例如,数组初始化语句

int m[3] = {0,1};

相当于三个赋值语句 m[0]＝0,m[1]＝1,m[2]＝0。

(3) 一维数组元素的引用。数组必须先定义然后才能使用。只能逐个使用数组的各个元素,而不能一次引用整个数组。例如,输出有 10 个元素的数组,必须使用循环语句逐个输出各元素,而不能用一个语句输出整个数组。例如,下面的写法是正确的。

```
for(i = 0; i < 10; i++)
  printf(" % d",m[i]);
```

而下面的写法是错误的。

```
printf(" % d",m);
```

例 4.9　基于如图 4.2 所示的电路,用一维数组使与 P0 相连的 8 个 LED 的流水点亮。

解　控制程序如下。

```
# include < reg51. h >

void delay(void)
{
  unsigned int i;
  for(i = 0;i < 40000;i++);
}

int main(void)
{
  unsigned char i;
```

```
unsigned char code Tab[ ] = {0xfe,0xfd,0xfb,0xf7,0xef,0xdf,0xbf,0x7f};
//定义无符号字符型数组,并且进行初始化
while(1)
{
  for(i = 0;i < 8;i++)
  {
    P0 = Tab[i];                  //依次引用一维数组的元素,将其送 P0 显示
    delay();
  }
}
}
```

2. 二维数组

二维数组是以矩阵的形式存储数据的。

（1）二维数组定义。二维数组定义的格式为：

数据类型　数组名[下标 1][下标 2];

其中,第一个下标代表行,第二个下标代表列。例如,语句

int a[2][3];

定义了二维整型数组 a,2 行 3 列,共有 6 个元素。

（2）二维数组的初始化。可以采用以下两种方式对二维数组进行初始化。

按照先行后列的存储顺序整体赋值。例如：

inta[2][3] = {0,1,2,3,4,5};

按照每行分别赋值。例如：

inta[2][3] = {{0,1,2},{3,4,5}};

例 4.10　基于如图 4.2 所示的电路,用二维数组使与 P0 相连的 8 个 LED 的流水点亮。

解　控制程序如下。

```
# include < reg51.h >

void delay(void)
{
  unsigned int i;
  for(i = 0;i < 40000;i++);
}

int main(void)
{
  unsigned char i,j;
  unsigned char code Tab[2][4] = {{0xfe,0xfd,0xfb,0xf7},{0xef,0xdf,0xbf,0x7f}};
  //定义无符号字符型二维数组,并且进行初始化
  while(1)
  {
    for(i = 0;i < 2;i++)
      for(j = 0;j < 4;j++)
      {
        P0 = Tab[i][j];           //依次引用二维数组的元素,将其送 P0 显示
        delay();
      }
  }
}
```

4.5.2　指针

一个变量的指针,就是存放该变量的地址。在 C 语言中,允许用一个变量来存放指针,这种变量称为指针变量。与一般变量一样,指针变量具有变量名、数据类型和值,但是,它又是一种特殊的变量,它的值是变量的地址。通过指针对变量进行操作是一种间接操作,比直接操作变量更费时,且不够直观,但是,灵活运用指针可以使程序代码更加简洁。

1. 指针变量的定义

指针变量定义的格式为

数据类型 ＊变量名;

其中,数据类型表示本指针变量所指向变量的数据类型,＊表示这是一个指针变量。例如,定义

int ＊ point;

表示 point 指向一个整型变量,但是,point 具体指向哪个整型变量,取决于 point 中所存储的地址。在使用指针变量之前,必须赋予其具体的地址,使用未经赋值的指针变量,可能会引起严重的后果。

2. 指针变量的引用

指针变量的引用有两个重要运算符:取地址运算符 & 和指针运算符 ＊。取地址运算符 & 用来取出变量的地址,格式为:

& 变量名;

指针运算符 ＊ 用来取出指针指向变量的值,格式为:

＊ 指针变量名;

例如,下面两个语句:

int ＊ point;
point = &i;

表示取出变量 i 的地址赋予指针变量 point。此时,＊ point 与 i 代表的是同一个变量,对 ＊ point 的任何操作,与直接对变量 i 的操作效果相同。例如,语句

j = ＊ point;

表示把变量 i 的值赋予变量 j,与语句 j＝i 的效果相同。又如,语句

＊ point = j;

表示把变量 j 的值赋予变量 i,与语句 i＝j 的效果相同。

注意:在指针变量定义中所出现的"＊"是变量类型说明符,表示其后的变量是指针类型,而指针运算符"＊"则出现在表达式中,用以表示指针指向的变量值。

3. 一维数组的指针

一个数组占用一块连续的内存单元,数组名就是这块连续内存单元的首地址。一个数组是由各个数组元素组成的,每个数组元素占有几个连续的内存单元,它们都有相应的地址。一个数组元素的地址是指它所占有的内存单元的首地址。数组指针是指数组的起始地址,数组元素的指针是数组元素的地址。

指向一维数组的指针变量定义的格式为：

数据类型　*指针变量名;

其中,数据类型就是数组的类型。

下面的语句定义了一个指向数组的指针变量 p。

```
int m[] = {1,2,3};
int * p;
p = &m[0];
```

经过上述定义后,p 就是数组 m 的指针。

因为数组名代表数组的首地址,也就是第一个元素的地址,因此,上面的语句也可以写成：

```
int m[] = {1,2,3};
int * p;
p = m;
```

当 p 指向数组 m 的首地址后,p+i 就指向数组元素 m[i],而 * (p+i)就是数组元素 m[i]。

例 4.11　基于如图 4.2 所示的电路,用一维数组指针使与 P0 相连的 8 个 LED 的流水点亮。

解　控制程序如下。

```
# include < reg51. h >

void delay(void)
{
  unsigned int i;
  for(i = 0;i < 40000;i++);
}

int main(void)
{
  unsigned char i;
  unsigned char code Tab[8] = {0xfe,0xfd,0xfb,0xf7,0xef,0xdf,0xbf,0x7f};
  unsigned char * p = Tab;          //定义一维数组指针变量,并指向 Tab 数组
  while(1)
  {
    for(i = 0;i < 8;i++)
    {
      P0 = * (p + i);               //通过指针变量,依次引用数组元素
      delay();
    }
  }
}
```

4. 二维数组的指针

二维数组的每行都是一个一维数组,该一维数组的长度就是二维数组的列数。指向二维数组的指针变量定义的格式为：

数据类型　(*指针变量名)[长度];

其中,"长度"是二维数组的列数。

下面的语句定义了一个指向二维数组的指针变量 p。

```
int A[2] [3] = {{0,1,2},{3,4,5}};
int ( * p)[3];
p = A;
```

经过上述定义后,p 就是二维数组 A 的指针。

如果指针变量 p 指向二组数组 A[m][n]的首地址,那么, * (p+i)就是 A[i],而 A[i]
是一维数组 A[i][n]的首地址, * (* (p+i)+j)就是 A[i][j]。

例 4.12　基于如图 4.2 所示的电路,用二维数组指针使与 P0 相连的 8 个 LED 的流水
点亮。

解　控制程序如下。

```
# include < reg51. h>

void delay(void)
{
  unsigned int i;
  for(i = 0;i < 40000;i++);
}

int main(void)
{
  unsigned char i,j;
  unsigned char code Tab[2][4] = {{0xfe,0xfd,0xfb,0xf7},{0xef,0xdf,0xbf,0x7f}};
  unsigned char ( * p)[4];          //定义二维数组指针变量
  p = Tab;                          //指向二维数组首地址
  while(1)
  {
    for(i = 0;i < 2;i++)
      for(j = 0;j < 4;j++)
      {
        P0 = * ( * (p + i) + j);   //通过指针变量,依次引用二维数组元素
        delay();
      }
  }
}
```

4.6　Cx51 语言程序中的预处理

Cx51 语言提供了多种预处理功能,如文件包含、宏定义、条件编译等。在源程序中,预
处理命令都放在源程序的前面,以"♯"号开头,包括包含命令♯ include、宏定义命令
♯ define、条件编译命令等。在对程序进行编译时,编译器首先对源程序中的预处理部分进
行处理,然后才对源程序进行编译。使用预处理命令编写的程序更加简洁,便于维护和修
改,有利于模块化程序设计。

4.6.1　文件包含

文件包含命令把指定文件的内容全部插入该命令行所在的位置,从而把指定的文件和
当前的源程序文件连成一个源程序文件。文件包含命令行的格式为:

```
#include <文件名>
```

或

```
#include "文件名"
```

使用尖括号,编译器只在用户系统设置的包含文件目录中查找被包含文件,而不在源文件目录中查找;使用双引号,编译器首先在当前的源文件目录中查找,若未找到,再到用户系统设置的包含目录中去查找。程序员在编程时,可以根据被包含文件所在的目录,选择一种适当的命令形式。

一条 include 命令只能指定一个被包含文件,如果有多个文件要包含,那么需要使用多条 include 命令。文件包含允许嵌套,即在一个被包含文件中还可以包含另一个文件。

4.6.2 宏定义

宏定义是指用一个标识符来代表一个字符串,这个标识符简称宏名。在编译预处理时,对程序中所有出现的宏名,都用宏定义中的字符串去代换,称为宏代换。字符串中可以含任何字符,可以是常数,也可以是表达式,预处理程序对它不做任何检查,若有错误,也只能在程序编译时发现。宏定义不是实际的程序语句,在行末不加分号。若加上分号,则连分号一起置换。

宏名常用大写字母表示,以区别于一般的变量。宏定义可以带参数,也可以不带参数。

1. 不带参数宏定义

不带参数宏定义的格式为:

```
#define   标识符   字符串
```

其中,"字符串"可以是常数、表达式、格式串等。

例如,宏定义

```
#define AREA 3.14 * r * r
```

即用宏名 AREA 代替圆面积的表达式 3.14 * r * r。在程序设计时,圆面积 3.14 * r * r 可以用宏名 AREA 代替。在程序预处理时,编译器首先进行宏代换,即用表达式 3.14 * r * r 去置换所有宏名 AREA。

2. 带参数宏定义

Cx51 语言允许宏带有参数,在调用带参数的宏时,要用实际的值替换参数。带参数宏定义的格式为:

```
#define   宏名(参数表)   字符串
```

带参数宏调用的格式为:

```
宏名(实际参数值)
```

例如,定义带参数的宏:

```
#define AREA(r) 3.14 * r * r
```

在程序中调用该宏时,需要给出半径 r 的具体值,例如:

```
area = AREA(5);
```

此时,用实际的半径值 5 去代替参数 r,经宏代换后的语句为:

```
area = 3.14 * 5 * 5;
```

4.6.3　条件编译

条件编译是指按不同的条件去编译不同的程序段,因此,编译后会产生不同的目标代码文件。条件编译可以使同一个程序在不同条件下具有不同的功能,这会给程序移植和调试带来方便。条件编译有三种形式。

1. 第一种形式

```
#ifdef 标识符
    程序段 1
#else
    程序段 2
#endif
```

它的功能是,若标识符已被 #define 命令定义过了,则编译程序段 1;否则,编译程序段 2。如果没有程序段 2,那么 else 可以省略,写成如下形式:

```
#ifdef 标识符
    程序段
#endif
```

2. 第二种形式

```
#ifndef 标识符
    程序段 1
#else
    程序段 2
#endif
```

它的功能与第一种形式正好相反。若标识符未被 #define 定义过,则编译程序段 1;否则,编译程序段 2。

3. 第三种形式

```
#if 常量表达式
    程序段 1
#else
    程序段 2
#endif
```

它的功能是,若常量表达式的值为真(非 0),则编译程序段 1;否则,编译程序段 2。

例如,下面的程序可能输出圆的面积或正方形的面积。

```
#include <stdio.h>
#define CIRCLE 1

int main(void)
{
    float r = 10, area;
    #if CIRCLE
        area = 3.14159 * r * r;
        printf("area of round is: %f\n", area);
    #else
        area = r * r;
```

```
        printf("area of square is: % f\n", area);
    #endif
    return 0;
}
```

　　由于在宏定义中定义了 CIRCLE 为 1,常量表达式为真,因此,在条件编译时,计算并输出圆的面积。若在宏定义中定义 CIRCLE 为 0,则计算并输出正方形的面积。

　　条件编译的功能也可以由条件语句来实现,但是,用条件语句将会对整个源程序进行编译,生成的目标代码较长,而采用条件编译,则根据条件只编译其中的程序段 1 或程序段 2,生成的目标代码较短。

习题

一、选择题

1. 单片机能够直接运行的程序是_____。

　　A. 汇编源程序　　　B. C 语言源程序　　　C. 高级语言程序　　　D. 机器语言源程序

2. 在使用 C 语言进行 AT89C51 的程序设计时,必须包含的库文件是_____。

　　A. reg51. h　　　B. absacc. h　　　C. intrins. h　　　D. startup. h

3. 在使用 C 语言进行 AT89C51 的程序设计时,如果需要调用数学计算函数,需要包含的库文件是_____。

　　A. reg51. h　　　B. math. h　　　C. intrins. h　　　D. startup. h

4. 使用宏来访问绝对地址时,需要包含的库文件是_____。

　　A. reg51. h　　　B. absacc. h　　　C. intrins. h　　　D. startup. h

5. 在 Cx51 的数据类型中,unsigned char 型的数据长度和值域为_____。

　　A. 单字节,$-128\sim127$　　　　　　B. 双字节,$-32\,678\sim32\,767$

　　C. 单字节,$0\sim255$　　　　　　　D. 双字节,$0\sim65\,535$

6. 可以将 P1 的低 4 位全部置高电平的表达式是_____。

　　A. P1&=0x0f　　B. P1|=0x0f　　C. P1^=0x0f　　D. P1=~P1

7. Cx51 程序总是从_____开始执行。

　　A. 主程序　　　B. 主过程　　　C. 子程序　　　D. 主函数

8. 设

```
int a[3] = {0,1,2}, * p = &a[0];
```

则执行下面两条指令

```
* p++;
* p += 1;
```

后,a[0],a[1],a[2]的值依次是_____。

　　A. 0,1,2　　　B. 1,2,2　　　C. 0,2,2　　　D. 1,1,2

9. 设

```
int a[3] = {0,1,2}, * p = &a[0];
```

则执行下面两条指令

```
p + = 2;
 * p + = 1;
```

后,a[0],a[1],a[2]的值依次是_____。

    A. 0,1,3　　　　　　B. 1,2,2　　　　　　C. 0,2,2　　　　　　D. 1,1,2

10. 执行下面两条指令

```
#define PA8255 XBYTE[0x3FFC];
PA8255 = 0x7e;
```

后,存储单元 0x3FFC 的值是_____。

    A. 7e　　　　　　　　B. 8255H　　　　　　C. 0x7e　　　　　　D. 不确定

二、填空题

1. Keil Cx51 软件中,工程文件的扩展名是_____,编译连接后生成可烧写的文件扩展名是_____。

2. 若有声明

```
int i = 1, j = 2, k = 3;
k * = i + j;
```

则 k=_____。

3. Cx51 程序结构有_____、_____和_____三种。

4. _____是一组有固定数目和相同类型的数据组成的有序集合。

5. 一个变量的指针就是这个变量的_____;指针变量的值是_____。

6. C51 的存储类型有_____、_____、_____、_____、_____和_____。

三、简答题

1. 在 Cx51 语言中,while 循环结构程序与 do while 循环结构程序有什么不同?

2. 在 Cx51 语言中,函数的数据类型的意义是什么?

3. 在 Cx51 语言中,存储类型 data、bdata、idata 有什么区别?

4. 在 Cx51 语言编译器支持哪些数据类型?

四、问答题

1. 试说明用汇编语言进行单片机应用程序开发的优缺点。

2. 试说明用 C 语言进行单片机应用程序开发的优缺点。

五、程序设计题

1. 用移位运算编写程序,实现 P0 上 8 个共阳极 LED 从高位到低位流水点亮。

2. 有两个一位数 x 和 y,编写程序判断 x 和 y 的大小,大数送 P0 上的 8 个共阳极 LED 显示,小数送 P1 上的 8 个共阳极 LED 显示。

3. 用 for 循环结构编写程序,实现 1~20 的连加和,并送 P0 上的 8 个共阳极 LED 显示。

4. 单片机 P0 上接了 8 个共阳极 LED,试分析下面程序的功能。

```
#include < reg51. h >
int main(void)
{
  unsigned char code Tab[] = {0xfe,0xfd,0xfb,0xf7,0xef,0xdf,0xbf,0x7f};
  unsigned char * p[] =
```

```
    {&Tab[0],&Tab[1],&Tab[2],&Tab[3],&Tab[4],&Tab[5],&Tab[6],&Tab[7]};
    unsigned char i;
    int j;
    while(1)
    {
      for(i = 0;i < 8;i++)
      {
        P0 = * p[i];
        for(j = 0;j < 30000;j++);
      }
    }
}
```

## 第 5 章

AT89C51 的中断系统与定时系统

本章介绍 AT89C51 中断系统的基本概念和基础知识,外部中断系统、定时器/计数器的结构与功能,有关特殊功能寄存器的含义与功能,以及外部中断系统、定时器/计数器的初始化编程方法。通过本章的学习,应该达到以下目标。

(1) 理解中断系统的基本概念和基础知识。

(2) 掌握 AT89C51 外部中断系统的结构、功能、控制与使用方法。

(3) 掌握 AT89C51 定时器/计数器的结构、功能、控制与使用方法。

5.1 中断系统介绍

5.1.1 中断的概念

单片机在执行正常程序时,系统中出现了急需处理的异常情况,请求 CPU 迅速去处理,这就是中断。CPU 暂时中止当前正在执行的程序,转而去处理这个异常情况。处理完这个异常情况后,CPU 再回到原来被中断的程序继续执行。CPU 响应中断与中断处理的过程如图 5.1 所示。

单片机中具有中断处理功能的部件,称为中断系统。中断之后所执行的处理程序,称为中断服务子程序,原来执行的程序称为主程序,主程序被中断的位置称为断点,中断申请的来源称为中断源。中断源向 CPU 发出的服务请求,称为中断请求。CPU 对中断请求的处理过程,称为中断处理或中断服务。

单片机的中断系统主要用于实时控制。所谓实时控制,就是要求单片机能够及时响应和处理中断源发出的中断服务请求。

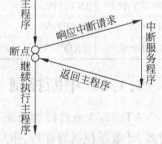

图 5.1 CPU 响应中断与中断处理的过程

对于中断源发出的中断服务请求,如果没有中断系统,而采用软件查询的方式,那么,CPU 就要定时查询是否有服务请求,不论是否有服务请求,都必须去查询,这将浪费大量的时间。采用中断工作方式,就可以消除 CPU 在查询方式中的等待现象,有助于提高 CPU 的工作效率。

5.1.2　AT89C51 中断系统的结构

AT89C51 有 5 个中断源,分别是两个外部中断、两个定时器/计数器中断、一个串行通信中断。AT89C51 中断系统的结构如图 5.2 所示。

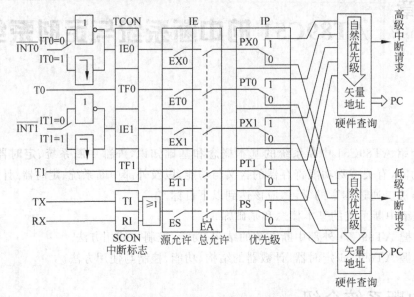

图 5.2　AT89C51 中断系统的结构

中断源的名称、引脚、功能、编号与入口地址如表 5.1 所示。

表 5.1　中断源的名称、引脚、功能、编号与入口地址

名　　称	引　　脚	功　　能	编号	入 口 地 址
外部中断 0	$\overline{\text{INT0}}$(P3.2)	外部中断 0 请求	0	0x0003
T0 中断	T0(P3.4)	T0 溢出中断请求	1	0x000B
外部中断 1	$\overline{\text{INT1}}$(P3.3)	外部中断 1 请求	2	0x0013
T1 中断	T1(P3.5)	T1 溢出中断请求	3	0x001B
串口中断	TX(P3.1)、RX(P3.0)	TX 为发送中断请求,RX 为接收中断请求	4	0x0023

5.1.3　中断控制

AT89C51 通过特殊功能寄存器对中断系统进行控制,所用的特殊功能寄存器分别是定时器/计数器控制寄存器、串口控制寄存器、中断允许寄存器、中断优先级寄存器等。

1. 定时器/计数器控制寄存器(TCON)

TCON 的字节地址为 0x88,可位寻址,位地址为 0x88~0x8F,格式如图 5.3 所示。

位符号	TF1	TR1	TF0	TR0	IE1	IT1	IE0	IT0
位地址	0x8F	0x8E	0x8D	0x8C	0x8B	0x8A	0x89	0x88

图 5.3　TCON 的格式

TCON 中与中断系统有关的各标志位的作用如下。

(1) IT0：外部中断 0 中断请求触发方式选择位。当 IT0＝0 时，采用电平触发方式，$\overline{\text{INT0}}$ 低电平有效；当 IT0＝1 时，采用跳沿触发方式，$\overline{\text{INT0}}$ 负跳变有效。

如果外部中断 0 为电平触发方式，那么，外部中断申请触发器的状态随着 CPU 在每个机器周期采样到的 $\overline{\text{INT0}}$ 引脚电平的变化而变化。在中断服务子程序返回之前，$\overline{\text{INT0}}$ 引脚必须变为高电平，否则，CPU 返回主程序后会再次响应中断。电平触发方式适合于外部中断以电平输入且中断服务子程序能够清除外部中断请求的情况。

如果外部中断 0 为跳沿触发方式，那么，外部中断申请触发器能够锁存 $\overline{\text{INT0}}$ 引脚的负跳变，即使 CPU 暂时不能响应中断，中断申请也不会丢失。当外部中断 0 为跳沿触发方式时，连续两次采样，如果一个机器周期采样到 $\overline{\text{INT0}}$ 引脚为高电平，下一个机器周期采样为低电平，则把中断请求触发器置 1，直到 CPU 响应此中断时，该标志才清 0。此时，输入的负脉冲宽度至少保持一个机器周期，才能保证被 CPU 采样到。跳沿触发方式适合于以负脉冲形式输入的外部中断请求的情况。

(2) IT1：外部中断 1 中断请求触发方式选择位，作用与 IT0 相同。

(3) IE0：外部中断 0 的中断请求标志位。当 CPU 检测到 $\overline{\text{INT0}}$ 的中断请求有效时，硬件自动使 IE0 置 1，向 CPU 申请中断。CPU 响应此中断时，硬件自动使 IE0 清 0，撤销该中断请求。

(4) IE1：外部中断 1 的中断请求标志位，作用与 IE0 相同。

(5) TR0：定时器/计数器 T0 的运行控制位。

(6) TR1：定时器/计数器 T1 的运行控制位。

(7) TF0：T0 溢出标志位。

(8) TF1：T1 溢出标志位。

2. 串口控制寄存器(SCON)

SCON 的字节地址为 0x98，可位寻址，位地址为 0x98～0x9F，格式如图 5.4 所示。

位符号	SM0	SM1	SM2	REN	TB8	RB8	TI	RI
位地址	0x9F	0x9E	0x9D	0x9C	0x9B	0x9A	0x99	0x98

图 5.4　SCON 的格式

SCON 的低 2 位与中断控制有关，作用如下。

(1) RI：串口的接收中断请求标志位。串口接收完一帧串行数据后，硬件自动使 RI 置 1，向 CPU 申请中断。CPU 响应中断时，硬件不会自动对 RI 清 0，必须在中断服务子程序中用软件对 RI 清 0。

(2) TI：串口的发送中断请求标志位。CPU 将 1B 的数据写入发送缓冲器 SBUF 时，就启动一帧串行数据的发送，每发送完一帧数据后，硬件自动使 TI 置 1，向 CPU 申请中断。CPU 响应中断时，不自动对 TI 清 0，必须在中断服务子程序中用软件对 TI 清 0。

SCON 的高 6 位是串行通信控制位，将在第 6 章详细介绍。

3. 中断允许寄存器(IE)

AT89C51 通过中断允许寄存器(IE)对 5 个中断源进行两级控制。所谓两级控制，是指有一个中断允许总控制位 EA,配合各个中断源的中断允许控制位,共同实现对中断请求的控制。IE 字节地址为 0xA8,可位寻址,位地址为 0xA8～0xAF,格式如图 5.5 所示。

位符号	EA	—	—	ES	ET1	EX1	ET0	EX0
位地址	0xAF	0xAE	0xAD	0xAC	0xAB	0xAA	0xA9	0xA8

图 5.5 IE 的格式

IE 中各位的作用如下。

(1) EX0:外部中断 0 中断允许位。当 EX0＝1 时,允许外部中断 0 中断;当 EX0＝0 时,禁止外部中断 0 中断。

(2) EX1:外部中断 1 中断允许位,作用与 EX0 相同。

(3) ET0:定时器/计数器 T0 的中断允许位。当 ET0＝1 时,允许 T0 中断;当 ET0＝0 时,禁止 T0 中断。

(4) ET1:定时器/计数器 T1 的中断允许位,作用与 ET0 相同。

(5) ES:串口中断允许位。当 ES＝1 时,允许串口的接收和发送中断;当 ES＝0 时,禁止串口中断。

(6) EA:中断允许总控制位。当 EA＝0 时,CPU 关闭所有中断请求;当 EA＝1 时,CPU 开放所有中断源的中断请求,但是,这些中断请求能否被 CPU 响应,还要由 IE 中相应中断源的允许控制位决定。

AT89C51 复位后,IE 清 0,CPU 关闭所有中断请求。因此,在 AT89C51 复位后,必须通过程序中的指令来开放所需的中断。要使某一个中断源被允许中断,除了 IE 相应位置 1 外,还必须使 EA＝1。

例 5.1 初始化 IE,允许片内两个定时器/计数器中断,禁止其他中断源的中断请求。

解 由图 5.5 知,IE 各位的数值为 10001010B,因此,初始化 IE 的语句为"IE=0x8A;"。

4. 中断优先级寄存器(IP)

AT89C51 中断系统有两个中断优先级,并可实现两级中断的嵌套。所谓两级中断嵌套,是指 AT89C51 在执行低优先级中断服务程序时,可被高优先级中断请求所中断,待高优先级中断处理完毕后,再返回低优先级中断服务程序。两级中断嵌套的过程如图 5.6 所示。

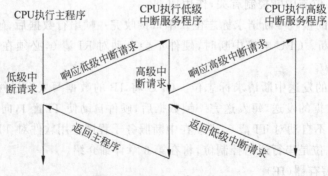

图 5.6 两级中断嵌套的过程

关于中断优先级的关系,有下面两条基本规则。

(1) 低优先级中断服务程序可以被高优先级中断请求所中断,但是,高优先级中断服务程序不能被低优先级中断请求所中断。

(2) 任何一个中断请求,一旦得到响应,就不会被与它同优先级的中断请求所中断。

AT89C51 中断系统有两个不可寻址的"优先级激活触发器"。一个用来指示某高优先级的中断正在执行,所有后来的中断均被阻止。另一个用来指示某低优先级的中断正在执行,所有同级中断都被阻止,但是不阻止高优先级的中断请求。

可以由软件设置每个中断源的中断优先级。中断优先级寄存器(IP)的字节地址为0xB8,可位寻址,位地址为 0xB8~0xBF,格式如图 5.7 所示。

位符号	—	—	—	PS	PT1	PX1	PT0	PX0
位地址	0xBF	0xBE	0xBD	0xBC	0xBB	0xBA	0xB9	0xB8

图 5.7　IP 的格式

IP 中各位的作用如下。

(1) PX0:外部中断 0 中断优先级控制位。当 PX0=1 时,$\overline{INT0}$ 为高优先级中断;当 PX0=0 时,$\overline{INT0}$ 为低优先级中断。

(2) PX1:外部中断 1 中断优先级控制位,作用与 PX0 相同。

(3) PT0:定时器/计数器 T0 中断优先级控制位。当 PT0=1 时,T0 为高优先级中断;当 PT0=0 时,T0 为低优先级中断。

(4) PT1:定时器/计数器 T1 中断优先级控制位,作用与 PT0 相同。

(5) PS:串口中断优先级控制位。当 PS=1 时,串口为高优先级中断;当 PS=0 时,串口为低优先级中断。

AT89C51 复位后,IP 清 0,所有中断源被设置为低优先级中断。

例 5.2　初始化 IP,使两个外部中断请求为高优先级,其他中断请求均为低优先级。

解　由图 5.7 知,IP 各位的值为 00000101B,因此,初始化 IP 的语句为"IP=0x05;"。

在执行主程序过程中,若只有一个中断源向 CPU 发出中断请求,而这时 CPU 又允许中断,则这个中断请求可以得到响应。当 CPU 同时收到几个不同优先级的中断请求时,先处理高优先级的中断,后处理低优先级的中断。当 CPU 同时收到几个同优先级的中断请求时,CPU 将按照中断的自然优先级顺序确定响应一个中断请求。中断的自然优先级由硬件形成,如表 5.2 所示。

表 5.2　中断的自然优先级

中断源名称	中断级别
外部中断 $\overline{INT0}$	最高优先级
T0 中断	↓
外部中断 $\overline{INT1}$	
T1 中断	
串口中断	最低优先级

例 5.3   假设 IP 的值被设置为 0x06。如果 5 个中断请求同时发生,试分析 CPU 响应中断的次序。

解   十六进制数 0x06 写成二进制数是 0000 0110B,由图 5.7 知,定时器 T0 和外部中断 $\overline{INT1}$ 被设置成高优先级中断。

由表 5.2 知,如果 5 个中断请求同时发生,那么,CPU 响应中断的先后次序为:T0 中断→$\overline{INT1}$ 中断→$\overline{INT0}$ 中断→T1 中断→串行中断。

5.2   AT89C51 中断处理过程

5.2.1   中断响应的条件

1. CPU 查询到中断请求的必要条件

中断响应就是 CPU 接受并处理中断源提出的中断请求。任何中断源发出的中断请求,只有被 CPU 查询到,才有可能得到 CPU 的响应。一个中断请求被 CPU 查询到的必要条件如下。

(1) 该中断源发出中断请求,即该中断源对应的中断请求标志为 1。

(2) 该中断源的中断允许标志位为 1。

(3) IE 寄存器中的中断总允许位 EA=1。

2. CPU 丢弃中断请求的情况

一般情况下,当 CPU 查询到有效的中断请求时,就开始响应中断。需要注意的是,并不是 CPU 查询到的所有中断请求都能立即得到响应,当遇到下列三种情况之一时,CPU 将丢弃中断查询结果,不能对中断进行响应。

(1) CPU 正在处理同级或高优先级的中断。

(2) 查询所在的机器周期不是当前正在执行指令的最后一个机器周期。此时,只有在当前指令执行完毕后,才能进行中断响应。

(3) 正在执行的指令是子程序返回指令 RET、RETI,或是访问 IE、IP 的指令。按照 AT89C51 中断系统的规定,CPU 需要再去执行完一条指令,才能响应中断请求。

5.2.2   中断响应后 CPU 的工作过程

对于汇编语言程序而言,从响应一个中断请求到中断返回,CPU 的工作过程如下。

(1) 由硬件自动生成一条长调用指令“LCALL addr16”,这里的 addr16 是程序存储区中相应中断的入口地址。各中断源服务子程序的入口地址是固定的,如表 2.3 所示。例如,对于定时器/计数器 T0 的中断响应,长调用指令为“LCALL 000BH”。

(2) 生成 LCALL 指令后,紧接着就由 CPU 执行该指令。首先将 PC 的内容压入堆栈以保护断点,再将中断入口地址装入 PC,使程序转到中断入口地址。由于每个中断源的中断区只有 8 个单元,一般难以安排一个完整的中断服务子程序,因此,通常在各中断区入口地址处放置一条无条件转移指令,使程序转向存放中断服务子程序的地址。

从中断服务子程序的第一条指令到中断返回指令 RETI 为止,这个过程称为中断处理或中断服务。中断处理一般包括三部分内容:保护现场、中断源服务和恢复现场。

现场通常包括累加器 A、程序状态字 PSW、工作寄存器 Rn 等。如果在中断服务子程序中要用到这些寄存器,那么,在进入中断源服务之前,应该将它们的内容保护起来。中断源服务结束后,在执行 RETI 指令之前,应该恢复现场。

(3) 中断返回。在汇编语言程序中,中断服务子程序的最后一条指令必须是中断返回指令 RETI。CPU 执行完这条指令后,把响应中断时所保护的断点地址从堆栈中弹出并装入 PC,CPU 就从断点处继续执行原来被中断的程序。

如果使用汇编语言进行单片机应用系统程序设计,程序员需要深刻理解上述过程,并且需要在程序中的中断区入口地址处放置无条件转移指令,保护现场,设计中断服务子程序和恢复现场,难度比较大。如果使用 C 语言进行单片机应用系统程序设计,那么,上述过程中的大部分操作都由编译系统自动完成,程序员只需专注于中断服务子程序设计即可。

5.2.3　中断请求的撤销

1. 外部中断请求的撤销

(1) 跳沿触发方式外部中断请求的撤销。CPU 响应跳沿触发方式外部中断请求后,硬件自动把中断请求标志位 IE0 或 IE1 清 0,而外部中断请求信号当跳沿信号过后也就消失了,因此,跳沿触发方式外部中断请求是自动撤销的。

(2) 电平触发方式外部中断请求的撤销。CPU 响应电平触发方式外部中断请求后,硬件自动把中断请求标志位 IE0 或 IE1 清 0,但是,中断请求信号的低电平可能继续存在,CPU 在以后的机器周期进行采样时,又会把已经清 0 的中断请求标志位 IE0 或 IE1 重新置 1。为了彻底撤销电平触发方式外部中断请求,除了把标志位 IE0 或 IE1 清 0 之外,还要把中断请求信号引脚 $\overline{INT0}$ 或 $\overline{INT1}$ 从低电平强制改为高电平。为此,可以在系统中增加电平方式外部中断请求的撤销电路,如图 5.8 所示。

从图 5.8 可见,用 D 触发器锁存外来的中断请求低电平,并通过 D 触发器的输出端 Q 接到 $\overline{INT0}$ 或 $\overline{INT1}$,因此,增加的 D 触发器不影响中断请求。中断响应后,为了撤销中断请求,可以利用 D 触发器的直接置 1 端 SD 来实现。例如,把 SD 端接 AT89C51 的 P1.0,只要在 P1.0 输出一个负脉冲,就可以使 D 触发器置 1,撤销低电平的中断请求。

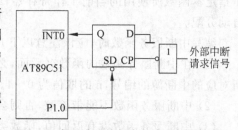

图 5.8　电平方式外部中断请求的撤销电路

所需的负脉冲可在中断服务子程序中通过指令得到。因此,电平触发方式的外部中断请求信号的完全撤销,需要软件、硬件结合来实现。

2. 定时器/计数器中断请求的撤销

CPU 响应定时器/计数器中断请求后,硬件自动把中断请求标志位 TF0 或 TF1 清 0,因此,定时器/计数器中断请求是自动撤销的。

3. 串口中断请求的撤销

CPU 响应串口中断请求后,硬件不对标志位 TI 和 RI 清 0,因为在响应串口中断后,CPU 无法知道是发送中断还是接收中断,还需要测试这两个中断标志位的状态,以判定是发送操作还是接收操作,然后才能清除。因此,串口中断请求只能用软件撤销。用软件撤销的方法是,在中断服务函数中把串口中断标志位 TI 或 RI 清 0。

5.2.4　采用中断时程序设计的任务

单片机采用中断时,程序设计的基本任务如下。

(1) 设置中断允许寄存器 IE。

(2) 设置中断优先级寄存器 IP。

(3) 对于外部中断,设置中断的触发方式。

(4) 在主函数外,编写中断服务函数,处理中断请求。

前 3 条任务一般放在主函数的初始化程序段中。

例 5.4　假设允许外部中断 0 中断,采用跳沿触发方式,并设定它为高优先级中断,其他中断源为低优先级中断。试编写主函数的初始化程序段。

解　在主函数的初始化部分,编写如下程序段。

```
IE = 0x81;      //IE = 10000001B,中断总允许开,允许 INT0 中断
IT0 = 1;        //INT0 为跳沿触发方式
PX0 = 1;        //INT0 为高优先级中断
```

单片机采用中断时,程序设计的关键是编写中断服务函数。中断服务函数的格式为:

```
void 函数名(void) interrupt n using m
{
    中断服务函数内容
}
```

interrupt n 指出该中断服务函数所对应的中断源的编号,其中,n 的取值如表 5.1 所示。编译器将在对应的中断入口地址处添加跳转指令,跳到本中断服务函数。using m 用于指定本函数所使用的当前工作寄存器,m 的取值为 0~3。该修饰符可以省略,由编译器自动分配。

编写中断服务函数时,应该注意以下几点。

(1) 在中断服务函数的函数名后面,必须加上"interrupt n",用来指出该中断服务函数所对应的中断源的编号,n 的取值为 0~4。

(2) 中断服务函数不能带参数,否则会导致编译错误。

(3) 中断服务函数没有返回值,函数类型必须为 void。

(4) 中断服务函数因中断源触发而由 CPU 自动调用,不能在程序中直接调用,因此,不必提前声明。

(5) 中断服务函数要简短,避免因执行时间过长而影响 CPU 对其他中断的响应。

(6) CPU 在执行一个低级中断的中断服务函数时,如果有高级中断申请,CPU 应该暂停执行该中断服务函数,而去执行高级中断的中断服务函数,待高级中断的中断服务函数执行完毕后,再回到中断点,接着执行低级中断的中断服务函数。换句话说,中断服务函数可以嵌套执行。但是,这种嵌套执行是由 CPU 决定的,在编写一个中断服务函数时,不能嵌套调用另一个中断服务函数。

5.3 外部中断

5.3.1 外部中断程序设计

单片机的外部中断主要用于解决单片机应用系统正常运行过程中出现的紧急情况,其输入信号来自于单片机的外部。AT89C51 中断系统有两个外部中断 $\overline{INT0}$ 和 $\overline{INT1}$,每个中断有两个中断优先级,可以实现两级中断的嵌套。如果一个单片机应用系统只需要一个外部中断,那么,外部中断输入信号可以连接到 $\overline{INT0}$ 或 $\overline{INT1}$ 中的一个,并且不需要设置中断优先级。如果一个单片机应用系统需要两个外部中断,那么,两个外部中断输入信号可以分别连接到 $\overline{INT0}$ 和 $\overline{INT1}$,并且可以根据实际控制需要设置中断优先级。

一般来说,外部中断编程需要进行下面的设计。

(1) 在主函数的初始化程序段中,通过 TCON 设置外部中断触发方式 IT0、IT1,通过 IP 设置外部中断的优先级,通过 IE 开外部中断 EX0、EX1,开总中断允许 EA。

(2) 在主函数外,编写中断服务函数,实现外部中断的功能。

5.3.2 外部中断应用举例

在 Proteus 仿真平台进行仿真实验时,可以用闸刀开关或按钮开关来模拟外部中断。

闸刀开关具有保持功能。将开关拨动到 ON 时,内部的开关接通,形成通路;若要断开通路,则需要再次拨动开关。比较典型的闸刀开关是指拨开关,如图 5.9 所示。指拨开关可以是一个独立的开关,也可以把几个独立的开关封装起来。一个独立的指拨开关只有两个引脚,在进行电路设计时,把这两个引脚接入电路,即可控制电路的通断。

图 5.9 指拨开关

常用的按钮开关是轻触开关,具有自动回弹功能。按下按钮时,开关接通;松开按钮时,开关断开。按钮开关有 4 个引脚,引脚 1 与引脚 4 连通,引脚 2 与引脚 3 连通,如图 5.10 所示。在进行电路设计时,把对角的两个引脚接入电路,即可控制电路的通断。

图 5.10 按钮开关

例 5.5 单片机引脚 P1.0 连接一个 LED,引脚 $\overline{INT0}$(P3.2)连接按键 S1。试编写程序,实现如下功能:每次按键 S1 按下后,改变 LED 的亮灭状态。

分析:从应用系统的功能需求可知,本应用系统用到外部中断 $\overline{INT0}$。由于只有一个中断源,因此不需要设置中断优先级。

解 (1) 硬件系统设计。外部中断控制 LED 亮灭的电路原理图如图 5.11 所示。

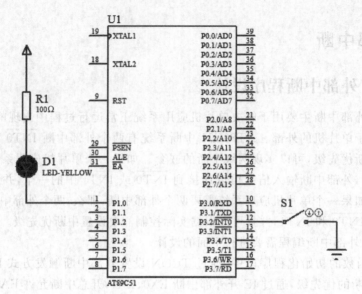

图 5.11 外部中断控制 LED 亮灭的电路原理图

(2) 软件系统设计。控制程序如下。

```
#include <reg51.h>
sbit LED = P1^0;
sbit KEY = P3^2;

/* 外部中断服务函数 */
void int0_ISR(void) interrupt 0
{
    LED = ~LED;
}

main(void)
{
    IT0 = 1;      //跳沿触发方式
    EX0 = 1;      //开 INT0 中断允许
    EA = 1;       //开中断允许总开关
    LED = 0;      //LED 点亮
    while(1);
}
```

说明：

(1) 在主函数的初始化程序段中,设置外部中断 0 为跳沿触发方式,开 INT0 中断允许,开中断允许总开关。这里,通过位操作进行初始化设置。

(2) 程序执行时,在正常情况下,LED 点亮,执行语句"while(1);",等待外部中断。当按键 S1 按下时,有外部中断请求,程序自动跳到外部中断 0 的外部中断服务函数"void int0_ISR(void)",改变 LED 的亮灭状态。然后,程序又回到原来被中断的地方,继续执行语句"while(1);",等待下一次外部中断。

例 5.6 单片机引脚 P1.0、P1.1、P1.2 分别连接一个 LED,名称分别为 D0、D1、D2,引脚 INT0(P3.2)上连接按键 S1,引脚 INT1(P3.3)上连接按键 S2。试编写程序,实现如下功能：系统正常运行时,D0 点亮；按键 S1 按下时,D0 熄灭,D1 点亮；按键 S2 按下时,D0 熄灭,D2 点亮;D1 点亮时,按键 S2 按下时,D1 熄灭,D2 点亮;D2 点亮时,按键 S1 按下时,LED 状态不变。

分析:从应用系统的功能需求可知,本应用系统用到两个外部中断 $\overline{INT0}$ 和 $\overline{INT1}$,而且 $\overline{INT0}$ 是低级中断,$\overline{INT1}$ 是高级中断。

解　(1)硬件系统设计。两个外部中断源的电路原理图如图 5.12 所示。

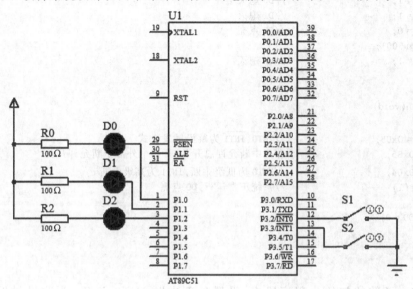

图 5.12　两个外部中断源的电路原理图

(2)软件系统设计。控制程序如下。

```
# include < reg51.h >
# define uint unsigned int      //重新定义关键字,简化程序

sbit LED0 = P1^0;
sbit LED1 = P1^1;
sbit LED2 = P1^2;
sbit KEY1 = P3^2;
sbit KEY2 = P3^3;

/ * 用二重循环设计的延时函数 * /
void delay(uint n)
{
  uint a,b;
  for(a = 0;a < n;a++)
    for(b = 0;b < n;b++);
}

/ * 外部中断 0 的中断服务函数 * /
void int0_ISR (void) interrupt 0
{
  LED0 = 1;                     //D0 熄灭
  LED1 = 0;                     //D1 点亮
  LED2 = 1;                     //D2 熄灭
  delay(500);
```

```
    LED1 = 1;                    //D1 熄灭
}

/*外部中断1的中断服务函数*/
void int1_ISR (void) interrupt 2
{
    LED0 = 1;                    //D0 熄灭
    LED1 = 1;                    //D1 熄灭
    LED2 = 0;                    //D2 点亮
    delay(500);
    LED2 = 1;                    //D2 熄灭
}

int main(void)
{
    TCON = 0x05;                 //INT0、INT1 为跳沿触发方式
    IE = 0x85;                   //开中断允许总开关,开两个外部中断允许开关
    IP = 0x04;                   //INT0 为低级中断,INT1 为高级中断
    while(1)                     //系统正常运行,D0 点亮
    {
        LED0 = 0;
    }
}
```

说明：

（1）在主函数的初始化程序段中,设置外部中断 $\overline{\text{INT0}}$、$\overline{\text{INT1}}$ 为跳沿触发方式,开 $\overline{\text{INT0}}$、$\overline{\text{INT1}}$ 中断允许,开中断允许总开关,$\overline{\text{INT1}}$ 为高级中断。这里,通过字节操作进行初始化设置,使程序更加简洁。

（2）程序执行时,在正常情况下,执行语句"while(1)",D0 点亮,等待外部中断。当按键 S1 按下时,$\overline{\text{INT0}}$ 中断,程序自动跳到外部中断 $\overline{\text{INT0}}$ 的外部中断服务函数 int0_ISR(),D0 熄灭,D1 点亮。当按键 S2 按下时,$\overline{\text{INT1}}$ 中断,程序自动跳到外部中断 $\overline{\text{INT1}}$ 的外部中断服务函数 int1_ISR(),D0 熄灭,D2 点亮。外部中断服务函数执行完成后,程序又回到原来被中断的地方,继续执行语句"while(1)",系统正常运行时,D0 点亮,等待下一次外部中断。

（3）当低优先级外部中断 $\overline{\text{INT0}}$ 的中断服务函数 int0_ISR()执行时,高优先级外部中断 $\overline{\text{INT1}}$ 可以中断低优先级外部中断 $\overline{\text{INT0}}$。等到高优先级外部中断 $\overline{\text{INT1}}$ 的中断服务函数 int1_ISR()执行完成后,继续执行低优先级外部中断 $\overline{\text{INT0}}$ 的中断服务函数 int0_ISR()。

（4）当高优先级外部中断 $\overline{\text{INT1}}$ 的中断服务函数 int1_ISR()执行时,低优先级外部中断 $\overline{\text{INT0}}$ 不能中断高优先级外部中断 $\overline{\text{INT1}}$,需要等高优先级外部中断 $\overline{\text{INT1}}$ 的中断服务函数 int1_ISR()执行完成后,才能执行低优先级外部中断 $\overline{\text{INT0}}$ 的中断服务函数 int0_ISR()。

5.4 定时器/计数器

5.4.1 定时器/计数器的结构

AT89C51 有两个可编程的 16 位定时器/计数器 T0、T1。T0 由特殊功能寄存器 TH0

和 TL0 构成，T1 由特殊功能寄存器 TH1 和 TL1 构成。AT89C51 的定时器/计数器的结构如图 5.13 所示。

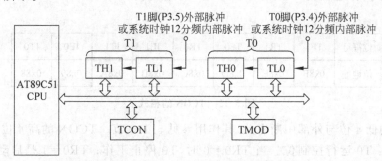

图 5.13　AT89C51 的定时器/计数器的结构

T0、T1 都有定时和计数两种工作模式。定时工作模式对单片机时钟信号经过 12 分频后的脉冲进行计数。由于时钟频率是定值，因此，可以根据计数值计算出时间，从而实现定时的功能。计数工作模式就是对加在 T0 或 T1 引脚上的外部脉冲进行计数。

5.4.2　定时器/计数器的控制

CPU 通过两个特殊功能寄存器 TMOD 和 TCON 对定时器/计数器进行控制。

1. 工作模式寄存器(TMOD)

TMOD 用于选择定时器/计数器的工作模式和工作方式，字节地址为 0x89，不可位寻址。TMOD 的 8 位分为两组，低 4 位控制 T0，高 4 位控制 T1。TMOD 的格式如图 5.14 所示。

位符号	GATE	C/$\overline{\text{T}}$	M1	M0	GATE	C/$\overline{\text{T}}$	M1	M0

图 5.14　TMOD 的格式

下面以低 4 位为例，说明 TMOD 中各位对 T0 的控制作用。

(1) M1、M0：工作方式选择位。M1、M0 共有四种编码，对应于 T0 的四种工作方式，如表 5.3 所示。

表 5.3　M1、M0 编码与 T0 工作方式的对应关系

M1	M0	T0 的工作方式	说　明
0	0	方式 0	13 位定时器/计数器
0	1	方式 1	16 位定时器/计数器
1	0	方式 2	8 位定时器/计数器，自动重新装载
1	1	方式 3	T0 分成两个 8 位计数器

(2) C/$\overline{\text{T}}$：计数模式和定时模式选择位。当 C/$\overline{\text{T}}$=0 时，T0 为定时模式；当 C/$\overline{\text{T}}$=1 时，T0 为计数模式。定时器、计数器的本质都是计数，只是计数对象不同。定时器对内部机器脉冲计数，计数器对外部输入的脉冲计数。

(3) GATE：门控制位。当 GATE=0 时，只要用软件将 TCON 中的 TR0 置 1，就可以启动 T0 工作。当 GATE=1 时，要用软件将 TCON 中的 TR0 置 1，同时，外部中断引脚 $\overline{\text{INT0}}$ 必须为高电平，才能启动 T0 工作。

2. 定时器/计数器控制寄存器(TCON)

TCON 的字节地址为 0x88,可位寻址,位地址为 0x88～0x8F。TCON 的格式如图 5.15 所示。

位符号	TF1	TR1	TF0	TR0	IE1	IT1	IE0	IT0
位地址	0x8F	0x8E	0x8D	0x8C	0x8B	0x8A	0x89	0x88

图 5.15　TCON 的格式

TCON 的低 4 位与外部中断有关,其作用参见 5.1.3 节。TCON 的高 4 位作用如下。

(1) TR0:T0 运行控制位。当 TR0＝0 时,T0 停止工作;TR0＝1 是启动 T0 的必要条件。

(2) TR1:T1 运行控制位,作用与 TR0 相同。

(3) TF0:T0 溢出标志位。当启动 T0 计数后,T0 从初值开始计数。当计数器 T0 计满溢出时,硬件自动把 TF0 置 1。采用查询方式时,TF0 作为状态位供 CPU 查询。在查询有效后,应该用程序及时将 TF0 清 0。采用中断方式时,TF0 作为中断请求标志位,进入中断服务函数后,由硬件自动将 TF0 清 0,撤销该中断请求。

(4) TF1:T1 溢出标志位,作用与 TF0 相同。

5.4.3　定时器/计数器的工作方式

T0 有 4 种工作方式,分别是工作方式 0、工作方式 1、工作方式 2 和工作方式 3;T1 有 3 种工作方式,分别是工作方式 0、工作方式 1 和工作方式 2。

1. 工作方式 0

下面以 T1 为例加以说明。当 TMOD 中的第 4、5 位 M1M0＝00 时,T1 工作在方式 0,为 13 位的定时器/计数器,由 TL1 的低五位与 TH1 构成。T1 工作在方式 0 的逻辑结构如图 5.16 所示。

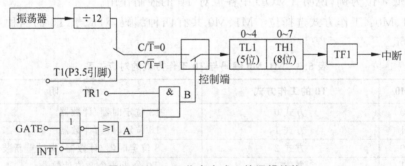

图 5.16　T1 工作在方式 0 的逻辑结构

图 5.16 中,各个控制位的作用如下。

(1) C/T̄:工作模式选择位。当 C/T̄＝0 时,开关打在上面,T1 为定时工作模式,把内部时钟振荡器 12 分频后的脉冲作为计数信号;当 C/T̄＝1 时,开关打在下面,T1 为计数工作模式,计数脉冲为 P3.5 引脚的外部输入脉冲,当引脚发生负跳变时,计数器加 1。

(2) TR1:T1 运行控制位。

(3) GATE:门控位。当 GATE＝0 时,T1 是否计数,仅取决于 TR1 的状态。当

GATE＝1 时，T1 是否计数，取决于 TR1 的状态和 $\overline{\text{INT1}}$ 的电平这两个条件。

（4）TF1：计数溢出标志位。当 TL1 低五位计数溢出时，向 TH1 进 1；当 TH1 计数溢出时，溢出标志位 TF1 置 1。

2. 工作方式 1

下面以 T1 为例加以说明。当 TMOD 中的第 4、5 位 M1M0＝01 时，T1 工作在方式 1，为 16 位的定时器/计数器。方式 1 与方式 0 的差别仅在于计数器的位数不同，各个控制位的含义与方式 0 相同。T1 工作在方式 1 的逻辑结构如图 5.17 所示。

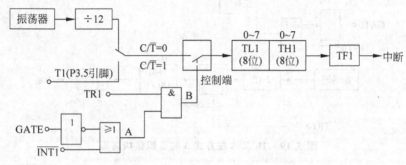

图 5.17　T1 工作在方式 1 的逻辑结构

3. 工作方式 2

下面以 T1 为例加以说明。当 TMOD 中的第 4、5 位 M1M0＝10 时，T1 工作在方式 2，为自动装填初值的 8 位定时器/计数器。T1 工作在方式 2 的逻辑结构如图 5.18 所示。

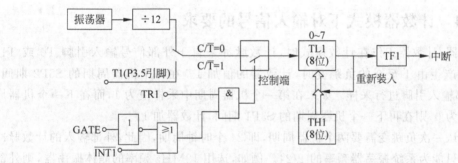

图 5.18　T1 工作在方式 2 的逻辑结构

16 位计数器 T1 被拆成 TL1 和 TH1，TL1 用作 8 位计数器，TH1 用作计数初值寄存器。T1 工作在方式 2 时，编程时必须为 TL1 和 TH1 设置相同的初值。当 T1 启动后，TL1 为 8 位计数器。当 TL1 计数溢出时，硬件把溢出标志 TF1 置 1，同时，自动将 TH1 中的初值送至 TL1，使 TL1 从初值开始重新计数。

定时器/计数器以方式 2 工作，可以省去软件中重装初值的指令，定时精度比较高。但是，工作方式 2 的定时时间短，用作计时器时，最大计数值仅有 $2^8＝256$。

4. 工作方式 3

在工作方式 3 下，T0 分为两个独立的 8 位计数器 TL0 和 TH0。TL0 可以作为 8 位定时器或计数器，使用 T0 的所有控制位 GATE、C/$\overline{\text{T}}$、M1、M0、TR0、TF0、$\overline{\text{INT0}}$（P3.2）、T0（P3.4）等。TL0 计数溢出时，溢出标志 TF0 置 1，TL0 计数初值必须每次由软件设定。TH0 被固定为一个 8 位定时器，不能用作计数器，使用 T1 的状态控制位 TR1 和 TF1。当

TR1＝1 时，允许 TH0 计数，当 TH0 计数溢出时，溢出标志 TF1 置 1。T0 工作在方式 3 的逻辑结构如图 5.19 所示。

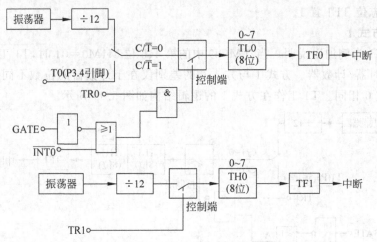

图 5.19   T0 工作在方式 3 的逻辑结构框图

工作方式 3 是为了增加一个 8 位定时器/计数器而设置的，使 AT89C51 具有 3 个定时器/计数器。一般情况下，只有当 T1 用作串口的波特率发生器时，T0 才在需要时选工作方式 3，以增加一个定时器。工作方式 3 只适用于 T0，不适用于 T1。若强行把 T1 设置为方式 3，则 T1 停止计数。

5.4.4   计数器模式下对输入信号的要求

当定时器/计数器工作在计数模式时，计数脉冲来自于外部信号输入引脚 T0 或 T1。当输入信号产生由 1 至 0 的负跳变时，计数器的值加 1。在每个机器周期的 S5P2 期间，CPU 对外部输入引脚进行采样。如果在第一个机器周期中采样值为 1，而在下一个机器周期中采样值为 0，则在再下一个机器周期的 S3P1 期间，计数器加 1。

由于确认一次负跳变需要两个机器周期，即 24 个时钟周期，因此，外部输入的计数脉冲的最高频率只能为系统振荡器频率的 1/24。例如，选用 12MHz 频率的晶体振荡器，则外部输入的计数脉冲的最高频率为 500kHz。

为了确保输入计数脉冲的高电平、低电平在变化之前能被采样一次，两个电平必须分别保持一个机器周期以上。

5.5   定时器/计数器的应用

在定时器/计数器的 4 种工作方式中，方式 0 与方式 1 基本相同，只是计数位数不同。方式 0 是为了兼容 MCS-48 而设计的，计数位数只有 13 位，计时比较短。在实际应用中，一般不用方式 0，而采用方式 1。T0 工作在方式 3 只是为了增加一个定时器/计数器，一般也不需要。因此，下面只介绍定时器/计数器工作方式 1、工作方式 2 的应用。

定时器/计数器开始计数后，从初值开始计数。当定时器/计数器计满溢出时，TF0 或 TF1 被置 1。此时，CPU 可以采用查询方式或中断方式对之进行响应。如果采用查询方式,那么,在程序运行过程中,CPU 不断地查询 TF0 或 TF1 的值。当 TF0 或 TF1 为 1 时, CPU 进行相应的处理。如果采用中断方式,那么,在程序运行过程中,CPU 不需要查询 TF0 或 TF1 的值。此时,TF0 或 TF1 作为中断请求标志位,当 TF0 或 TF1 为 1 时,CPU 暂停正在运行的程序,转而去运行中断服务函数。相对于查询方式而言,中断方式可以节约 CPU 的时间,从而提高单片机应用系统的工作效率。

5.5.1　定时器/计数器的初始化

1. 初始化的任务

AT89C51 的定时器/计数器是可编程的,在使用定时器/计数器之前必须对它进行初始化。一般情况下,初始化需要做如下工作。

(1) 设置 TMOD,确定定时器/计数器的工作模式与工作方式。

(2) 设置 TH0、TL0 或 TH1、TL1,装填定时器/计数器的计数初值。

(3) 根据需要设置 IE、IP,开启中断,确定中断优先级。

(4) 将 TR0、TR1 置 1 或清 0,启动或禁止定时器/计数器工作。

2. 计数器初值的计算

定时器/计数器工作于计数模式时,必须给计数器一个计数初值。计数器在计数初值的基础上进行加 1 计数,直至溢出。溢出时,T0 或 T1 寄存器被清 0,TF0 或 TF1 被置 1。计数溢出值 M、计数个数 X、计数初值 X_0 三者之间的关系如下:

$$X_0 = M - X \tag{5.1}$$

计数溢出值 M 与计数器的工作方式有关。在方式 0,$M = 2^{13}$；在方式 1,$M = 2^{16}$；在方式 2 和方式 3,$M = 2^8$。

3. 定时器初值的计算

定时器/计数器工作于定时模式时,计数器对单片机晶振频率 f_{osc} 经过 12 分频后的脉冲进行加 1 计数。计数溢出值 M、计数个数 X、计数初值 X_0、定时时间 T、机器周期 T_{cy} 之间的关系如下:

$$T = X \times T_{cy} = (M - X_0) \times T_{cy} \tag{5.2}$$

由此计算出计数初值为:

$$X_0 = M - \frac{T}{T_{cy}} \tag{5.3}$$

5.5.2　定时器/计数器工作方式 1 的应用

例 5.7　单片机外接 12MHz 的晶振,引脚 P1.0 连接一个 LED。试编写程序,实现如下功能：LED 以 2s 为周期闪烁。

分析：LED 以 2s 为周期闪烁,即 LED 点亮 1s,熄灭 1s,循环往复。因此,可以用定时器产生 1s 的定时。这里使用定时器/计数器 T0,工作于定时模式。由于晶振频率为 12MHz,因此,1 个机器周期

$$T_{cy} = 12 \times \frac{1}{f_{osc}}(s) = \frac{12}{12 \times 10^6}(s) = 10^{-6}(s) = 1(\mu s)$$

定时器 T0 在工作方式 1 时的最大计数值为 65 536,因此,最长计时为 65 536μs,约为

65ms。如果一次计时取为 50ms,那么,20 次计时就是 1s。

根据公式(5.3),得到定时器 T0 的计数初值为 $X_0 = 65\,536 - 50\,000 = 15\,536$。

解 (1)硬件系统设计。LED 周期闪烁的电路原理图如图 5.20 所示。

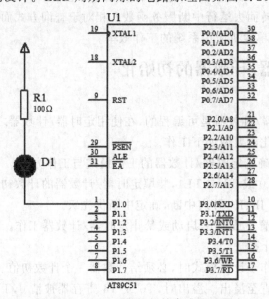

图 5.20　LED 周期闪烁的电路原理图

(2)采用查询方式,控制程序如下。

```c
# include < reg51.h >
sbit LED = P1^0;

main(void )
{
    unsigned char counter;              //用于统计定时器计满溢出的次数
    TMOD = 0x01;                        //T0 工作方式 1,定时模式,由 TR0 控制启停
    TH0 = (65536 - 50000)/256;          //装填 TH0 的初值
    TL0 = (65536 - 50000) % 256;        //装填 TL0 的初值
    TF0 = 0;                            //初始化定时器溢出标志
    LED = 1;                            //关闭 LED
    counter = 0;                        //计时次数从 0 开始
    TR0 = 1;                            //启动定时器 T0
    while(1)
    {
        while(TF0 == 1)                 //查询方式:定时器溢出
        {
            counter++;                  //计时次数加 1
            if(counter == 20)           //计时次数达到 20,计时达到 1s
            {
                LED = ~LED;             //LED 取反,使 LED 闪烁
                counter = 0;            //计时次数重新从 0 开始
            }
            TH0 = (65536 - 50000)/256;  //重新装填 TH0 的初值
            TL0 = (65536 - 50000) % 256; //重新装填 TL0 的初值
            TF0 = 0;                    //采用查询方式时,需要用程序把 TF0 清 0
        }
```

```
        }
    }
```

（3）采用中断方式，控制程序如下。

```
#include<reg51.h>
sbit LED = P1^0;
unsigned char counter;                //用于统计定时器中断次数

/*定时器 T0 中断服务函数*/
void T0_ISR(void) interrupt 1
{
    counter++;                        //中断次数加 1
    TH0 = (65536 - 50000)/256;        //重新装填 TH0 的初值
    TL0 = (65536 - 50000)%256;        //重新装填 TL0 的初值
}

main(void)
{
    TMOD = 0x01;                      //T0 工作方式 1,定时模式,由 TR0 控制启停
    TH0 = (65536 - 50000)/256;        //装填 TH0 的初值
    TL0 = (65536 - 50000)%256;        //装填 TL0 的初值
    IE = 0x82;                        //允许 T0 中断
    LED = 1;                          //关闭 LED
    counter = 0;                      //中断次数从 0 开始
    TR0 = 1;                          //启动定时器 T0
    while(1)
    {
        if(counter == 20)            //中断次数达到 20,计时达到 1s
        {
            LED = ~LED;              //LED 取反,使 LED 闪烁
            counter = 0;            //中断次数重新从 0 开始
        }
    }
}
```

说明：

（1）使用定时器/计数器时，如果采用查询方式，那么，在程序执行过程中，CPU 需要不断查询定时器 T0 溢出标志位 TF0 的值，即在采用查询方式的控制程序中，不断执行循环结构语句"while(TF0==1)"，这将浪费 CPU 的时间，降低 CPU 的效率。如果采用中断方式，那么，在程序执行过程中，CPU 不需要查询 TF0 的值，当 TF0=1 时，系统会自动跳到定时器 T0 中断服务函数，执行完中断服务函数后，再回到中断点继续执行被中断的程序，这样就不会降低 CPU 的效率。

（2）由于定时器/计数器在工作方式 0 和工作方式 1 时没有自动装载初值功能，因此，定时器/计数器每次溢出后，必须重新装载计数初值。

例 5.8　设计流水灯的电路原理图，编写程序，实现如下功能：使用定时器 T0 中断实现流水灯，流水频率为每 0.5s 更替一次。

解　（1）硬件系统设计。流水灯的电路原理图如图 5.21 所示，P0 连接 8 个 LED。

（2）软件系统设计。单片机外接 12MHz 的晶振，定时器/计数器 T0 采用中断方式，控制程序如下。

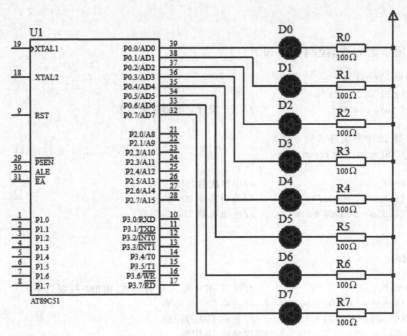

图 5.21 流水灯的电路原理图

```c
# include < reg51.h >
unsigned char cnt = 0;                    //用于统计定时器中断次数
unsigned char led = 0xfe;                 //初始化流水灯

int main(void)
{
    TMOD = 0x01;                          //T0 工作方式 1,定时模式,由 TR0 控制启停
    TH0 = (65536 - 50000)/256;            //装填 TH0 的初值
    TL0 = (65536 - 50000) % 256;          //装填 TL0 的初值
    EA = 1;                               //总中断允许开
    ET0 = 1;                              //T0 中断允许开
    TR0 = 1;                              //启动定时器 T0
    while(1);                             //等待中断
}

void T0_ISR(void) interrupt 1
{
    cnt++;
    if(cnt == 10)                         //0.5s 时间到
    {
        cnt = 0;                          //清除中断次数统计
        led = (led << 1)|1;               //更新流水灯数据
        if(led == 0xff)
        {
            led = 0xfe;
        }
        P0 = led;                         //显示流水灯
    }
    TH0 = (65536 - 50000)/256;            //重新装填 TH0 的初值
    TL0 = (65536 - 50000) % 256;          //重新装填 TL0 的初值
}
```

说明：本例把更新流水灯数据等操作放在定时器 T0 的中断服务函数中,这样处理比较直观,程序容易理解,但是,中断服务函数就需要比较长的时间。如果在执行中断服务函数期间又出现新的低优先级或同优先级的中断,那么,这个新的中断就不能得到及时响应。而在例 5.7 中,定时器 T0 的中断服务函数很简短,因此不会出现这个问题。读者可以参照例 5.7,对本例的程序进行优化。

5.5.3　定时器/计数器工作方式 2 的应用

定时器/计数器工作在方式 0 和方式 1 时,计数溢出后计数器被清 0,当进行循环定时或循环计数时,需要反复装填计数初值,这使得程序设计变得烦琐,并且影响计时精度。而定时器/计数器的工作方式 2 能够自动装填计数初值。

在工作方式 2 下,把 16 位计数器被分为两部分,以 TL0 作为计数器,以 TH0 作为存储器,用于存储计数初值。初始化时,把计数初值分别装填到 TL0 和 TH0 中。当计数溢出时,不需要用程序重新装填计数初值,而是由存储器 TH0 自动给计数器 TL0 装填计数初值。

例 5.9　设计产品包装生产线计数系统,每包有 5 件产品。每个产品经过计数装置时,由机械杆碰合按键 S1 一次。当计满第一包时,指示灯 D0 点亮;当计满第二包时,指示灯 D1 点亮;……;当计满第八包时,指示灯 D0～D7 全亮。重复以上过程。

分析：把单片机的 T1(P3.5)引脚连接一个按键 S1,当每个产品经过计数装置时,由机械杆碰合按键 S1 一次,T1 引脚由高电平变为低电平,产生一个负跳变。因此,可以 T1 作为计数器,对负跳变进行计数。由于一包产品只有 5 个,数量较少,用 8 位二进制数完全可以满足计数需要,因此,使 T1 工作在方式 2。

解　(1) 硬件系统设计。产品包装生产线计数系统如图 5.22 所示,单片机的 T1(P3.5)引脚连接一个按键 S1,P0 连接 8 个 LED,代表指示灯 D0～D7。

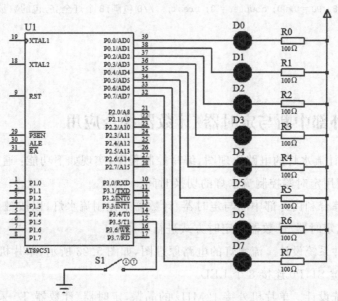

图 5.22　产品包装生产线计数系统

（2）软件系统设计。定时器/计数器 T1 采用查询方式,控制程序如下。

```
# include < reg51. h >
unsigned char counter;              //统计包的数量

main(void)
{
    TMOD = 0x60;                    //T1 工作方式 2,计数模式,由 TR1 控制启停
    TH1 = 256 - 5;                  //T1 高 8 位赋初值
    TL1 = 256 - 5;                  //T1 低 8 位赋初值
    counter = 0;
    TR1 = 1;                        //启动 T1
    while(1)
    {
        while(TF1 == 1)             //查询方式:计满一包
        {
            TF1 = 0;                //无中断服务程序,需要用程序把 TF1 清 0
            counter++;              //包的计数加 1
            switch(counter)         //检查包的数量
            {
                case 1: P0 = 0xfe; break;   //1 包满,第 1 个灯亮
                case 2: P0 = 0xfd; break;   //2 包满,第 2 个灯亮
                case 3: P0 = 0xfb; break;   //3 包满,第 3 个灯亮
                case 4: P0 = 0xf7; break;   //4 包满,第 4 个灯亮
                case 5: P0 = 0xef; break;   //5 包满,第 5 个灯亮
                case 6: P0 = 0xdf; break;   //6 包满,第 6 个灯亮
                case 7: P0 = 0xbf; break;   //7 包满,第 7 个灯亮
                case 8: P0 = 0x00; counter = 0; break;   //8 包满,8 个灯全亮,包的数量清 0
            }
        }
    }
}
```

5.5.4　外部中断与定时器/计数器综合应用

例 5.10　设计流水灯的电路原理图,编写控制程序,实现如下功能:通过按键改变流水灯的流动方向,使用定时器控制流水灯的切换时间。

分析:本例综合利用外部中断与定时器/计数器来控制流水灯,以按键作为外部中断信号的输入设备,以定时器/计数器的定时方式进行计时。

解　(1)硬件系统设计。流水灯的电路原理图,如图 5.23 所示,单片机的 $\overline{INT0}$(P3.2)引脚连接一个按键 S1,P0 连接 8 个 LED。

（2）软件系统设计。单片机外接 12MHz 的晶振,定时器/计数器 T0 采用中断方式,控制程序如下。

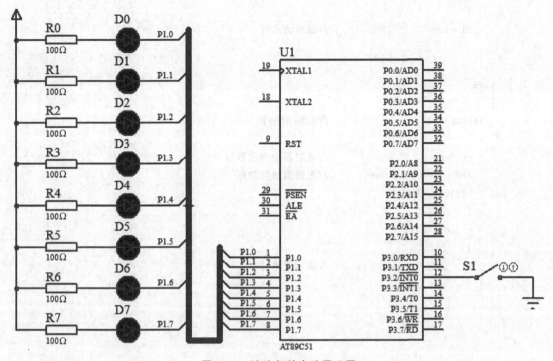

图 5.23　流水灯的电路原理图

```c
# include < reg51.h >
unsigned char cnt = 0;                    //用于统计定时器中断次数
bit flag = 0;                             //外部中断标识
unsigned char led = 0xff;                 //初始化流水灯

int main(void)
{
    IT0 = 1;                              //外部中断 INT0 跳沿触发方式
    TMOD = 0x01;                          //T0 工作方式 1,定时模式,由 TR0 控制启停
    TH0 = (65536 - 50000)/256;            //装填 TH0 的初值
    TL0 = (65536 - 50000) % 256;          //装填 TL0 的初值
    IE = 0x83;                            //开中断允许
    TR0 = 1;                              //启动 T0 工作
    while(1)
    {
        if(flag == 0)
        {
            if(cnt == 10)                 //0.5s 时间到
            {
                cnt = 0;                  //定时器中断次数清 0
                led = (led << 1)|1;       //更新流水灯数据
                if(led == 0xff)
                {
                    led = 0xfe;
```

```
            }
        P1 = led;                 //显示流水灯
        }
    }
    else
    {
        if(cnt == 10)             //0.5s 时间到
        {
            cnt = 0;              //定时器中断次数清 0
            led = (led >> 1) | 0x80;   //更新流水灯数据
            if(led == 0xff)
            {
                led = 0x7f;
            }
            P1 = led;             //显示流水灯
        }
    }
  }
}

/*  INT0 中断服务函数 */
void int0_ISR(void) interrupt 0
{
  flag = ~flag;
}

/* 定时器 T0 中断服务函数 */
void T0_ISR(void) interrupt 1
{
  cnt++;
  TH0 = (65536 - 50000)/256;
  TL0 = (65536 - 50000) % 256;
}
```

在很多实际应用中,需要各种不同频率、不同波形的数字信号,例如,方波、锯齿波、三角波、脉冲宽度调制(Pulse Width Modulation,PWM)波等。特别是方波,应用最为广泛。例如,在单片机串行通信时,就需要生成一定频率的方波,来控制波特率。可以利用单片机的定时器/计数器生成不同频率的方波。

例 5.11 设计生成不同频率方波的仿真电路,编写控制程序,实现如下功能:使用外部中断方式控制按键,通过按键控制单片机的某个引脚分别输出频率为 100Hz、1kHz 的方波。

分析:所谓方波,就是在一个周期内,高电平和低电平各占一半的波形。因此,只需在单片机的某个引脚输出半个周期的高电平,再输出半个周期的低电平,如此循环往复,就可以得到所需的方波。

解　(1) 硬件系统设计。产生不同频率方波的电路原理图如图 5.24 所示,单片机 $\overline{INT1}$(P3.3)引脚连接一个按键 S1,P2.0 连接一个示波器。

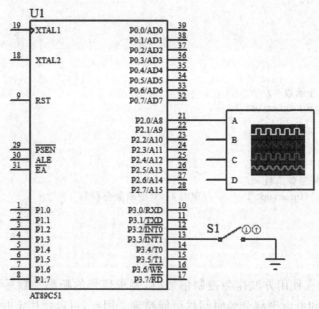

图 5.24　产生不同频率方波的电路原理图

(2) 软件系统设计。单片机外接 12MHz 的晶振,定时器/计数器 T0 采用中断方式,控制程序如下。

```c
#include <reg51.h>
sbit P2_0 = P2^0;
unsigned int cnt = 0;        //用于统计定时器中断次数
bit flag = 0;                //外部中断标识

int main(void)
{
  IT1 = 1;                   //外部中断 INT1,跳沿触发方式
  TMOD = 0x02;               //T0 工作方式 2,定时模式,由 TR0 控制启停
  TH0 = 256 - 250;           //装填 TH0 的初值
  TL0 = 256 - 250;           //装填 TL0 的初值
  IE = 0x86;                 //开中断允许
  TR0 = 1;                   //启动 T0 工作
  while(1)
  {
    if(flag == 0)            //产生 100Hz 的方波
    {
      if(cnt == 20)          //0.005s 时间到
      {
        cnt = 0;             //定时器中断次数清 0
        P2_0 = ~P2_0;
      }
    }
    else                     //产生 1kHz 的方波
    {
      if(cnt == 2)           //0.0005s 时间到
```

```
        {
            cnt = 0;                            //定时器中断次数清 0
            P2_0 = ~P2_0;
        }
        }
    }
}

/* INT1 中断服务函数 */
void int1_ISR(void) interrupt 2
{
    flag = ~flag;
}

/* 定时器 T0 中断服务函数 */
void T0_ISR(void) interrupt 1          //定时器 T0 中断服务函数
{
    cnt++;
}
```

说明：

（1）一般来说，在使用方波作为控制信号时，要求信号的频率参数尽可能精确，即要求信号的高电平部分和低电平部分的时间尽可能精确。因此，可以使用定时器/计数器的工作方式 2，自动装填初值，提高计时的精确度。本例就是使用定时器/计数器的工作方式 2。

（2）对于频率比较低的方波，半个周期的时间比较长，而定时器/计数器的工作方式 2 一次计时时间很短，需要定时器中断很多次，而程序需要不断查询定时器中断次数变量，这也会浪费很多时间，影响计时精度。此时，可以考虑使用定时器/计数器的工作方式 1，由于一次中断的时间比较长，定时器只需中断较少的次数就可以达到半个周期的时间。

习题

一、选择题

1. 各中断源发出的中断请求信号，都会标记在 AT89C51 的_____中。

　　A. IE 寄存器　　　　　　　　　　　　B. TMOD 寄存器

　　C. IP 寄存器　　　　　　　　　　　　D. TCON 与 SCON 寄存器

2. 在 AT89C51 的中断源中，需要外加电路实现中断撤销的是_____。

　　A. 电平触发方式的外部中断　　　　　B. 串行中断

　　C. 跳沿触发方式的外部中断　　　　　D. 定时中断

3. 当外部中断 0 发出中断请求后，中断响应的必要条件是_____。

　　A. ET0＝1　　　　B. EX0＝1　　　　C. IE＝0x81　　　　D. IE＝0x61

4. AT89C51 的中断系统有两个中断优先级，各中断源的优先级设定是利用特殊功能寄存器_____。

　　A. IE　　　　　　　B. IP　　　　　　　C. TCON　　　　　　D. SCON

5. 下列说法中，错误的是_____。

　　A. 同一级别的中断请求按时间的先后顺序响应

B. 同一时间同一级别的多中断请求将形成阻塞,系统无法响应

C. 低优先级中断请求不能中断高优先级中断服务程序

D. 同级中断不能嵌套

6. 单片机默认的最高等级中断源是_____。

A. 定时器 T0　　　B. 定时器 T1　　　C. 外部中断 $\overline{INT0}$　　D. 外部中断 $\overline{INT1}$

7. AT89C51 在同一优先级的中断源同时申请中断时,CPU 首先响应_____。

A. $\overline{INT0}$ 中断　　B. INT1 中断　　　C. T0 中断　　　D. T1 中断

8. 如果将中断优先级寄在器 IP 设置为 0x0A,则优先级最高的是_____。

A. INT1　　　　B. INT0　　　　C. T1　　　　D. T0

9. 在 AT89C51 中,与外部中断无关的特殊功能寄存器是_____。

A. TCON　　　　B. TMOD　　　　C. IE　　　　D. IP

10. 当外部中断请求为跳沿触发方式时,要求中断请求信号的高电平状态和低电平状态都应至少维持_____个机器周期。

A. 1　　　　　　B. 2　　　　　　C. 4　　　　　　D. 12

11. AT89C51 的外部中断 $\overline{INT1}$ 的中断请求标志是_____。

A. ETI　　　　　B. TEI　　　　　C. IT1　　　　　D. IE1

12. 在 AT89C51 中,与定时器/计数器中断无关的特殊功能寄存器是_____。

A. TCON　　　　B. TMOD　　　　C. SCON　　　　D. IP

13. 溢出后不用重装计数初值,定时器/计数器的工作方式为_____。

A. 方式 0　　　　B. 方式 1　　　　C. 方式 2　　　　D. 方式 3

14. 若 TMOD 中的 M1M0 为 11,则设置定时器/计数器工作于_____。

A. 方式 0　　　　B. 方式 1　　　　C. 方式 2　　　　D. 方式 3

15. 使 AT89C51 的定时器 T0 停止计数的语句是_____。

A. TR0=1;　　　B. TR0=0;　　　C. TR1=1;　　　D. TR1=0;

16. 若要求最大定时时间为 2^{16} 个机器周期,则应使定时器/计数器工作于_____。

A. 方式 0　　　　B. 方式 1　　　　C. 方式 2　　　　D. 方式 3

17. 晶振频率为 12MHz 的单片机,在定时工作模式下,定时器可能实现的最大定时时间为_____。

A. $4096\mu s$　　　B. $8192\mu s$　　　C. $65\,536\mu s$　　　D. $32\,768\mu s$

18. 设定时器/计数器 T0 的初始化程序段如下:

```
TMOD = 0x06;
TH0 = 0xFF;
TL0 = 0xFF;
EA = 1;
ET0 = 1;
```

则执行该程序段后,把定时器/计数器 T0 的工作状态设置为_____。

A. 工作方式 0,定时应用,定时时间为 $2\mu s$,中断禁止

B. 工作方式 1,计数应用,计数值为 255,中断允许

C. 工作方式 2,定时应用,定时时间为 $510\mu s$,中断禁止

D. 工作方式 2,计数应用,计数值为 1,中断允许

19. 单片机定时器/计数器根据需要有 4 种工作方式,其中工作方式 1 是_____。

    A. 16 位的定时器/计数器   B. 13 位的定时器/计数器

    C. 8 位可自动重载的定时器/计数器   D. 两个独立的 8 位定时器/计数器

20. 应用单片机定时器/计数器时,控制 T0 的启动和停止的关键字是_____。

    A. TMOD   B. TR0   C. ET0   D. TF0

21. AT89C51 外接 6MHz 的晶振,采用 16 位定时器计时 50ms,则设置定时器的计数初值为_____。

    A. 0   B. 65 536   C. 50 000   D. 40 536

22. 若 AT89C51 的振荡频率为 6MHz,设定时器工作在方式 0 需要定时 1ms,则定时器初值应为_____。

    A. 500   B. 1000   C. 7692   D. 7192

23. 定时器/计数器 T1 工作在计数模式时,外加的计数脉冲信号应连接到_____引脚。

    A. P3.2   B. P3.3   C. P3.4   D. P3.5

24. AT89C51 的定时器/计数器 T0 用于定时,采用工作方式 1,则初始化编程为_____。

    A. TMOD=0x01   B. TMOD=0x50   C. TMOD=0x10   D. TCON=0x02

25. AT89C51 内部有_____个 16 位的定时器/计数器,其中,定时器/计数器 T1 有_____种工作方式。

    A. 4,5   B. 2,4   C. 5,2   D. 2,3

26. AT89C51 的定时器/计数器 T1 用作计数时的计数脉冲由_____提供。

    A. P3.5 引脚   B. 内部时钟频率

    C. P3.4 引脚   D. 内部时钟频率 12 分频

二、填空题

1. AT89C51 有 5 个中断源,有_____个优先级。控制中断允许的特殊功能寄存器是_____,控制中断优先级的特殊功能寄存器是_____。

2. 外部中断 1 的中断入口地址为_____,定时器 1 的中断入口地址为_____。

3. AT89C51 外部中断请求信号有电平触发方式和_____。在电平触发方式下,当采集到 INT0、INT1 为_____时,激活外部中断。

4. 要将外部中断 INT0 设置为电平触发方式,则应将_____位设置成_____。要将外部中断 INT1 设置成跳沿触发方式,则应将_____位设置为_____。

5. AT89C51 有两个定时器/计数器,它们是由_____、_____、_____和_____4 个专用的特殊寄存器构成的。

6. 当定时器/计数器 T0 申请中断时,T0 的计满溢出标志位 TF0 为_____,当中断得到 CPU 响应后,TF0 为_____。

7. 若 IP=00010100B,则优先级最高者为_____,最低者为_____。

8. 定时和计数都是对_____进行计数,定时与计数的区别是_____。

9. 当定时器/计数器 T0 工作在计数模式时,计数脉冲来自于_____引脚。

10. 当_____时,定时器/计数器发出中断请求。

11. 设定时器/计数器 T0 工作在计数模式,工作方式 2,TR0 控制启停;定时器/计数器 T1 工作在计时模式,工作方式 1,TR1 控制启停,那么,TMOD=_____。

12. 定时器/计数器的工作方式 3 是指将_____拆成两个独立的 8 位计数器。另一个定时器/计数器 T1 此时通常只用作_____。

13. 设单片机晶振频率为 12MHz,利用定时器 T0 定时 200μs,那么,采用工作方式 0 时的计数初值为_____,采用工作方式 1 时的计数初值为_____,采用工作方式 2 时的计数初值为_____。

14. 设单片机晶振频率为 6MHz,利用定时器 T0 定时。在工作方式 0 下,最大定时时间是_____μs;在工作方式 1 下,最大定时时间是_____μs;在工作方式 2 下,最大定时时间是_____μs;在工作方式 3 下,最大定时时间是_____μs。

三、判断题

1. 定时器/计数器控制寄存器 TCON 只是控制定时器/计数器的。　　　　　　（　　）

2. 设置中断允许寄存器 IE=0x05,外部中断 $\overline{INT0}$、$\overline{INT1}$ 能够正常中断。　　（　　）

3. 低优先级中断服务程序可以被高优先级中断请求所中断,但是,高优先级中断服务程序不能被低优先级中断请求所中断。　　　　　　　　　　　　　　　　　　（　　）

4. 一个中断请求得到响应后,不会被与它同优先级的中断请求所中断。　　　（　　）

5. 外部中断 $\overline{INT1}$ 的中断编号是 1。　　　　　　　　　　　　　　　　　（　　）

6. 通过 TMOD,可以设置定时器/计数器的 4 种工作方式。　　　　　　　　　（　　）

7. 定时器/计数器都是对输入脉冲进行计数的。　　　　　　　　　　　　　　（　　）

8. 当 TMOD 中的 GATE=1 时,表示由两个信号控制定时器/计数器的启停。（　　）

四、简答题

1. 试叙述中断的全过程。

2. 中断优先级控制的原则是什么?

3. 说明中断服务函数与普通函数的不同之处。

4. 定时器/计数器用作定时器时,其计数脉冲由谁提供? 定时时间与哪些因素有关?

5. 定时器/计数器用作计数器模式时,对外界输入脉冲的频率有何限制?

6. 定时器/计数器的工作方式 2 有什么特点? 适用于哪些应用场合?

7. 如果采用的晶振的频率为 3MHz,定时器/计数器工作在方式 0、1、2 下,其最大定时时间各为多少?

8. 用定时器/计数器测量某正单脉冲的宽度,采用何种方式可得到最大量程? 若时钟频率为 6MHz,求允许测量的最大脉冲宽度是多少?

9. 说明 T0 计满溢出标志位 TF0 是怎么置 1 与清 0 的?

10. AT89C51 在使用定时器/计数器之前必须对它进行初始化,初始化的任务是什么?

五、论述题

1. 一个中断请求被 CPU 响应的条件是什么?

2. 下面几种中断从高到低优先顺序的安排是否可行? 如果可行,写出中断优先级寄存器 IP 的初始化值。如果不可行,请说明理由。

(1) T0,T1,$\overline{INT0}$,$\overline{INT1}$,串行中断。

(2) 串行中断,$\overline{INT0}$,T0,$\overline{INT1}$,T1。

（3）$\overline{INT0}$，T1，$\overline{INT1}$，T0，串行中断。

（4）$\overline{INT0}$，$\overline{INT1}$，串行中断，T0，T1。

（5）串行中断，T0，$\overline{INT0}$，$\overline{INT1}$，T1。

（6）$\overline{INT0}$，$\overline{INT1}$，T0，串行中断，T1。

（7）$\overline{INT0}$，T1，T0，$\overline{INT1}$，串行中断。

3. 设单片机晶振频率为 6MHz，利用定时器/计数器 T0 定时。在工作方式 1 下，最大定时时间约为 130ms。现在需要定时 1min，可以怎么实现？

4. 工作模式寄存器 TMOD 的低 4 位各位的作用是什么？怎么设置？

5. 定时器/计数器控制寄存器 TCON 在定时应用中起什么作用？怎么设置？

6. AT89C51 用于中断允许控制的寄存器是什么？写出中断允许控制寄存器各位的符号及含义。中断允许控制寄存器是怎么控制中断允许的？

六、程序设计题

1. 外部中断 $\overline{INT1}$ 为跳沿触发、高优先级的中断。试编写 $\overline{INT1}$ 的中断初始化程序段。

2. 设单片机晶振频率为 6MHz，定时器/计数器 T1 工作在计时模式，工作方式 2，TR1 控制启停，产生 200μs 定时，采用中断方式。试编写 T1 的中断初始化程序段。

3. 设单片机晶振频率为 12MHz，单片机 $\overline{INT0}$(P3.2)引脚连接一个按键 S1，P0 连接 8 个 LED。编写控制程序，实现如下功能：通过按键 S1 改变流水灯的流动方向；使用软件延时方式控制流水灯的切换时间。

4. 设单片机晶振频率为 12MHz，利用定时器/计数器 T0 中断，采用工作方式 1 定时，在 P2.0 输出频率为 1Hz 的方波。

5. 设单片机晶振频率为 12MHz，利用定时器/计数器 T0 中断，采用工作方式 2 定时，在 P2.0 输出周期为 500μs，占空比为 4∶1 的矩形波。

## 第 6 章

AT89C51 的串行通信技术

本章介绍 AT89C51 的异步、全双工、串行通信技术,主要内容包括串行通信的基本概念和基础知识,AT89C51 串口的结构与功能,串行通信有关特殊功能寄存器的含义与功能,串行通信的硬件设计技术和软件设计技术。通过本章的学习,应该达到以下目标。

（1）理解串行通信的基本概念和基础知识。

（2）掌握 AT89C51 串口的结构、功能、控制与使用方法。

（3）掌握用串口扩展并行 I/O 端口的硬件设计技术和软件设计技术。

（4）掌握单片机双机串行通信系统的硬件设计技术和软件设计技术。

6.1 串行通信技术简介

随着单片机理论和技术的快速发展,以及单片机应用系统开发的深入开展,单片机的应用逐渐从单机应用转向多机应用,甚至出现了联网应用,而多机应用和联网应用的关键在于单片机之间的通信。AT89C51 除了具有 4 个 8 位的并行端口之外,还有一个全双工串行通信端口。它可以用作通用异步接收和发送器（Universal Asynchronous Receiver/Transmitter,UART）,也可以用作同步移位寄存器（Synchronous Shift Register,SSR）。使用串口,可以实现单片机系统之间的双机通信、多机通信,也可以实现单片机与 PC 之间的通信,还可以实现单片机与其他串行外部器件之间的通信。

6.1.1 串行通信的基本概念

1. 并行通信与串行通信

单片机与外部器件的通信有两种基本方式：并行通信（Parallel Communication）和串行通信（Serial Communication）。并行通信和串行通信的原理如图 6.1 所示。

并行通信是指被传送数据的各位同时出现在数据传输端口,各位数据同时传送。串行通信是把被传送的数据按照顺序一位一位地传送,接收时再把数据按照原来的顺序恢复过来。

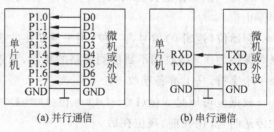

(a) 并行通信　　　(b) 串行通信

图 6.1　并行通信和串行通信的原理

AT89C51 的数据传送大多数采用并行方式,例如,片内 RAM 之间的数据传送,主机与片外存储器、键盘、LED 显示器等外部器件之间的数据传送等。在并行通信中,数据有多少位就需要多少条传输线;而串行通信只需要一对传输线,能够节约传输线。当数据位较多并且传送距离较远时,串行通信的优点更加突出。因为串行通信是一位一位传送的,所以,串行通信的传输速率比并行通信低。在实际应用中,通常需要综合考虑传输速率和传输距离,最终决定采用哪种通信方式。

2. 同步通信与异步通信

按照串行数据的同步方式,串行通信可以分为同步通信与异步通信两类。

同步通信(Synchronous Communication)是指在一个数据块的开头使用同步字符,在数据传送时,使用同一频率的同步脉冲来实现发送端与接收端的严格时间同步。同步通信的数据传送格式如图 6.2 所示。

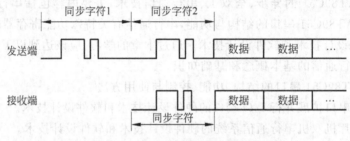

图 6.2 同步通信的数据传送格式

数据传送时,数据与同步脉冲同时发出。在数据块中,先发同步字符,一般为 1～2 个。接收端首先接收同步字符,确认同步后,开始接收数据。

同步通信要以同步字符作为帧的开始,所传送的一帧数据可以是任意位,因此,传输效率高。但是,实现同步通信的硬件设备比较复杂。

在异步通信(Asynchronous Communication)中,数据通常以字符为单位组成字符帧进行传送。字符帧由发送端一帧一帧地发送,通过传输线传送,接收端一帧一帧地接收。发送端和接收端可以有各自的时钟来控制数据的发送和接收,两个时钟彼此独立,不要求同步。

在异步通信中,接收端依据字符帧格式来判断发送端是何时发送的、何时结束发送的。平时,发送线为高电平(逻辑 1),当接收端检测到发送线上发送过来的低电平(逻辑 0)时,就知道发送端已开始发送。当接收端接收到字符帧中的停止位时,就知道一帧字符信息已发送完毕。异步通信中每一帧数据的传送格式如图 6.3 所示。

在每一帧数据的传送格式中,一个字符帧由 4 部分组成:起始位、数据位、奇偶校验位和停止位。

起始位(逻辑 0)信号占一位,用来通知接收设备,一个字符开始到达。线路在不传送数据时保持为 1。接收端不断检测线路的状态,在连续为 1 后又检测到一个 0,就知道对方发来一个字符,马上准备接收。

数据位可以是 5 位(D0～D4)、6 位(D0～D5)、7 位(D0～D6)或 8 位(D0～D7)。数据位在传送时,低位在前,高位在后。

奇偶校验位(D8)占 1 位。如果规定不使用奇偶校验位,那么,这一位可以省去。也可

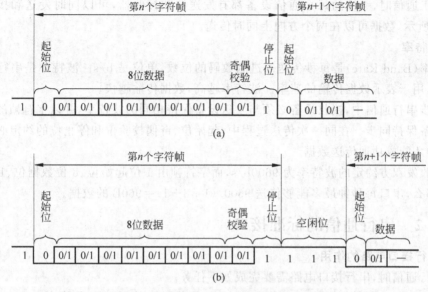

图 6.3　异步通信中每一帧数据的传送格式

以用这一位来确定这一帧字符所代表的是地址还是数据。

停止位用来表示字符的结束，一定是高电平（逻辑 1）。停止位可以是 1 位、1.5 位或 2 位。当接收端接收到停止位时，知道上一字符帧已发送完毕，同时为接收下一个字符帧做好准备，只要再接收到 0，就是新字符帧的起始位。如果停止位以后不是紧接着传送下一个字符帧，那么线路保持为高电平。

图 6.3(a)表示一个字符紧接一个字符传送的情况，上一个字符帧的停止位紧接着下一个字符帧的起始位；图 6.3(b)表示两个字符帧之间有空闲位的情况，空闲位为 1，线路处于等待状态。

异步通信不要求收、发双方的时钟严格一致，比较容易实现，设备开销较小，但是，每个字符要附加 2～3 位，用于起始位与结束位，各帧之间还可能存在空闲位，因此，相对于同步通信来说，数据传送效率有所降低。

3. 串行通信的方向

按照数据传送方向，串行通信可分为单工、半双工和全双工，如图 6.4 所示。

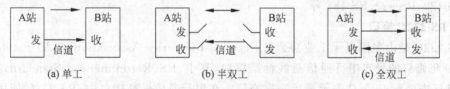

图 6.4　串行通信数据传送的方向

单工通信时，传输线的一端连接发送器，另一端连接接收器，数据只能按照一个固定的方向传送。如图 6.4(a)所示，数据只能从 A 站传送到 B 站。

半双工通信时，系统的每个通信设备都由一个发送器和一个接收器组成。如图 6.4(b)所示，数据可以从 A 站传送到 B 站，也可以从 B 站传送到 A 站，但是，不能在两个方向上同时传送，只能一端发送，另一端接收，收/发开关由软件控制。

全双工通信时,系统的每个通信设备都有发送器和接收器,可以同时发送和接收。如图 6.4(c)所示,数据可以在两个方向上同时传送。

4. 波特率

波特率(Baud Rate)是每秒传送二进制数码的位数,单位是 b/s。波特率是串行通信的重要指标,用于表示数据传输的速率。波特率越高,数据传输越快。

在异步串行通信中,接收设备必须与发送设备保持相同的波特率,并以字符帧的起始位与发送设备保持同步。在同一次传送过程中,起始位、奇偶校验位和停止位的约定必须保持一致,这样才能成功地传送数据。

假设收发双方约定的波特率为 9600b/s,而字符帧由 1 位起始位、8 位数据位、1 位停止位构成,那么,串口每秒钟最多能够传送 9600/(1+8+1)=960B 的数据。

6.1.2 串行通信的标准接口

1. 串行接口电路的作用

在串行通信时,串行接口电路需要完成如下任务。

(1) 进行并-串转换。从发送方的角度来看,待传送的数据是来自单片机 CPU 的并行数据,串行接口电路需要实现不同串行通信方式下的数据转换。在同步通信方式下,串行接口电路在待传送的数据块前面加上同步字符;在异步通信方式下,串行接口电路自动生成起止式的字符帧数据格式。

(2) 进行串-并转换。从接收方的角度来看,数据是一位一位串行传送的,而单片机 CPU 处理的数据是并行数据,因此,串行接口电路需要把串行数据转换为并行数据,然后才能送入单片机 CPU 进行处理。

(3) 选择和控制数据传输速率,即确定波特率。

(4) 进行错误检测。在发送时,串行接口电路对传送的字符数据自动生成奇偶校验位;在接收时,串行接口电路检查字符的奇偶校验位,判断是否发生了传送错误。

(5) 进行 TTL 与 EIA 电平转换。单片机 CPU 和终端均采用 TTL 电平及正逻辑,它们与 EIA 采用的电平及负逻辑不兼容,需要在串行接口电路中进行转换。

在单片机应用系统中,数据通信主要采用异步串行通信方式。在设计通信接口时,必须根据需要选择标准接口。异步串行通信标准接口主要有 RS-232A、RS-232B、RS-232C、RS-449、RS-422、RS-423、RS-485 等。

2. RS-232C 接口

RS-232C 是由美国电子工业协会(Electronic Industries Association,EIA)于 1962 年公布、1969 年修订的异步串行通信总线标准接口,其中,RS(Recommended Standard,推荐标准)是该标准的标识号,C 表示最后一次修订。在串行通信标准接口中,RS-232C 使用最早,应用最广泛。

(1) RS-232C 信息格式标准。RS-232C 采用串行格式,该标准规定:信息的开始为起始位,信息的结束为停止位;信息本身可以是 5、6、7 或 8 位,允许加一位奇偶校验位。如果两个信息之间无信息,则写 1,表示空。RS-232C 信息格式如图 6.5 所示。

(2) RS-232C 电平转换器。TTL 电平采用正逻辑,它的电平是+5V 和地。RS-232C 是在 TTL 电路推出之前研制的,其电气标准与 TTL 电平不同,它采用负逻辑,逻辑"0"

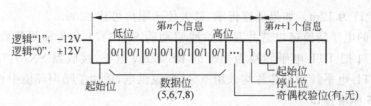

图 6.5　RS-232C 信息格式

为＋5～＋15V,逻辑"1"为－5～－15V。因此,RS-232C 不能与 TTL 电平直接相连,使用时必须进行电平转换,否则会烧坏 TTL 电路。

RS-232C 常用的电平转换接口芯片是传输线发送器 MC1488 和传输线接收器 MC1489。发送器 MC1488 供电电压为±12V,输入为 TTL 电平,输出为 RS-232C 电平。接收器 MC1489 供电电压为±5V,输入为 RS-232C 电平,输出为 TTL 电平。

（3）RS-232C 总线规定。完整的 RS-232C 接口有 22 根线,采用标准的 25 芯 DB 插头与插座,如图 6.6 所示。

图 6.6　25 芯 DB 插头与插座

在串行通信的多数应用中,串行接口真正用到的引脚只有发送引脚、接收引脚和接地引脚,其他引脚通常用不到,因此,可以对 25 芯 DB 插头与插座进行简化,这就得到 9 芯 DB 插头与插座 DB9。两个 DB9 连接方式示意图如图 6.7 所示,其中一方的发送引脚与另一方的接收引脚相连,双方的接地引脚相连。

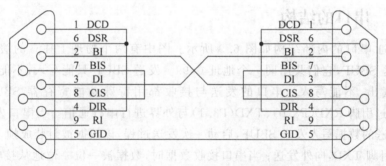

图 6.7　两个 DB9 连接方式示意图

对于 AT89C51,利用其 RXD、TXD 和一根地线,就可以构成符合 RS-232C 接口标准的全双工通信接口。

3. RS-449 标准接口

虽然 RS-232C 应用很广泛,但是,在现代通信系统中逐渐显现出缺点。例如,数据传输速率低,传输距离短,接口处信号容易产生串扰等。为了克服这些缺点,EIA 制定了新的标准 RS-449,并于 1977 年公布。

RS-449 与 RS-232C 兼容,可以替代 RS-232C,而在传输速率、传输距离、降低噪声、改善电气性能等方面,比 RS-232C 有显著的改善。两者的差别在于信号在导线上传输方式不同,RS-232C 利用传输信号与公共地线的电压,而 RS-449 利用信号导线之间的电压。

4. RS-422A 标准接口

RS-422A 比 RS-232C 传输距离远,传输速率快。传输速率最大可达 10Mb/s,在此速率下,传输距离允许为 12m。如果低速传输,最大传输距离可达 1200m。

RS-422A 的电平转换接口芯片是传输线驱动器 SN75174 和传输线接收器 SN75175。发送器 SN75174 把 TTL 电平转换为标准的 RS-422A 电平,接收器 SN75175 把 RS-422A 电平转换为 TTL 电平。两种芯片均采用+5V 电源供电,适用于噪声环境中长距离传输。

5．RS-485 标准接口

RS-485 是 RS-422A 的改变型。RS-422A 用于全双工,而 RS-485 用于半双工。RS-485 接口电平转换电路如图 6.8 所示。

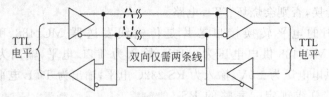

图 6.8   RS-485 接口电平转换电路

在信号传输时,RS-485 利用信号导线之间的电压来表示逻辑 0 与逻辑 1,在发送方与接收方之间,只需两条传输线。RS-485 的阻抗低,无接地问题,传输速率可达 1Mb/s,传输距离可达 1200m。可以使用接口芯片 MAX485 来完成 RS-485 电平与 TTL 电平的转换。

6.2   AT89C51 串口的结构与控制

6.2.1   串口的结构

AT89C51 串口的内部结构如图 6.9 所示。图中有两个物理上独立的缓冲器:接收 SBUF 和发送 SBUF,它们共用同一个地址 0x99。发送 SBUF 只能写入,不能读出;接收 SBUF 只能读出,不能写入。串口的发送与接收都用特殊功能寄存器 SBUF 的名称。AT89C51 通过引脚 RXD(P3.0)、TXD(P3.1)与外界进行串行通信。当串口发送数据时,CPU 把待发送的数据写入发送 SBUF,启动一次发送过程,该数据被封装成帧,一位一位地被送到发送引脚 TXD,向外发送;当串口接收数据时,数据被一位一位地从接收引脚 RXD 接收到输入移位寄存器中,一帧接收完后,被自动送入接收 SBUF 中,并通过内部总线送往 CPU。

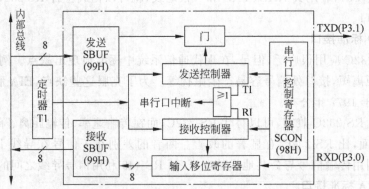

图 6.9   AT89C51 串口的内部结构

在发送数据时,CPU 是主动的,发送 SBUF 不会产生重叠错误。接收 SBUF 可能产生重叠错误。接收器是双缓冲结构,在前一帧从接收 SBUF 读出之前,就开始接收第二帧到输入移位寄存器。若第二帧接收完毕而前一帧未被读走,则前一帧就会被第二帧覆盖。

6.2.2　串口的控制

可以用特殊功能寄存器 SCON、PCON 对 AT89C51 的串口进行编程控制。

1. 串口控制寄存器(SCON)

SCON 的字节地址为 0x98,可位寻址,位地址为 0x98～0x9F。SCON 的格式如图 6.10 所示。

位符号	SM0	SM1	SM2	REN	TB8	RB8	TI	RI
位地址	0x9F	0x9E	0x9D	0x9C	0x9B	0x9A	0x99	0x98

图 6.10　SCON 的格式

SCON 各位的作用如下。

(1) RI:接收中断标志位。串口工作在方式 0,接收第 8 位数据结束时,RI 由硬件置 1;在其他工作方式,接收到停止位的中间时,RI 由硬件置 1。RI=1 表示一帧数据接收完毕,发出中断请求,要求 CPU 从接收 SBUF 取走数据。该位状态也可供软件查询。RI 必须由软件清 0。

(2) TI:发送中断标志位。串口工作在方式 0,发送第 8 位数据结束时,TI 由硬件置 1;在其他工作方式,发送停止位的开始时,TI 由硬件置 1。TI=1 表示一帧数据发送完毕,发出中断请求。CPU 响应中断后,向 SBUF 写入要发送的下一个数据。该位状态也可供软件查询。TI 必须由软件清 0。

(3) RB8:接收数据的第 9 位。在方式 0,不使用 RB8。在方式 1,若 SM2=0,则 RB8 是接收到的停止位。在方式 2 和方式 3,RB8 是接收数据的第 9 位,作为奇偶校验位或地址帧/数据帧的标志位。

(4) TB8:发送数据的第 9 位。在方式 0 和方式 1,不使用 TB8。在方式 2 和方式 3,TB8 是发送数据的第 9 位,可以用软件规定其作用。在双机通信中,一般用作奇偶校验位;在多机通信中,作为地址帧/数据帧的标志位。TB8=1,发送的数据为地址帧;TB8=0,发送的数据为数据帧。

(5) REN:允许串行接收位。若 REN=1,则允许串口接收数据;若 REN=0,则禁止串口接收数据。

(6) SM2:多机通信控制位。由于多机通信是在方式 2、方式 3 下进行的,因此,SM2 主要用于方式 2、方式 3 中。

当串口以方式 2 或方式 3 接收时,SM2 的控制功能如下。若 SM2=1,只有当接收到的第 9 位数据为 1 时,才将接收到的前 8 位数据送入 SBUF,并把 RI 置 1,产生中断请求;当接收到的第 9 位数据为 0 时,接收到的前 8 位数据将丢弃。若 SM2=0,则接收一帧数据时,不论第 9 位数据是 0 还是 1,都将前 8 位数据送入 SBUF 中,并把 RI 置 1,产生中断请求。

在方式 1 时,若 SM2=1,则只有收到有效停止位时,RI 才置 1,以便接收下一帧数据。

在方式 0 时,SM2 必须为 0。

（7）SM0、SM1：串口工作方式选择位。SM0、SM1 共有 4 种编码,对应于串口的 4 种工作方式,如表 6.1 所示。

表 6.1　SM0、SM1 编码与串口工作方式的对应关系

SM1	SM0	工 作 方 式	说　　明	波　特　率
0	0	方式 0	同步移位寄存器	$f_{osc}/12$
0	1	方式 1	10 位异步收发器（8 位数据）	可变
1	0	方式 2	11 位异步收发器（9 位数据）	$f_{osc}/64$ 或 $f_{osc}/32$
1	1	方式 3	11 位异步收发器（9 位数据）	可变

2. 电源控制寄存器（PCON）

PCON 是为 HCMOS 型单片机的电源控制而设置的,字节地址为 0x87,不能位寻址。PCON 的格式如图 6.11 所示。

位符号	SMOD	—	—	—	GF1	GF0	PD	IDL

图 6.11　PCON 的格式

PCON 各位的作用如下。

（1）IDL：待机方式位。若 IDL＝1,则单片机进入待机工作方式。待机方式是一种低功耗模式,电流只有几毫安。此时,系统时钟还在运行,任何中断都能唤醒单片机。

（2）PD：掉电方式位。若 PD＝1,则单片机进入掉电工作方式。掉电方式是省电模式,电流一般只有 1μA。单片机停止包括系统时钟在内的所有工作,只有设置为外部中断的 I/O 口才能唤醒单片机。

（3）GF1、GF0：通用标志位。这两个标志位可供用户使用,可用软件置 1 或清 0。

（4）SMOD：波特率倍增位。在串口方式 1、方式 2、方式 3 时,波特率与 SMOD 有关。SMOD＝1 时的波特率比 SMOD＝0 时的波特率提高一倍。单片机复位后,SMOD＝0。

6.3　串口的工作方式

在异步通信中,字符帧格式和波特率由串口的工作方式所决定。串口有 4 种工作方式,下面分别加以介绍。

6.3.1　方式 0

串口的工作方式 0 为同步移位寄存器的输入/输出方式。这种方式不能用于两个单片机之间的串行通信,而常用于串口外接移位寄存器,以扩展并行 I/O 端口。

方式 0 以 8 位数据为一帧,不设起始位和停止位,低位在前,高位在后。方式 0 的帧格式如图 6.12 所示。

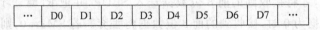

…	D0	D1	D2	D3	D4	D5	D6	D7	…

图 6.12　方式 0 的帧格式

1. 方式 0 的发送

当 CPU 执行将数据写入发送缓冲器 SBUF 的指令时,产生一个正脉冲,串口即把 SBUF 中的 8 位数据以 $f_{osc}/12$ 的固定波特率从 RXD 引脚串行输出,低位在先,TXD 引脚输出同步移位脉冲。发送完 8 位数据后,硬件自动把中断标志位 TI 置 1。方式 0 发送数据的时序如图 6.13 所示。

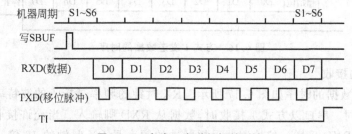

图 6.13 方式 0 发送数据的时序

2. 方式 0 的接收

当 CPU 向 SCON 写入控制字 0x10(SM0=0,SM1=0,REN=1,RI=0)时,产生一个正脉冲,串口即开始接收数据。RXD 为数据输入端,TXD 为移位脉冲信号输出端,接收器以 $f_{osc}/12$ 的固定波特率采样 RXD 引脚的数据信息。当接收到 8 位数据时,硬件自动把 RI 置 1,表示一帧数据接收完。方式 0 接收数据的时序如图 6.14 所示。

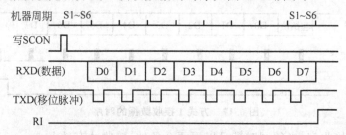

图 6.14 方式 0 接收数据的时序

在方式 0 下,发送或接收完 8 位数据后,硬件自动把 TI 或 RI 置 1。TI 或 RI 必须由用户软件清 0。SCON 中的 TB8、RB8 位没有用到,SM2 必须为 0。

6.3.2 方式 1

串口工作方式 1 为波特率可调的 8 位异步通信。一帧数据为 10 位,1 个起始位 0,8 个数据位,1 个停止位 1,低位在前,高位在后。方式 1 的帧格式如图 6.15 所示。

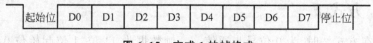

图 6.15 方式 1 的帧格式

1. 方式 1 的发送

方式 1 发送数据的时序如图 6.16 所示,图中 TX 时钟的频率就是发送的波特率。串口以方式 1 发送时,数据由 TXD 输出。当 CPU 执行发送指令时,启动发送器发送。发送开始时,内部发送控制信号 $\overline{SEND}$ 变为有效,将起始位向 TXD 输出。此后,每经过一个 TX 时钟周期,便产生一个移位脉冲,并由 TXD 输出一个数据位。8 位数据位全部发送完毕后,硬件自动把 TI 置 1。

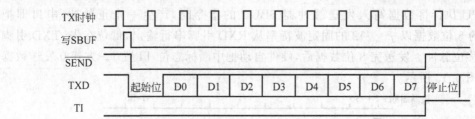

图 6.16　方式 1 发送数据的时序

2. 方式 1 的接收

方式 1 接收数据的时序如图 6.17 所示。RX 时钟的频率是接收的波特率,与发送方的 TX 时钟频率相同。串口以方式 1 接收时,数据从 RXD 脚输入。当允许接收控制位 REN 为 1 时,CPU 对 RXD 采样。位检测器采样脉冲的频率是 RX 时钟的 16 倍,即 1 位数据期间有 16 个采样脉冲。当 CPU 采样到 RXD 端的负跳变时,就启动位检测器,接收的值是对第 7~9 个脉冲的 3 次连续采样,取其中至少两次相同的值,以确认起始位的开始。当确认起始位后,开始接收一帧数据。接收每一位数据时,也对第 7~9 个脉冲进行 3 次连续采样,取其中至少两次相同的值,以保证接收到的数据位的准确性。

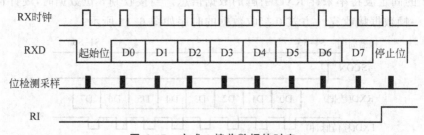

图 6.17　方式 1 接收数据的时序

当一帧数据接收完,必须同时满足以下两个条件,接收才有效。

(1) RI=0,即上一帧数据接收完成时,发出的中断请求已被响应,SBUF 中的数据已被取走,接收 SBUF 已经清空。

(2) SM2=0,或接收到停止位为 1。

若同时满足这两个条件,则收到的数据装入 SBUF,停止位装入 RB8,且把中断标志位 RI 置 1。否则,收到的数据不能装入 SBUF,该帧数据将丢失。因此,以方式 1 接收时,必须先把 RI 清 0。为了提高数据接收的成功率,在串口初始化时,可以把 SM2 清 0。

6.3.3　方式 2

串口工作在方式 2 时,为 9 位异步通信。一帧数据为 11 位,1 位起始位 0,8 位数据位,1 位可程控的第 9 位数据,1 位停止位 1。方式 2 的帧格式如图 6.18 所示。

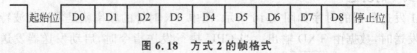

图 6.18　方式 2 的帧格式

1. 方式 2 发送

串口方式 2 发送数据的时序如图 6.19 所示。发送前,根据通信协议,由软件设置串口控制寄存器 SCON 的 TB8。双机通信时,TB8 作为奇偶校验位;多机通信时,TB8 作为地址/数据标志位。当 CPU 执行发送指令时,启动发送器发送。串口自动把 TB8 取出并装入第 9 位,并逐位发送一帧数据。发送完毕,硬件自动把 TI 位置 1。

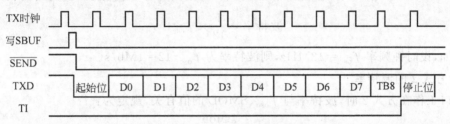

图 6.19　方式 2 发送数据的时序

2. 方式 2 接收

串口方式 2 接收数据的时序如图 6.20 所示。串口以方式 2 接收时,数据由 RXD 端输入。当允许接收控制位 REN 为 1 时,CPU 对 RXD 采样。当 CPU 检测到 RXD 的负跳变并判断起始位有效后,开始接收一帧数据。

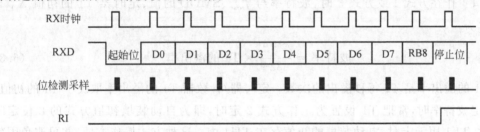

图 6.20　方式 2 接收数据的时序

在一帧数据接收完,须同时满足以下两个条件,接收才有效。

(1) RI=0,即上一帧数据接收完成时,发出的中断请求已被响应,SBUF 中的数据已被取走,接收 SBUF 已经清空。

(2) SM2=0,或接收到停止位为 1。

若同时满足这两个条件,则收到的数据装入 SBUF,第 9 位数据装入 SCON 的 RB8,且把 RI 置 1。否则,接收的信息将被丢弃。因此,方式 2 接收时,必须先把 RI 清 0。为了提高数据接收的成功率,在串口初始化时,可以把 SM2 清 0。

6.3.4　方式 3

串口工作在方式 3 时,为波特率可调的 9 位异步通信方式。除波特率之外,方式 3 的帧格式、发送时序、接收时序都与方式 2 相同。

6.4　串行通信的波特率

6.4.1　波特率的规定

在串行通信时,发送方与接收方的单片机晶振频率可以不相同,但是双方的波特率必须相同。在不同工作方式,串口的波特率不同。串口工作在方式 0、方式 2 时,波特率是固定的；串口工作在方式 1、方式 3 时，波特率由定时器/计数器 T1 的溢出率确定。

1. 方式 0 的波特率

串口工作在方式 0 时，波特率固定，等于单片机晶振频率 f_{osc} 的 1/12，即：

$$波特率 = \frac{1}{12} \times f_{osc} \tag{6.1}$$

例如，设时钟频率 $f_{osc} = 12\text{MHz}$，则波特率为 $f_{osc}/12 = 1\text{Mb/s}$。

2. 方式 2 的波特率

串口工作在方式 2 时，波特率与 f_{osc}、SMOD 的值有关，规定为：

$$波特率 = \frac{2^{SMOD}}{64} \times f_{osc} \tag{6.2}$$

例如，设时钟频率 $f_{osc} = 12\text{MHz}$。若 SMOD=0，则波特率为 187.5Kb/s；若 SMOD=1，则波特率为 375Kb/s。

3. 方式 1 或方式 3 的波特率

串口工作在方式 1 或方式 3 时，波特率与 f_{osc}、SMOD 的值、定时器 T1 的初值 X_0 有关，规定为：

$$波特率 = \frac{2^{SMOD}}{32} \times T1 的溢出率 \tag{6.3}$$

其中，T1 的溢出率是 T1 每秒溢出的次数。定时器/计数器 T1 的溢出率取决于 T1 的初值。实际设定波特率时，常把 T1 设置为工作方式 2 定时，即为自动装填初值方式的 8 位定时器，此时，TL1 用于定时，自动装填的初值存在 TH1 内。这种方式操作方便，并可避免因软件重装初值而带来的定时误差。

设定时器 T1 的初值为 X_0，那么，每过 $256 - X_0$ 个机器周期，定时器溢出一次，因此，T1 的溢出周期为：

$$T1 的溢出周期 = \frac{12}{f_{ocs}} \times (256 - X_0) \tag{6.4}$$

从而得到 T1 的溢出率为：

$$T1 的溢出率 = \frac{f_{ocs}}{12 \times (256 - X_0)} \tag{6.5}$$

由此可得串口工作在方式 1 或方式 3 时的波特率为：

$$波特率 = \frac{2^{SMOD}}{32} \times \frac{f_{osc}}{12 \times (256 - X_0)} \tag{6.6}$$

6.4.2　定时器 T1 初值的计算

串行通信时，在串口工作在方式 1 或方式 3 下，发送方与接收方事先约定通信的波特率。在进行串行通信程序设计时，需要根据通信双方约定的波特率和单片机晶振频率来计算定时器/计数器 T1 的初值 X_0。

例 6.1　若 AT89C51 的晶振频率为 6MHz，选择 T1 为方式 2 定时，作为波特率发生器，波特率为 9600b/s，设 SMOD=1，求 T1 的初值 X_0。

解 把已知条件代入公式(6.6),得：

$$\frac{2^1}{32} \times \frac{6 \times 10^6}{12 \times (256 - X_0)} = 9600$$

计算得 T1 的初值 $X_0 = 252.7 \approx 253 = 0xFD$。

当单片机的晶振频率为 12MHz 或 6MHz 时,对于约定的波特率,如果按照公式(6.6)来计算 T1 的初值 X_0,那么,所得的结果可能是小数,取整后会引起波特率设定偏差。

例如,在例 6.1 中,把 $X_0 = 253$ 代入公式(6.6),得波特率 $= \frac{2}{32} \times \frac{6 \times 10^6}{12 \times (256 - 253)} = 10\ 416b/s$,与 9600b/s 相差 816b/s,相对误差约为 8%。而在串行通信时,当波特率的偏差超过 4% 时,数据传输就很不可靠了,因此必须设法解决这个问题。一般通过调整单片机的晶振频率来消除这个偏差。

例 6.2 若 AT89C51 的晶振频率为 11.0592MHz,选择 T1 为方式 2 定时,作为波特率发生器,波特率为 9600b/s,设 SMOD=0,求 T1 的初值 X_0。

解 把已知条件代入波特率公式,得：

$$\frac{2^0}{32} \times \frac{11.0592 \times 10^6}{12 \times (256 - X_0)} = 9600$$

计算得 T1 的初值 $X_0 = 253 = 0xFD$。

可见,把单片机晶振频率选为 11.0592MHz,就可以使 T1 的初值为整数,从而产生精确的波特率。由此可知,当使用串口进行串行通信时,单片机应该采用频率为 11.0592MHz 的晶振。

为了避免计算 T1 初值的麻烦,把常用波特率和 T1 初值 X_0 之间的关系列成表以供查用。假设单片机的晶振频率为 11.0592MHz,T1 为方式 2 定时,那么常用波特率和 T1 初值之间的关系如表 6.2 所示。其中,标注"—"处无相应的初值。

表 6.2 常用波特率和 T1 初值之间的关系

波特率/(b·s⁻¹)	T1 初值	
	SMOD=0	SMOD=1
57 600	—	0xFF
19 200	—	0xFD
9600	0xFD	0xFA
4800	0xFA	0xF4
2400	0xF4	0xE8
1200	0xE8	0xD0

6.5 串口的应用

AT89C51 串口可以通过外接移位寄存器来扩展并行 I/O 端口,也可以实现 AT89C51 的双机通信、多机通信,还可以实现 AT89C51 与 PC 的双机通信、多机通信。

6.5.1 扩展并行 I/O 端口

串口的工作方式 0 是移位寄存器工作方式,用于扩展并行 I/O 端口。下面举例说明

AT89C51 与 8 位串入并出接口芯片 74LS164、8 位并入串出接口芯片 74LS165 的接口技术。

例 6.3   AT89C51 与 74LS164 的接口电路如图 6.21 所示。使用串口工作方式 0,编程实现单片机发送串行数据到 74LS164,控制 8 个 LED 流水灯显示。

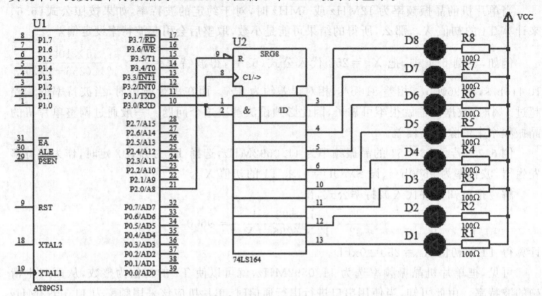

图 6.21   AT89C51 与 74LS164 的接口电路

分析:根据如图 6.21 所示的接口电路,单片机用三根线就可以实现向 74LS164 输出串行数据。单片机的 P2.0 用于对 74LS164 清 0,TXD 引脚向 74LS164 输出移位脉冲,RXD 引脚向 74LS164 输出串行数据。本例采用查询方式输出数据,数据的输出过程如下。

(1) P2.0 发送低电平到 74LS164 的引脚 9,对其清 0。

(2) P2.0 发送高电平,结束清 0;同时,单片机 TXD 引脚输出移位脉冲到 74LS164 的引脚 8,数据逐位地从单片机 RXD 端送到 74LS164 的引脚 1。

(3) 串口发送完一帧数据后,中断标志 TI 自动置 1。

(4) 数据输出后,如果需要继续输出数据,用软件把 TI 清 0。

解   根据上面的分析,得到控制程序如下。

```
#include<reg51.h>
#define uchar unsigned char
sbit P2_0 = P2^0;
uchar Tab[ ] = {0xFE,0xFD,0xFB,0xF7,0xEF,0xDF,0xBF,0x7F};   //流水灯编码

void delay(void)
{
  int m,n;
  for(m = 0;m < 300;m++)
    for(n = 0;n < 300;n++);
}

/* 发送字节函数 */
void Sendchar(uchar dat)
```

```
{
  uchar i = 10;
  P2_0 = 0;                  //对 74LS164 清 0
  while(i--);                //延时,保证清 0 完成
  P2_0 = 1;                  //结束清 0
  SBUF = dat;                //将字节写入发送缓冲器发送
  while(!TI);                //查询方式,等待发送完成
  TI = 0;                    //TI 清 0,为下次发送做准备
}

int main(void)
{
  uchar i;
  SCON = 0x00;               //串口工作方式 0,不允许接收数据
  while(1)
  {
    for(i = 0;i < 8;i++)
    {
      Sendchar(Tab[i]);      //发送流水灯的编码数据
      delay();               //延时
    }
  }
}
```

例 6.4　AT89C51 与 74LS165 的接口电路如图 6.22 所示。使用串口工作方式 0,编程实现单片机从 74LS165 读取 8 位开关状态,并送 P1 上的 8 个 LED 显示。

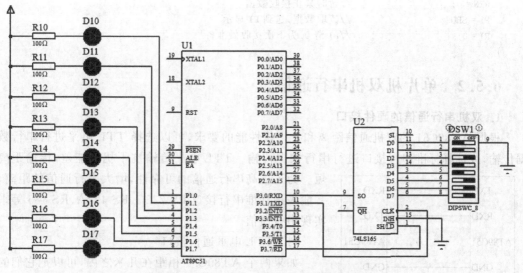

图 6.22　AT89C51 与 74LS165 的接口电路

分析:根据如图 6.22 所示的接口电路,单片机用三根导线就可以实现从 74LS165 输入串行数据。单片机的 TXD 引脚向 74LS165 输出移位脉冲,RXD 引脚接收来自 74LS165 的数据,P3.7 用于锁存 74LS165 的数据。本例采用中断方式接收数据,数据的输入过程如下。

(1) P3.7 发送低电平到 74LS165 的 SH/LD,74LS165 锁存由 D0～D7 输入的 8 位数据。

(2) P3.7 发送高电平,74LS165 向单片机传送串行数据;同时,单片机 TXD 引脚输出移位脉冲到 74LS165 的 CLK 端,数据逐位地从 RXD 端送到单片机。

（3）串口接收到一帧数据后，中断标志 RI 自动置 1，申请中断。

（4）当单片机读出接收缓冲区的数据后，如果需要继续接收数据，用软件把 RI 清 0。

解　根据上面的分析，得到控制程序如下。

```c
# include < reg51.h>
sbit P3_7 = P3^7;

int main(void)
{
  EA = 1;                   //开总中断
  ES = 1;                   //开串行中断
  SCON = 0x10;              //设置串口工作方式 0,允许接收数据
  while(1)
  {
    P3_7 = 0;               //锁存数据
    P3_7 = 1;               //传送数据
    REN = 1;                //允许接收数据
    while(REN);             //等待传送完成
  }
}

/ * 串行中断服务函数 * /
void Receive() interrupt 4
{
  REN = 0;                  //暂时禁止接收数据
  P1 = SBUF;                //读取数据,送到 P1 显示
  RI = 0;                   //RI 清 0,为下次接收做准备
}
```

6.5.2　单片机双机串行通信

1. 双机串行通信的硬件接口

根据 AT89C51 的双机通信距离和抗干扰性能的要求，可以选择 TTL 电平进行串行数据传输，或选择标准串行接口进行串行数据传输。TTL 电平传输抗干扰性能差，传输距离短。为了提高串行通信的可靠性，增大串行通信的距离，一般采用标准串行接口 RS-232C、RS-422A、RS-485 等来实现串行通信。

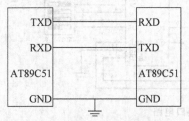

图 6.23　用 TTL 电平传输实现双机通信的接口电路

（1）TTL 电平通信接口

如果两个 AT89C51 相距在几米之内，可以把它们的串口直接相连，用 TTL 电平传输方法来实现双机通信。用 TTL 电平传输实现双机通信的接口电路如图 6.23 所示。

（2）RS-232C 双机通信接口

利用 RS-232C 标准接口可以实现 30m 之内的双机通信。用 RS-232C 标准接口实现双机通信的接口电路如图 6.24 所示。图中的 MAX232A 是美国 MAXIM 公司生产的 RS-232C 双工发送器/接收器电路芯片，可以实现 TTL 电平与 RS-232 电平的相互转换。

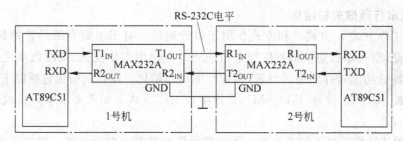

图 6.24 用 RS-232C 标准接口实现双机通信的接口电路

（3）RS-422A 双机通信接口

为了增加通信距离，可以在通信线路上采用光电隔离方法，利用 RS-422A 标准接口进行双机通信，最大传输距离可达 1200m。用 RS-422A 标准接口实现双机通信的接口电路如图 6.25 所示。图中的 SN75174 是 TTL 电平到 RS-232 电平的电平转换芯片，SN75175 是 RS-232 电平到 TTL 电平的电平转换芯片。

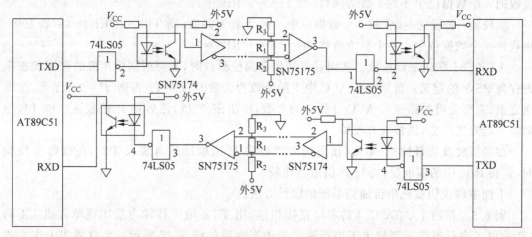

图 6.25 用 RS-422A 标准接口实现双机通信的接口电路

（4）RS-485 双机通信接口

RS-422A 双机通信需要四芯传输线，不适合长距离通信。在长距离通信场合，通常采用双绞线传输的 RS-485 串行通信接口。RS-485 以双向、半双工的方式来实现双机通信，最大传输距离可达 1200m。用 RS-485 标准接口实现双机通信的接口电路如图 6.26 所示。SN75176 是美国 TI 公司生产的总线收发器，内部集成了一个差分驱动器和一个差分接收器，可以实现 TTL 电平与 RS-485 电平的相互转换。用 P1.0 来控制 SN75176 的发送门和接收门。

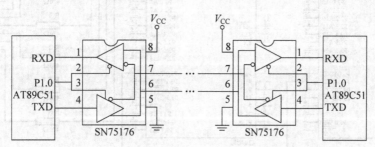

图 6.26 用 RS-485 标准接口实现双机通信的接口电路

2. 双机串行通信的初始化

串口的工作方式 1、方式 2 和方式 3 用于串行通信。对于上面介绍的各种标准的串行通信接口电路,双机串行通信的程序都是相同的。在使用串口发送、接收数据之前,需要对串口的相关特殊功能寄存器进行设置,即进行串口初始化。串口初始化包括以下几个方面。

(1) 设置 SCON。设置 SM0、SM1,选择串口工作方式。如果要求串口接收数据,必须设置 REN=1。

(2) 设置波特率。对于方式 0 和 2,不需要设置波特率。对于方式 1 和方式 3,设置定时器/计数器 T1 为工作方式 2,根据收发双方约定的波特率,查表 6.2,得 T1 的初值 TH1、TL1。

(3) 如果使用中断方式收、发数据,必须开总中断和串行通信中断。

3. 奇偶校验

方式 0 和方式 1 不需要奇偶校验;方式 2 和方式 3 需要进行奇偶校验。

奇校验:若发送/接收的 8 个数据位中 1 的个数为奇数,则 TB8=0/RB8=0;若发送/接收的 8 个数据位中 1 的个数为偶数,则 TB8=1/RB8=1。

偶校验:若发送/接收的 8 个数据位中 1 的个数为偶数,则 TB8=0/RB8=0;若发送/接收的 8 个数据位中 1 的个数为奇数,则 TB8=1/RB8=1。

AT89C51 默认是偶校验。在用软件产生奇偶校验位时,需要根据单片机的程序状态字寄存器 PSW 的定义:当累加器 ACC 中 1 的个数为奇数时,$P=1$;否则,$P=0$。因此,在发送之前,需要先将数据送入 ACC 计算 1 的个数,以决定 P 值,然后将 P 值装入 TB8 位,与数据一起发送出去,供接收方校验。

如果需要改成奇校验,那么,在发送方需要将 P 值取反后再装入 TB8,在接收方校验时,需将 RB8 中的值取反,再与 P 值进行比较。

下面举例说明双机串行通信系统的设计方法。

例 6.5 把两个 AT89C51 的串口直接相连,用 TTL 电平传输方法实现单片机 U1 向 U2 的单工串行通信。双机单工串行通信的仿真电路如图 6.27 所示。串口采用工作方式 1,U1 通过 TXD 将数码管段码发送至 U2 的 RXD,U2 用收到的段码控制连接在 P0 的共阳极数码管,循环显示数字 0~9。

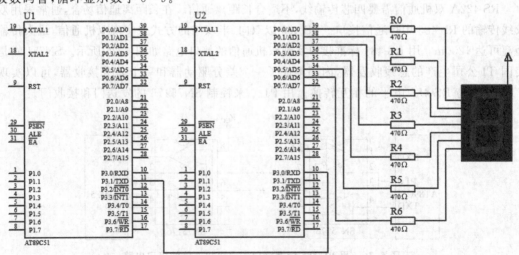

图 6.27 双机单工串行通信的仿真电路

分析：(1) 本例的仿真电路原理图比较简单，因此，设计的重点是软件系统设计。

(2) 单片机 U1 与 U2 都要编程控制程序，U1 的程序用于发送数据，U2 的程序用于接收数据。在系统仿真之前，单片机 U1 加载 U1 的程序，U2 加载 U2 的程序。

(3) 串口采用工作方式 1 进行串行通信，因此，设置 SCON=0100 0000B。

(4) 设置 PCON=0000 0000B，其中，SMOD=0，波特率不加倍。

(5) T1 工作在方式 2 定时，作为波特率发生器，因此，设置 TMOD=0010 0000B。

(6) 假设 U1 与 U2 的晶振频率都是 11.0592MHz，通信双方约定波特率为 9600b/s，查表 6.2，得 TL1 与 TH1 的初值为 0xFD。

解　根据上面的分析，采用查询方式，双机单工串行通信的控制程序如下。

(1) U1 的数据发送程序。

```c
# include < reg51.h>
unsigned char led[ ] = {0xC0,0xF9,0xA4,0xB0,0x99,0x92,0x82,0xF8,0x80,0x90};

/ * 发送数据函数 * /
void Sendchar(unsigned char dat)
{
    SBUF = dat;                //把数据送到发送缓冲区
    while(!TI);                //等待数据发送完毕
    TI = 0;                    //TI 清 0,为下次发送做准备
}

int main(void)
{
    unsigned char i;
    unsigned int n;
    SCON = 0x40;               //SCON = 0100 0000B,串口工作方式 1
    PCON = 0x00;               //SMOD = 0,波特率不加倍
    TMOD = 0x20;               //TMOD = 0010 0000B,T1 工作方式 2,定时
    TH1 = 0xFD;                //T1 装填初值,波特率 9600b/s
    TL1 = 0xFD;
    TR1 = 1;                   //启动 T1
    while(1)
    {
        for(i = 0;i < 10;i++)
        {
            Sendchar(led[i]);        //发送数据
            for(n = 0;n < 50000;n++); //延时一段时间再发送
        }
    }
}
```

(2) U2 的数据接收程序。

```c
# include < reg51.h>

/ * 接收数据函数 * /
unsigned char Receivechar(void)
{
    unsigned char dat;
    while(!RI);                //等待接收完毕
    RI = 0;                    //RI 清 0,为下次接收做准备
```

```
    dat = SBUF;                     //从接收缓冲区取走数据
    return dat;
}

int main(void)
{
    SCON = 0x50;                    //SCON = 0101 0000B,串口工作方式 1,允许接收
    PCON = 0x00;                    //SMOD = 0,波特率不加倍
    TMOD = 0x20;                    //T1 工作方式 2,定时
    TH1 = 0xFD;                     //T1 装填初值,波特率 9600b/s
    TL1 = 0xFD;
    TR1 = 1;                        //启动 T1
    while(1)
    {
        P0 = Receivechar();         //数据送数码管显示
    }
}
```

例 6.6　根据如图 6.27 所示的仿真电路,编程实现如下功能:单片机 U1 通过 TXD 以工作方式 3 将共阳极数码管的段码发送至单片机 U2 的 RXD,U2 根据段码控制连接在 P0 的数码管,循环显示数字 0~9。

分析:本例与例 6.5 的功能相同,不同之处是,串口的工作方式 3 带奇偶校验,通信更加可靠。AT89C51 的程序状态字寄存器 PSW 中的奇偶校验位 P 定义为:当 ACC 中 1 的个数为奇数时,$P=1$;否则,$P=0$。

对于发送方来说,首先把数据送入累加器 ACC,计算 ACC 中 1 的个数,以确定 P 值;然后把 P 值装入 SCON 的 TB8 位;发送时,把 TB8 位的值装入第 9 位,与 8 位数据一起发送出去。

对于接收方来说,把接收的第 9 位装入己方 SCON 的 RB8 位。在校验之前,先把接收到的 8 位数据送入 ACC,计算 ACC 中 1 的个数,以确定 P 值;然后,把 P 值与 RB8 位比较,校验所接收的数据是否有效。如果数据无效,数码管不显示。

解　根据上面的分析,采用查询方式,双机单工串行通信的程序如下。

(1) U1 数据发送程序。

```
# include < reg51. h>
unsigned char led[ ] = {0xC0,0xF9,0xA4,0xB0,0x99,0x92,0x82,0xF8,0x80,0x90};

void Sendchar(unsigned char dat)
{
    ACC = dat;                      //数据装入累加器,计算 P 的值
    TB8 = P;                        //P 值装入校验位 TB8
    SBUF = dat;                     //数据发送,串口自动将校验位装入
    while(!TI);
    TI = 0;                         //TI 清 0,为下次发送做准备
}

int main(void)
{
    unsigned char i;
    unsigned int n;
    SCON = 0xC0;                    //SCON = 1100 0000B,串口工作方式 3
```

```
  PCON = 0x00;                    //SMOD = 0,波特率不加倍
  TMOD = 0x20;                    //T1 工作方式 2,定时
  TH1 = 0xFD;                     //T1 装填初值,波特率 9600b/s
  TL1 = 0xFD;
  TR1 = 1;                        //启动 T1
  while(1)
  {
    for(i = 0;i < 10;i++)
    {
      Sendchar(led[i]);          //发送数据
      for(n = 0;n < 50000;n++);   //延时一段时间再发送
    }
  }
}
```

(2) U2 数据接收程序。

```
#include < reg51.h >

unsigned char Receivechar(void)
{
  unsigned char dat;
  while(!RI);                     //等待接收完毕
  RI = 0;                         //RI 清 0,为下次接收做准备
  ACC = SBUF;                     //数据送累加器,计算 P 的值
  if(RB8 == P)                    //校验,奇偶性与发送的数据相同,数据有效
  {
    dat = ACC;
    return dat;
  }
  else                            //奇偶性与发送的数据不同,数据无效
  return 0xFF;                    //数码管不显示
}


int main(void)
{
  SCON = 0xD0;                    //SCON = 1101 0000B,串口工作方式 3,允许接收
  PCON = 0x00;                    //SMOD = 0,波特率不加倍
  TMOD = 0x20;                    //T1 工作方式 2,定时
  TH1 = 0xFD;                     //T1 装填初值,波特率 9600b/s
  TL1 = 0xFD;
  TR1 = 1;                        //启动 T1
  while(1)
  {
    P0 = Receivechar();           //数据显示
  }
}
```

例 6.7　双机全双工串行通信的仿真电路如图 6.28 所示,单片机 U1 和 U2 利用串口工作方式 1 进行全双工串行通信。编程实现如下功能:U1 读取连接在其 P2 的 8 位开关状态,通过 TXD 把 8 位开关的状态值发送到 U2 的 RXD,U2 根据接收到的数值,控制连接在其 P1 的 LED;同理,U2 读取连接在其 P2 的 8 位开关状态,通过 TXD 把 8 位开关的状态值发送到 U1 的 RXD,U1 根据接收到的数值,控制连接在其 P1 的 LED。

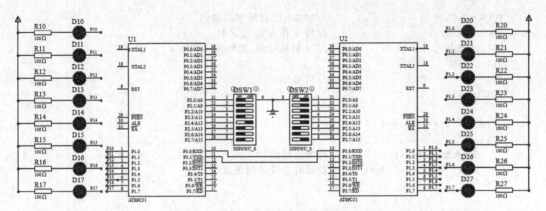

图 6.28　双机全双工串行通信的仿真电路

分析：所谓全双工串行通信，是指收发双方可以同时进行发送和接收数据，因此，两个单片机的控制程序完全相同。

解　采用查询方式，双机全双工串行通信的程序如下。

```c
#include <reg51.h>

int main(void)
{
    unsigned char key_8;        //8 位开关状态变量
    unsigned char led;          //LED 控制信号变量
    SCON = 0x50;                //SCON = 0101 0000B,串口工作方式 1,允许接收
    PCON = 0x00;                //SMOD = 0,波特率不加倍
    TMOD = 0x20;                //T1 工作方式 2,定时
    TH1 = 0xFD;                 //T1 装填初值,波特率 9600b/s
    TL1 = 0xFD;
    TR1 = 1;                    //启动 T1
    while(1)
    {
        key_8 = P2;             //保存 8 位开关的状态值
        SBUF = key_8;           //发送 8 位开关的状态值
        while(!TI);             //等待数据发送完毕
        TI = 0;                 //TI 清 0,为下次发送做准备
        if(RI)                  //RI = 1,表示有数据到来
        {
            led = SBUF;         //接收数据
            P1 = led;           //控制连接在 P1 上的 LED
            RI = 0;             //RI 清 0,为下次接收做准备
        }
    }
}
```

注意：在例 6.5～例 6.7 中，两个单片机距离很近，可以把 U1 的 TXD 与 U2 的 RXD 直接相连，用 TTL 电平进行串行通信。如果两个单片机距离较远，可以添加 RS-232C 电平转换芯片 MAX232A，并连接 RS-232C 标准接口；如果两个单片机的距离超过 30m，可以考虑添加电平转换芯片 RS-442A 或 RS-485，并连接相应的标准接口。

习题

一、选择题

1. 下列对 SCON 的描述中,错误的是_____。
   - A. 当 REN＝1 时,禁止串口接收数据
   - B. 在方式 0 时,SM2 必须为 0
   - C. TI＝1,表示一帧数据发送结束
   - D. RI 位必须用软件清 0

2. AT89C51 共有_____个串行口。
   - A. 1
   - B. 2
   - C. 3
   - D. 4

3. AT89C51 的串口控制寄存器是_____。
   - A. SMOD
   - B. SCON
   - C. SBUF
   - D. PCON

4. AT89C51 串口发送数据和接收数据的端口是_____。
   - A. TXD 和 RXD
   - B. TI 和 RI
   - C. TB8 和 RB8
   - D. REN

5. AT89C51 串口发送的工作过程是:当串口发送完一帧数据时,将 SCON 中的_____,向 CPU 申请中断。
   - A. RI 清 0
   - B. TI 清 0
   - C. RI 置 1
   - D. TI 置 1

6. 在工作方式 0 下,串行口发送中断标志 TI 的特点是_____。
   - A. 发送数据前 TI＝1
   - B. 发送数据时 TI＝1
   - C. 发送数据后 TI＝1
   - D. 发送数据后 TI＝0

7. 在 AT89C51 中,利用串口进行并口扩展时应该采用工作_____。
   - A. 方式 0
   - B. 方式 1
   - C. 方式 2
   - D. 方式 3

8. 以下所列的特点,不属于串口工作方式 0 的是_____。
   - A. 波特率固定,等于时钟频率的 1/12
   - B. 是 8 位移位寄存器
   - C. 在通信时,必须设置定时器 T1 的初值
   - D. TI 和 RI 标志位必须由用户用软件清 0

9. 串口工作方式 0 为同步移位寄存器输入/输出方式,一次传送_____字符。
   - A. 1 个
   - B. 1 帧
   - C. 10 个
   - D. 11 个

10. AT89C51 串口工作方式 1 的波特率是_____。
   - A. 固定的,为 $f_{osc}/12$
   - B. 固定的,为 $f_{osc}/32$
   - C. 固定的,为 $f_{osc}/64$
   - D. 可变的,用 T1 的初值设定

11. AT89C51 采用可变波特率的串行通信的工方式为_____。
   - A. 方式 0 和方式 2
   - B. 方式 1 和方式 3
   - C. 方式 0 和方式 3
   - D. 方式 2 和方式 3

12. 设串口为工作方式 1,单片机的晶振频率为 11.0592MHz,波特率为 9600b/s,SMOD＝1,定时器 T1 为工作方式 2,则 T1 的计数初值为_____。
   - A. 0xFD
   - B. 0xFA
   - C. 0xF3
   - D. 0xF4

二、填空题

1. 串行通信可以分成_____通信和_____通信两类。

2．P3.0 的第二功能为串行数据的_____端，P3.1 的第二功能为串行数据的_____端。

3．按照数据传送的方向，串行通信可分为_____、_____和_____三种。

4．虽然 AT89C51 有两个物理上独立的接收缓冲器 SBUF 和发送缓冲器 SBUF，但是，它们_____，因此，发送与接收不能同时进行。

5．在单片机应用系统中，单片机与外设之间的通信主要采用_____方式。

6．帧格式为 1 个起始位、8 个数据位和 1 个停止位的异步串行通信方式是_____。

7．在串行通信中，收发双方的波特率必须_____。

8．若串口每秒传送 120 个字符，每个字符 10 位，则波特率是_____b/s。

9．在 AT89C51 串口异步通信中，若采用工作方式 2，串口每秒传送 250 个字符，则对应波特率为_____b/s。

10．AT89C51 的串行控制寄存器中有两个中断标志位，分别是_____和_____。

11．若单片机采用 12MHz 的晶体振荡器，采用工作方式 0 进行串行通信，则波特率为_____b/s。

12．串行通信可以由_____或_____引起中断。

13．当程序完成一帧数据的接收，向 CPU 申请中断时，串行中断标志位_____将被系统设置为_____。当该中断得到响应后，串行中断标志位的状态为_____。

14．采用串入并出接口芯片 74LS164、并入串出接口芯片 74LS165，可以节约单片机的_____。

三、简答题

1．简述串行通信的特点。

2．在异步串行通信中，接收方是如何知道发送方开始发送数据的？

3．为什么 AT89C51 串口的方式 0 帧格式没有起始位(0)和停止位(1)？

4．当定时器/计数器 T1 用作串口波特率发生器时，为什么常采用工作方式 2？

5．设串口的工作方式为方式 1 或方式 3，定时器 T1 为工作方式 2。如果已知单片机的晶振频率、通信波特率，如何计算定时器 T1 的初值？

6．AT89C51 串口传送数据的帧格式由 1 个起始位(0)、7 个数据位、1 个偶校验和 1 个停止位(1)组成。设该串口每分钟传送 1800 个字符，试计算波特率。

7．直接以 TTL 电平串行传输数据的方式有什么缺点？

四、论述题

串口有几种工作方式？有几种帧格式？各种工作方式的波特率如何确定？

五、程序设计题

1．设单片机晶振频率为 11.0592MHz，串口工作方式 1，波特率为 9600b/s，用定时器 T1 作为波特率发生器，工作方式 2。试编写初始化程序。

2．设计两个单片机 U1、U2 的单工串行通信仿真系统，串口工作方式 1。编程实现如下功能：U1 将数码管 1、2、3、4 共 4 个数字的段码循环发送至 U2，并由 U2 控制其 P1 上的数码管进行显示。

第7章
CHAPTER 7 | ## AT89C51 的人机交互

本章介绍键盘的工作原理,数码管、点阵 LED、LCD 的显示原理,AT89C51 连接键盘、数码管、点阵 LED、LCD 等输入/输出设备的方法。通过本章的学习,应该达到以下目标。

(1) 理解键盘的工作原理,以及数码管、点阵 LED、LCD 的显示原理。

(2) 掌握 AT89C51 与键盘、数码管、点阵 LED、LCD 的接口技术。

7.1 键盘

7.1.1 键盘的工作原理

键盘是一组按键的集合,是单片机应用系统中最常用的输入设备,用户通过键盘向 CPU 输入数据或命令,以实现简单的人机交互。

根据按键识别方式,键盘可以分为编码键盘和非编码键盘。编码键盘用 2376、74C922 等专用芯片来识别按键,芯片对按键产生相应代码。编码键盘使用方便,但是价格较高。在设计单片机应用系统时,一般不采用编码键盘。非编码键盘靠软件来识别按键。非编码键盘结构简单、价格便宜、应用灵活,但是,需要编写相应的键盘管理程序。在设计单片机应用系统时,普遍采用非编码键盘。

1. 按键操作与识别

假设一个按键的一端连接单片机的 P1.0 引脚,另一端接地,那么,在按键"断开—闭合—断开"的过程中,P1.0 引脚输出电压的波形如图 7.1 所示。

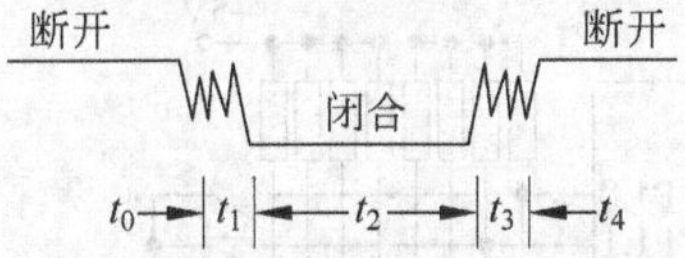

图 7.1 按键操作时 P1.0 引脚输出电压的波形

在图 7.1 中,t_0、t_4 是断开期;t_1、t_3 分别是按键开关在"断开—闭合""闭合—断开"过程中的抖动期,呈现一串脉冲,抖动持续时间的长短与按键的机械特性及用户的操作有关,一般为 5~10ms;t_2 为稳定的闭合期,时间的长短由按键动作决定。

从图 7.1 可以看出,在 P1.0 引脚电平的稳定期,通过检测 P1.0 引脚的电平,便可确认按键是否按下。若 P1.0 引脚输出为高电平,则按键未按下;若 P1.0 引脚输出为低电平,则按键按下。而在 P1.0 引脚电平的抖动期,情况就比较复杂了。由于在不同的采样时刻得到的检测结果可能不同,就会引起误判,因此,在检测 P1.0 引脚的电平时,要避开电平的抖动期。

2. 消除按键抖动

如图 7.1 所示,一个按键的按下或释放,需要经过一个过程才能达到稳定,在这个过程中,电压输出处于高低电平之间的一种不稳定状态,称为按键抖动。按键抖动会影响按键识别的准确性。为了准确判断一个按键的按下或释放,应该采取措施,消除按键抖动。

可以用两种方法来消除按键抖动。一种方法是利用硬件来实现,例如,电阻、电容滤波电路就是一种比较简单、实用的方法。在键盘按键较少的情况下,利用硬件来消除按键抖动是可行的。例如,单片机的复位电路一般就是用这种方法来消除按键抖动。但是,如果键盘按键较多,这种方法会加大电路的复杂性,增加成本,降低硬件系统的鲁棒性。另一种方法是利用软件来实现。当检测到有键按下,即检测到按键对应的引脚为低电平时,用软件延时 10ms,再次检测该引脚的电平,若引脚仍为低电平,则确认该键按下。当检测到按键被释放,即检测到键对应的引脚为高电平时,用软件延时 10ms,再次检测该引脚的电平,若该引脚仍为高电平,则确认该键已被释放。采取以上措施,可以避开引脚电平的抖动期,从而消除抖动期的影响。

7.1.2 键盘接口

常用的键盘接口有独立式键盘接口和行列式键盘接口。

1. 独立式键盘接口

独立式键盘就是各个键相互独立,每个按键各自连接到一个 I/O 口,通过检测 I/O 口的电平,判断这个键是否被按下。CPU 识别按键有定时查询和外部中断捕捉两种方式。

(1) 定时查询方式。图 7.2 为定时查询方式的独立式键盘的并行接口电路。按键直接与单片机的 I/O 口相连,通过查询各个 I/O 口的电平,可以识别按下的按键。在这种方式中,利用单片机的定时器,产生固定时间的定时中断,单片机响应定时器的中断请求,对键盘进行扫描。在有按键按下时,识别出该键,并执行该按键的处理程序。

(2) 外部中断捕捉方式。图 7.3 为外部中断方式的独立式键盘的并行接口电路。当有按键按下时,与门输出低电平,产生外部中断信号,向单片机发出中断请求。在中断服务函数中,对按下的按键进行识别,并执行该按键的处理程序。

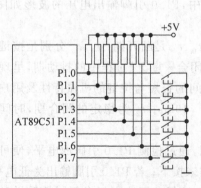

图 7.2　查询方式的独立式键盘的接口电路

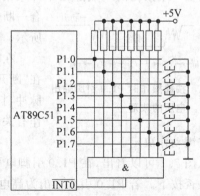

图 7.3　中断方式的独立式键盘的接口电路

　　独立式键盘的接口电路结构简单,设计方便,按键识别的程序设计容易,但是,每个按键都要占用一个 I/O 口,只适合于按键数目较少或对按键响应速度要求较高的场合。如果按键较多,又不希望占用很多单片机 I/O 口,可以采用串改并扩展方案,通过 I/O 接口芯片82C55、81C55 等,扩展更多的并行 I/O 端口,并用扩展的并行 I/O 端口作为独立式键盘的接口,如图 7.4 所示。

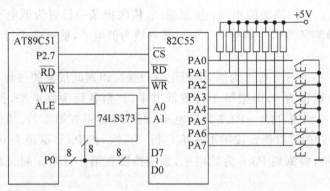

图 7.4　用扩展的并行 I/O 端口作为独立式键盘的接口

2. 行列式键盘接口

　　行列式键盘由行线和列线组成,按键位于行线、列线的交叉点上,一个 4 行 4 列的结构就可以构成一个 16 个按键的键盘。行列式键盘的结构如图 7.5 所示,把 4 条行线的一端连接到单片机的 P3.0～P3.3,4 条列线的一端连接到单片机的 P3.4～P3.7,此时,只需 8 个I/O 口。当按键数目较多时,行列式键盘比独立式键盘节省 I/O 口。

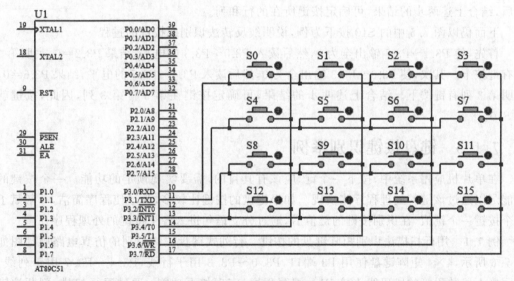

图 7.5　行列式键盘的结构

　　下面介绍行列式键盘识别按键的方法。这里只介绍识别一个按键的方法,这是因为,虽然我们可能认为同时按下了两个键或多个键,但是,单片机却可以清楚地判别两个键或多个键被按下的时刻,即在某个时刻,单片机判断只有一个键被按下。

　　一般情况下,在识别按键之前,需要判断有无键按下,只有确定有键按下,才需要具体确定按键的位置。判断有无键按下的步骤：首先把所有行线的电平都置为 0,然后检测各个列线的电平。若所有列线都为高电平,则无键按下；否则,有键按下。

在确定有键按下的情况下,再确定按键的位置。由于行线、列线为多键共用,各个按键相互影响,因此,必须将行线、列线信号配合起来,并做适当的处理,才能确定按键的位置。识别按键的方法有行扫描法和线反转法。

(1) 行扫描法。行扫描法的步骤：按照顺序,依次把某一行置为低电平,其余各行为高电平,扫描该行,检测各条列线的电平。如果某列线为低电平,就可确定行、列交叉点处的按键被按下。

下面以图 7.5 中的 S10 按下为例,说明用行扫描法识别此按键的过程。

首先,把 P3.0 赋值为 0,即把第 1 行置低电平,其余各行为高电平,扫描第 1 行,读出 P3.4～P3.7 的值,检测到 P3.4～P3.7 为高电平,表明按键不在第 1 行。其次,把 P3.1 赋值为 0,扫描第 2 行,同理可以确定按键不在第 2 行。再次,把 P3.2 赋值为 0,扫描第 3 行,读出 P3.4～P3.7 的值,检测到 P3.6 为低电平,表明按键在第 3 行第 3 列。最后,确定按键就是 S10。

行扫描法要逐行扫描检测,若按键处在后面的某行,则要经过多次扫描才能确定按键的位置,效率不高。下面介绍的线反转法则简单得多,不论按键处在第一行还是最后一行,只需经过两步就能确定按键所在的行和列。

(2) 线反转法。线反转法的步骤：首先,把列线编程为输出线,行线编程为输入线,并使列线输出全为 0,则行线中电平由高变低的行即为按键所在行。其次,把行线编程为输出线,列线编程为输入线,并使行线输出全为 0,则列线中电平由高变低的列即为按键所在列。最后,结合上述两步的结果,可确定按键所在的行和列。

下面仍以图 7.5 中的 S10 按下为例,说明线反转法识别此按键的过程。

首先,使 P3.4～P3.7 输出全为 0,然后读入 P3.0～P3.3 的电平,结果 P3.2=0,表明第 3 行有键按下。其次,使 P3.0～P3.3 输出全为 0,然后读入 P3.4～P3.7 的电平,结果 P3.6=0,表明第 3 列有键按下。结合上述两步的结果,可确定按键在第 3 行第 3 列,因此,按键就是 S10。

7.1.3　键盘按键识别举例

在单片机应用系统中,按下一个键,应该有其目的,需要实现预定的功能。一个按键的功能可以通过该键的处理程序来实现。如果键盘的按键比较多,为了使程序简洁,一般赋予每个按键一个键值,在识别按键的键值后,通过分支语句进入各个按键的处理程序。

例 7.1　用行扫描法识别矩阵键盘的按键。行列式键盘按键识别的仿真电路原理图如图 7.6 所示,4×4 矩阵键盘使用 P3 端口,P3.0～P3.3 用于行线,P3.4～P3.7 用于列线。共阴极七段数码管的段码线连接 P1。编写程序,实现如下功能：通过逐行扫描,判断按键的键值,并用数码管显示键值。

分析：本例在主函数中用行扫描法识别按键值,程序说明如下。

(1) 逐行进行扫描,通过读取各条列线的值,判断有没有键按下。

(2) 在初步判断有键按下的情况下,延时 10ms 左右,进行按键消抖。

(3) 在确定有键按下的情况下,确定键值。

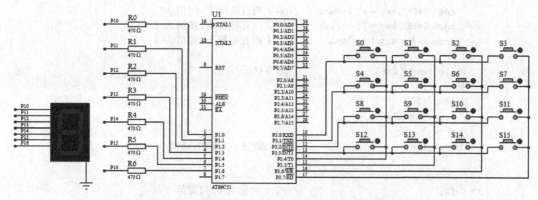

图 7.6　行列式键盘按键识别的仿真电路原理图

（4）为了防止一次按键时间过长而被多次处理，需要等待按键松开后，才把键值送数码
管显示。

解　用行扫描法识别行列式键盘按键的程序如下。

```c
# include < reg51.h>
typedef unsigned char uchar;
uchar i, j, k, temp, key;
uchar code table[] = {0x3f, 0x06, 0x5b, 0x4f, 0x66, 0x6d, 0x7d, 0x07, 0x7f, 0x6f, 0x77,
                      0x7c, 0x39, 0x5e, 0x79, 0x71};     //0~9, A~F 的共阴极段码

void delay(uchar i)
{
  for(j = i;j > 0;j -- )
    for(k = 125;k > 0;k -- );
}

/* 数码管显示函数 */
void display(uchar num)
{
  P1 = table[num];                      //输出数码管段码
  delay(50);
}

int main()
{
  while(1)
  {
    P3 = 0xFE;                          //P3.0 赋值为 0,扫描第 1 行
    temp = P3;                          //读出 P3 的值,检查 P3 的高 4 位是否有变化
    temp = temp&0xF0;                   //提取 P3 的高 4 位
    if(temp!= 0xF0)                     //初步判断有键按下
    {
      delay(10);                        //按键消抖
      if(temp!= 0xF0)                   //确定有键按下
      {
        temp = P3;
        switch(temp)
        {
          case 0xEE: key = 0; break;    //第 1 列有键按下,键值为 0
```

```
        case 0xDE: key = 1; break;        //第 2 列有键按下,键值为 1
        case 0xBE: key = 2; break;        //第 3 列有键按下,键值为 2
        case 0x7E: key = 3; break;        //第 4 列有键按下,键值为 3
      }
      while(temp!= 0xF0)                   //等待松开按键
      {
        temp = P3;
        temp = temp&0xF0;
      }
      display(key);                        //数码管显示按键的键值
    }
  }
P3 = 0xFD;                                  //P3.1 赋值为 0,扫描第 2 行
temp = P3;                                  //读出 P3 的值,检查 P3 的高 4 位是否有变化
temp = temp&0xF0;
if(temp!= 0xF0)
{
  delay(10);                               //按键消抖
  if(temp!= 0xF0)
  {
    temp = P3;
    switch(temp)
    {
      case 0xED: key = 4; break;          //第 1 列有键按下,键值为 4
      case 0xDD: key = 5; break;          //第 2 列有键按下,键值为 5
      case 0xBD: key = 6; break;          //第 3 列有键按下,键值为 6
      case 0x7D: key = 7; break;          //第 4 列有键按下,键值为 7
    }
    while(temp!= 0xF0)
    {
      temp = P3;
      temp = temp&0xF0;
    }
    display(key);
  }
}
P3 = 0xFB;                                  //P3.2 赋值为 0,扫描第 3 行
temp = P3;                                  //读出 P3 的值,检查 P3 的高 4 位是否有变化
temp = temp&0xF0;
if(temp!= 0xF0)
{
  delay(10);                               //按键消抖
  if(temp!= 0xF0)
  {
    temp = P3;
    switch(temp)
    {
      case 0xEB: key = 8; break;          //第 1 列有键按下,键值为 8
      case 0xDB: key = 9; break;          //第 2 列有键按下,键值为 9
      case 0xBB: key = 10; break;         //第 3 列有键按下,键值为 10
      case 0x7B: key = 11; break;         //第 4 列有键按下,键值为 11
    }
    while(temp!= 0xF0)
    {
```

```
        temp = P3;
        temp = temp&0xF0;
      }
      display(key);
    }
  }
  P3 = 0xF7;                  //P3.3 赋值为 0,扫描第 4 行
  temp = P3;                  //读出 P3 的值,检查 P3 的高 4 位是否有变化
  temp = temp&0xF0;
  if(temp!= 0xF0)
  {
    delay(10);               //按键消抖
    if(temp!= 0xF0)
    {
      temp = P3;
      switch(temp)
      {
        case 0xE7: key = 12; break;   //第 1 列有键按下,键值为 12
        case 0xD7: key = 13; break;   //第 2 列有键按下,键值为 13
        case 0xB7: key = 14; break;   //第 3 列有键按下,键值为 14
        case 0x77: key = 15; break;   //第 4 列有键按下,键值为 15
      }
      while(temp!= 0xF0)
      {
        temp = P3;
        temp = temp&0xF0;
      }
      display(key);
    }
  }
}
```

说明:用行扫描法识别矩阵键盘按键程序的执行过程如下。

(1) 把 P3.0 赋值为 0,扫描第 1 行,读出 P3 的值,检查 P3 的高 4 位是否有变化。

(2) 如果第 1 行有某个按键按下,那么高 4 位中的某一位会接收到 P3.0 发过来的低电平而被拉低,P3 高 4 位就不再是 1111 了。从高 4 位被拉低的 I/O 口可以判断出按键的所在的列。根据按键的行号和列号,就可以确定按键的键值。

(3) 如果第 1 行没有按键按下,那么高 4 位没有变化,接着把 P3.1 赋值为 0,扫描第 2 行。如果第 2 行没有按键按下,扫描第 3 行。如果第 3 行没有按键按下,扫描第 4 行。

从例 7.1 的程序可以看出,行扫描法要进行逐行扫描检测,程序比较长。另外,如果按键处在靠后的某行,需要经过多次扫描,才能确定按键的位置,程序效率不高。而线反转法的程序要简洁得多,只需两步就可以确定按键的位置,程序效率很高。

例 7.2　用线反转法识别矩阵键盘的按键。行列式键盘按键识别的仿真电路原理图如图 7.6 所示,编写程序,实现如下功能:用线反转法判断按键的键值,并用数码管显示键值。

解　用线反转法识别行列式键盘按键的程序如下。

```
# include < reg51.h >
# define data_key P3
typedef unsigned char uchar;
```

```
uchar i,j,k,temp,key;
uchar code table[] = {0x3f, 0x06, 0x5b, 0x4f, 0x66, 0x6d, 0x7d, 0x07, 0x7f, 0x6f, 0x77,
                      0x7c,0x39, 0x5e, 0x79, 0x71};   //0~9, A~F 的共阴极段码

void delay(uchar i)
{
  for(j = i;j > 0;j-- )
    for(k = 125;k > 0;k-- );
}

void display(uchar num)
{
  P1 = table[num];
  delay(50);
}

int main()
{
  uchar a,b;
  key = 0xFF;                             //无键按下,不显示
  while(1)
  {
    data_key = 0x0F;                      //列线输出低电平,行线作为输入线
    a = data_key;                         //读 P3
    if(a!= 0x0F)                          //判断是否有键按下
    {
      delay(10);                          //延时,按键消抖
      a = data_key;                       //再读 P3,得按键所在的行
      if(a!= 0x0F)                        //有键按下
      {
        data_key = 0xF0;                  //线反转:行线输出低电平,列线作为输入线
        b = data_key;                     //读 P3,得按键所在的列
        temp = a + b;                     //得按键所在的行与列
        while(b!= 0xF0)                   //等待松开按键
        {
          b = P3;
          b = b&0xF0;
        }
        switch(temp)                      //根据按键所在的行与列,计算键值
        {
          case 0xEE: key = 0; break;      //按键在 0 行 0 列,键值为 0
          case 0xDE: key = 1; break;      //按键在 0 行 1 列,键值为 1
          case 0xBE: key = 2; break;      //按键在 0 行 2 列,键值为 2
          case 0x7E: key = 3; break;      //按键在 0 行 3 列,键值为 3
          case 0xED: key = 4; break;      //按键在 1 行 0 列,键值为 4
          case 0xDD: key = 5; break;      //按键在 1 行 1 列,键值为 5
          case 0xBD: key = 6; break;      //按键在 1 行 2 列,键值为 6
          case 0x7D: key = 7; break;      //按键在 1 行 3 列,键值为 7
          case 0xEB: key = 8; break;      //按键在 2 行 0 列,键值为 8
          case 0xDB: key = 9; break;      //按键在 2 行 1 列,键值为 9
          case 0xBB: key = 10; break;     //按键在 2 行 2 列,键值为 10
          case 0x7B: key = 11; break;     //按键在 2 行 3 列,键值为 11
          case 0xE7: key = 12; break;     //按键在 3 行 0 列,键值为 12
          case 0xD7: key = 13; break;     //按键在 3 行 1 列,键值为 13
          case 0xB7: key = 14; break;     //按键在 3 行 2 列,键值为 14
          case 0x77: key = 15; break;     //按键在 3 行 3 列,键值为 15
          default: key = 0xFF; break;     //无按键,键值为 255,不显示
```

```
            }
        }
    }
    display(key);                    //数码管显示按键的键值
    }
}
```

7.2　数码管

7.2.1　数码管的工作原理

数码管是由发光二极管(Light Emitting Diode,LED)构成的显示器,又称为 LED 显示器,在单片机应用系统中经常用到。常用的数码管为 8 段数码管,每一个段对应一个发光二极管。8 段数码管的外形与引脚如图 7.7(a)所示。

数码管有共阴极和共阳极两种。共阴极数码管的结构如图 7.7(b)所示,各个 LED 的阴极共地。当某个发光二极管的阳极为高电平时,该发光二极管点亮,相应的段显示。共阳极数码管的结构如图 7.7(c)所示,各个 LED 的阳极共电源正极。当某个发光二极管的阴极为低电平时,该发光二极管点亮,相应的段显示。因此,一个数码管需要 1 条位选线和 8 条段码线。位选线是这个数码管各段的公共端,控制整个数码管的选通;段码线控制显示的字型。

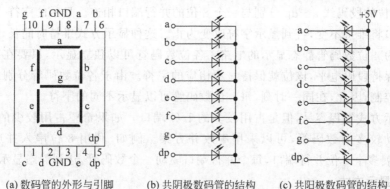

(a) 数码管的外形与引脚　　(b) 共阴极数码管的结构　　(c) 共阳极数码管的结构

图 7.7　8 段数码管的外形、引脚与结构

数码管能够显示阿拉伯数字、少数字母和符号。为了使数码管显示不同的数字、字母和符号,需要使某些段显示,而其余的段不显示。这样,就要为数码管提供段码,段码又称字型码。段码是 8 位,恰好 1B。数码管的各段与段码字节中的各位一一对应,对应关系如表 7.1所示。

表 7.1　数码管的各段与段码字节中的各位的对应关系

段码位	D7	D6	D5	D4	D3	D2	D1	D0
显示段	dp	g	f	e	d	c	b	a

按照上述对应关系,数码管显示的不同符号的段码如表 7.2 所示。表中只列出了部分符号的段码,通过编写段码,读者可以补充定义新的符号。

表 7.2 数码管显示的不同符号的段码

显 示 字 符	共阴极段码	共阳极段码	显 示 字 符	共阴极段码	共阳极段码
0	3FH	C0H	b	7CH	83H
1	06H	F9H	C	39H	C6H
2	5BH	A4H	d	5EH	A1H
3	4FH	B0H	E	79H	86H
4	66H	99H	F	71H	8EH
5	6DH	92H	P	73H	8CH
6	7DH	82H	U	3EH	C1H
7	07H	F8H	T	31H	CEH
8	7FH	80H	y	6EH	91H
9	6FH	90H	H	76H	89H
A	77H	88H	L	38H	C7H

7.2.2 数码管的显示方式

数码管有静态显示和动态显示两种方式。

1. 静态显示方式

数码管工作于静态显示方式时,所有位的位选线连接在一起,接地(共阴极),或接+5V(共阳极),各位的段码线 a～dp 分别与一个 8 位的并行端口相连。显示的字符一旦确定,相应的并行端口将维持不变,直到显示字符改变为止。这种显示方式维持时间长,亮度较高。

图 7.8 为 4 位数码管静态显示的电路。各位数码管可以独立显示,只要在某位数码管的段码线上保持段码电平,该位就保持显示相应的字符。由于各位数码管分别由一个 8 位的并行端口控制,因此,在同一时刻,每一位数码管可以显示不同的字符。

静态显示方式编程容易,但是占用较多的 I/O 端口。如果希望占用较少的 I/O 端口,同时又能驱动较多的数码管,可以采用串改并方案。例如,利用 8 位串入并出接口芯片74LS164,扩展多个 8 位并行端口,每个并行端口驱动一个数码管,达到静态显示的效果。

2. 动态显示方式

数码管工作于动态显示方式时,所有位的段码线并联,由一个 8 位并行端口控制,段码线多路复用;各位的位选线分别由相应的 I/O 口控制,各位分时选通。4 位数码管动态显示的电路如图 7.9 所示,段码线只占一个 8 位并行端口,位选线占 4 位 I/O 口。

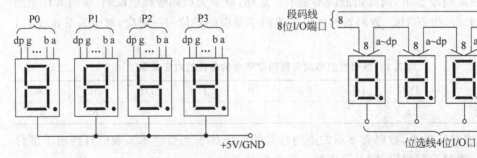

图 7.8 4 位数码管静态显示的电路   图 7.9 4 位数码管动态显示的电路

由于各位的段码线并联,8 位 I/O 端口输出的段码对各个显示位来说都是相同的,因此,在同一时刻,若各个位选线都处于选通状态,则 4 位数码管将显示相同的字符。要使各位数码管能够显示与本位相应的字符,就必须采用动态显示方式。

4 位数码管动态显示的过程:在某一时刻,只让某一位数码管的位选线处于选通状态,而其他 3 位数码管的位选线处于关闭状态,同时,段码线上输出该位数码管要显示的字符的段码。这样,在这一时刻,4 位数码管中,只有选通的那位数码管显示字符,而其他 3 位数码管是熄灭的。在下一时刻,只让下一位数码管显示字符,而其他 3 位数码管是熄灭的。如此循环下去,就可以使各位数码管显示出相应的字符。

虽然这些字符是在不同时刻出现的,在某一时刻只有一位数码管显示而其他数码管熄灭,但是,由于数码管的余辉以及眼睛的视觉暂留,只要各位数码管之间的显示间隔足够短,就可以造成多位数码管同时显示的假象,达到同时显示的效果。

采用动态显示方式,需要在段码线上循环输出各位的段码,这将占用单片机的时间,因此,动态显示是以牺牲单片机的时间来换取 I/O 端口的减少。

图 7.10 为 8 位共阴极数码管动态显示"2013.10.10"的示意图。图 7.10(a)是显示过程,某一时刻,只有一位数码管被选通显示,其余各位数码管是熄灭的;图 7.10(b)是实际显示效果,人眼看到的是 8 位稳定的、同时显示的字符。

显示字符	段码	位选码	显示器显示状态(微观)	位选通时序
0	3FH	FEH	⬜⬜⬜⬜⬜⬜⬜0	⎍ T_1
1	06H	FDH	⬜⬜⬜⬜⬜⬜1⬜	⎍ T_2
0	BFH	FBH	⬜⬜⬜⬜⬜0.⬜⬜	⎍ T_3
1	06H	F7H	⬜⬜⬜⬜1⬜⬜⬜	⎍ T_4
3	CFH	EFH	⬜⬜⬜3.⬜⬜⬜⬜	⎍ T_5
1	06H	DFH	⬜⬜1⬜⬜⬜⬜⬜	⎍ T_6
0	3FH	BFH	⬜0⬜⬜⬜⬜⬜⬜	⎍ T_7
2	5BH	7FH	2⬜⬜⬜⬜⬜⬜⬜	⎍ T_8

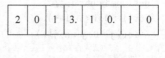

(a) 显示过程　　　　　　　　　　　　　　(b) 实际显示效果

图 7.10　8 位数码管动态显示示意图

应该恰当设定数码管各位之间的显示间隔。显示间隔不能太短,因为发光二极管从导通到发光有一定的延时,显示间隔太短会导致发光微弱,眼睛无法看见。显示间隔也不能太长,因为眼睛的视觉暂留有频率下限,显示间隔过长就达不到同时显示的效果。如果每秒循环扫描次数不少于 50 次,也就是循环周期不大于 20ms,那么,人就感觉不到闪烁,即可看到 8 位数码管同时显示。例如,有 8 位数码管,如果每位显示 2ms,循环周期为 16ms,那么这样的显示间隔就是符合要求的。

7.2.3　数码管应用举例

例 7.3　两个数码管静态显示的仿真电路原理图如图 7.11 所示,单片机的 P0 和 P3 分别连接两个共阳极数码管。编写控制程序,实现如下功能:P0 上数码管从 0 到 9 循环显示,P3 上数码管从 9 到 0 循环显示。

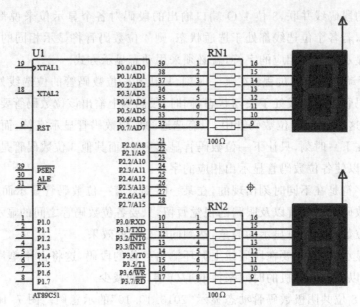

图 7.11   两个数码管静态显示的仿真电路原理图

解   两个数码管静态显示的控制程序如下。

```c
#include <reg51.h>

void delay(unsigned char n)
{
  unsigned char i,j;
  for(i = 0;i < n;i++)
    for(j = 0;j < n;j++);
}


int main(void)
{
  unsigned char led[] = {0xC0,0xF9,0xA4,0xB0,0x99,0x92,0x82,0xF8,0x80,0x90};
  //0~9 的共阳极段码
  unsigned char i;
  while(1)
  {
    for(i = 0;i < 10;i++)
    {
      P0 = led[i];        //P0 上数码管从 0 到 9 循环显示
      P3 = led[9 - i];    //P3 上数码管从 9 到 0 循环显示
      delay(200);         //延时
    }
  }
}
```

例 7.4   两个数码管动态显示的仿真电路原理图如图 7.12 所示,单片机的 P0 为段码信号输出端,P2.6 和 P2.7 分别与三极管基极相连作为数码管的位选端。编写控制程序,使两个数码管分别显示 1 和 2。

分析:(1)数码管采用动态显示方式时,数码管是分时点亮的,亮度相对会弱一些。为

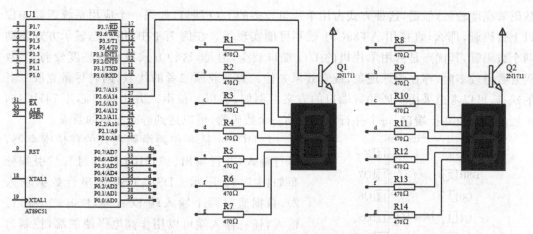

图 7.12　两个数码管动态显示的仿真电路原理图

了增加数码管的亮度,可以添加放大电路。图中的 PNP 型三极管就是用来增加数码管亮度的。

(2) P2.6、P2.7 用于选择数码管,使每个数码管显示一段时间。

(3) 采用定时器 T0 中断的方式,使每个数码管显示 2ms,在中断服务函数中更新位选信号和段码。

解　两个数码管动态显示的控制程序如下。

```c
# include < reg51.h >
unsigned char segment[] = {0x7f,0xbf};      //两个数码管的位选码
unsigned char led[] = {0xf9,0xa4};          //1 和 2 的共阳极段码
unsigned char k = 0;                        //全局变量,用于标识数码管的位置

int main(void)
{
    TMOD = 0x00;                            //T0 工作方式 0,定时
    TL0 = (8192 - 2000) % 32;               //低 5 位赋计数初值
    TH0 = (8192 - 2000)/32;                 //高 8 位赋计数初值
    TR0 = 1;
    IE = 0x82;                              //IE = 1000 0010B,总中断允许开,T0 中断开
    while(1);
}

/ * T0 中断服务程序 * /
void T0_timer(void) interrupt 1
{
    P0 = led[k];                            //输出数码管的段码
    P2 = segment[k];                        //输出数码管的位选信号
    k++;                                    //下一个数码管
    if(k == 2)k = 0;                        //第二个数码管显示后,从头开始
    TL0 = (8192 - 2000) % 32;
    TH0 = (8192 - 2000)/32;                 //重新装填初值
}
```

在例 7.3 中,用静态显示方式驱动两个数码管,其优点是电路设计简单,程序设计容易,

数码管亮度较强,但是,这种方式占用单片机较多的 I/O 端口,如果一个应用系统需要 4 位以上数码管,那么,直接用 AT89C51 就不可能实现了。在例 7.4 中,用动态显示方式驱动两个数码管,其优点是占用单片机的 I/O 端口较少,但是,这种方式数码管亮度较弱,当数码管数量较多时,存在闪烁现象,视觉效果欠佳。为了兼顾二者的优点,同时尽量克服二者的缺点,可以考虑采用扩展并行端口的方案。例如,利用 8 位串入并出接口芯片 74HC164 扩展多个 8 位并行端口,每个并行端口驱动一个数码管,可以达到静态显示的效果。

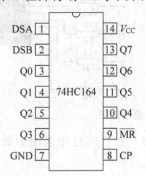

图 7.13 74HC164 的封装与引脚分布

74HC164 是 8 位跳沿触发式的移位寄存器,串行输入,并行输出。74HC164 的封装与引脚分布如图 7.13 所示。DSA、DSB 为串行数据输入端,数据通过两个输入端 DSA 或 DSB 之一串行输入,任一输入端可以用作高电平使能端,控制另一输入端的数据输入,两个输入端或者连接在一起,或者把不用的输入端接高电平,一定不要悬空。CP 为时钟脉冲输入端,从低到高的跳变有效。$\overline{MR}$ 为复位端,低电平有效。Q0~Q7 为并行数据输出端。

74HC164 的工作过程:首先,把串行数据的最低位送到 DSA、DSB 端,接着使 CP 端有一个从低到高的跳变,此时,DSA、DSB 端数据位就送到了输出端 Q0;其次,把串行数据的次低位送到 DSA、DSB 端,接着使 CP 端有一个从低到高的跳变,此时,DSA、DSB 端数据位就送到了输出端 Q0,而原来 Q0 端的数据就移位到了 Q1 端;以此类推,进行 8 次上述操作,就把 1B 的数据以串行方式送到了 74HC164 的输出端。

在没有新的数据从输入端到来之前,74HC164 的输出端保持不变,因此,这种驱动方式本质上就是静态锁存方式。

注意,因为 74HC164 是用移位的方式把数据向后传递的,所以,如果改变后面数码管的显示内容,那么,前面数码管的内容也同时刷新。也就是说,改变数码管任意段的显示,必须把数码管所有段的内容全部重写。

在单片机与 74HC164 之间,只需两条线就可以实现对数码管的驱动。把前一个 74HC164 的 Q7 与下一个 74HC164 的 DSA、DSB 端相连,就可以实现多个 74HC164 的串行连接,从而可以用单片机的两个 I/O 口对多个数码管进行驱动。

例 7.5 用 74HC164 驱动 4 个数码管,实现简易秒表。

分析:(1)以 4 个数码管作为秒表的显示器,需要的 I/O 端口很多,不适合用静态显示方式。为了使数码管显示亮度较大,并且没有闪烁,这里不打算用动态显示方式。为此,分别用 4 个 74HC164 驱动 4 个数码管。

(2)以 4 个数码管作为秒表的显示器,计时范围为 0~9999s。对于计时范围内的数值,首先提取该数的个位、十位、百位和千位,然后按顺序发送个位、十位、百位和千位。

(3)在传送 1B 数据时,低位在前,高位在后。因此,传送到 74HC164 之后,Q7 是最低位,Q0 是最高位。此时,必须注意 74HC164 与对应数码管的接口顺序。

解 (1)硬件系统设计。用 74HC164 驱动 4 个数码管的仿真电路原理图如图 7.14 所示。

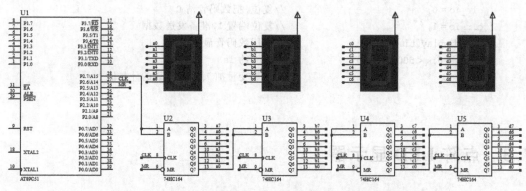

图 7.14　用 74HC164 驱动 4 个数码管的仿真电路原理图

（2）软件系统设计。用 74HC164 驱动 4 个数码管实现简易秒表的控制程序如下。

```c
# include < reg51. h >
# define uchar unsigned char
# define uint unsigned int
sbit data_io = P2^7;                    //数据引脚
sbit clk_io = P2^6;                     //时钟脉冲引脚
sbit clr_io = P2^5;                     //复位引脚
uchar code num[ ] = {0xC0,0xF9,0xA4,0xB0,0x99,0x92,0x82,0xF8,0x80,0x90};

/ * 数码管显示函数,能够显示 4 位整数 * /
void led_display(uint m)
{
  uchar i, j, n, x[4];
  x[0] = m % 10;                        //个位
  x[1] = (m/10) % 10;                   //十位
  x[2] = (m/100) % 10;                  //百位
  x[3] = (m/1000) % 10;                 //千位
  for(i = 0;i < 4;i++)                  //按顺序发送个位、十位、百位和千位
  {
    n = num[x[i]];
    for(j = 0;j < 8;j++)                //分 8 次发送 1B 的数据,一次发送 1b
    {
      clk_io = 0;                       //时钟信号低电平
      data_io = n&0x01;                 //发送最低位
      n = n >> 1;                       //右移一位,发送下一位
      clk_io = 1;                       //时钟信号高电平,产生一个从低到高的跳变
    }
  }
}


int main(void)
{
  uint k, time = 0;
  while(1)
  {
```

```
    clr_io = 0;                    //复位,把数码管清 0
    clr_io = 1;                    //复位端置 1,准备发送数据
    led_display(time);             //调用数码管显示函数
    for(k = 0;k < 50000;k++);      //延时约 1s
    time++;                        //计数变量加 1,产生秒表的计数值
    }
}
```

7.3 点阵 LED 显示器

7.3.1 点阵 LED 显示器的工作原理

在现代户外广告宣传、公路交通信息提示、城市亮化美化工程等应用中,点阵 LED 显示器担当重任;在城镇街道的店铺门面、城市高架桥的重要地段、现代化楼宇的外墙装饰等场合,点阵 LED 显示器随处可见。随着半导体材料、电子技术、电子工艺的快速发展,LED 的功能与性能取得了长足的进步。现代的 LED,亮度更加耀眼夺目,颜色愈加丰富多彩,尺寸外形规格多样,使用寿命大大延长,所有这些优点,促进了点阵 LED 显示器更加广泛的应用。

点阵 LED 显示器应用场合多种多样,应用规模大小不一,设计与实现难度不同,但是,其基本工作原理都是相似的,因此,本节只介绍最简单的单色的 8×8 点阵 LED 显示器,至于大型的、彩色的、动态显示的点阵 LED 显示屏,可以参考相关的文献资料。

8×8 点阵 LED 显示器的结构如图 7.15 所示,由 64 个发光二极管组成,每个发光二极管都放置在行线和列线的交叉点上。当把点阵 LED 显示器的第 i 行置低电平而第 j 列置高电平时,处于第 i 行与第 j 列交叉点上的 LED 就被点亮。通过显示编码和程序控制,让不同位置的 LED 处于点亮或熄灭状态,就会在点阵 LED 显示器上呈现不同的字符或图形。通过时间控制,在不同的时刻显示不同的字符或图形,还会在点阵 LED 显示器上呈现动画效果。

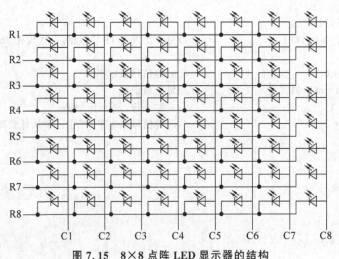

图 7.15 8×8 点阵 LED 显示器的结构

7.3.2　点阵 LED 显示器的应用举例

例 7.6　设计 8×8 点阵 LED 显示器显示检测的仿真电路,并编写程序,实现如下功能:在 8×8 点阵 LED 显示器上动态显示柱形。首先,从左到右平滑移动三次;其次;从右到左平滑移动三次;再次,从上到下平滑移动三次;最后,从下到上平滑移动三次。反复循环。

分析:本例的目的是检测 8×8 点阵 LED 显示器的显示功能,要求每个 LED 都能够按照控制要求正常工作。为了点亮一根竖柱,应该把对应的列置电平 1,所有行置电平 0。同理,为了点亮一根横柱,应该把对应的行置电平 0,所有列置电平 1。

解　(1) 硬件系统设计。单片机的 P2 连接到点阵 LED 显示器的 8 位列信号线,P3 连接到点阵 LED 显示器的 8 位行信号线,点阵 LED 显示器显示检测的仿真电路原理图如图 7.16 所示。

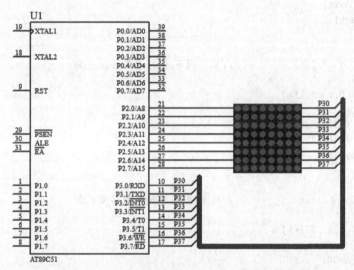

图 7.16　点阵 LED 显示器显示检测的仿真电路原理图

(2) 软件系统设计。点阵 LED 显示器显示检测的控制程序如下。

```c
#include < reg51.h >
#define uchar unsigned char
uchar code taba[] = {0xfe,0xfd,0xfb,0xf7,0xef,0xdf,0xbf,0x7f};   //列线低电平
uchar code tabb[] = {0x01,0x02,0x04,0x08,0x10,0x20,0x40,0x80};   //行线高电平

void delay(void)
{
  uchar i,j,k;
  for(k = 30;k > 0;k -- )
    for(i = 30;i > 0;i -- )
      for(j = 250;j > 0;j -- );
}

void main(void)
{
  uchar i,j;
```

```
      while(1)
      {
         for(j = 0;j < 3;j++)              //从左到右,竖柱平滑移动三次
         {
            for(i = 0;i < 8;i++)
            {
               P2 = taba[i];
               P3 = 0xff;
               delay();
            }
         }
         for(j = 0;j < 3;j++)              //从右到左,竖柱平滑移动三次
         {
            for(i = 0;i < 8;i++)
            {
               P2 = taba[7 - i];
               P3 = 0xff;
               delay();
            }
         }
         for(j = 0;j < 3;j++)              //从上到下,横柱平滑移动三次
         {
            for(i = 0;i < 8;i++)
            {
               P2 = 0x00;
               P3 = tabb[i];
               delay();
            }
         }
         for(j = 0;j < 3;j++)              //从下到上,横柱平滑移动三次
         {
            for(i = 0;i < 8;i++)
            {
               P2 = 0x00;
               P3 = tabb[7 - i];
               delay();
            }
         }
      }
   }
```

例 7.7 利用 8×8 点阵 LED 显示器显示字符和图形。设计 8×8 点阵 LED 显示器的仿真电路,并编写程序,实现如下功能:首先依次显示阿拉伯数字 0,1,…,9,接着依次显示圆形、星形、虚心、实心等图形,然后重复上面的显示过程。

分析:需要根据被显示数字、图形的形状,计算 8 列的列码。例如,阿拉伯数字 0 的 8 列列码分别为 0x00,0x00,0x3e,0x41,0x41,0x41,0x3e,0x00。

解 (1)硬件系统设计。利用 8×8 点阵 LED 显示器显示字符和图形的仿真电路原理图如图 7.16 所示。

(2)软件系统设计。利用 8×8 点阵 LED 显示器显示字符和图形的控制程序如下。

```
#include < reg51.h >
#define uchar unsigned char
```

```
#define uint unsigned int
uchar code tab_a[ ] = {0xfe,0xfd,0xfb,0xf7,0xef,0xdf,0xbf,0x7f};        //列线低电平
uchar code tab_b[14][8] =                              //字符的列码
{
    {0x00,0x00,0x3e,0x41,0x41,0x41,0x3e,0x00},    //0
    {0x00,0x00,0x00,0x00,0x21,0x7f,0x01,0x00},    //1
    {0x00,0x00,0x27,0x45,0x45,0x45,0x39,0x00},    //2
    {0x00,0x00,0x22,0x49,0x49,0x49,0x36,0x00},    //3
    {0x00,0x00,0x0c,0x14,0x24,0x7f,0x04,0x00},    //4
    {0x00,0x00,0x72,0x51,0x51,0x51,0x4e,0x00},    //5
    {0x00,0x00,0x3e,0x49,0x49,0x49,0x26,0x00},    //6
    {0x00,0x00,0x40,0x40,0x47,0x48,0x70,0x00},    //7
    {0x00,0x00,0x36,0x49,0x49,0x49,0x36,0x00},    //8
    {0x00,0x00,0x32,0x49,0x49,0x49,0x3e,0x00},    //9
    {0x1c,0x3e,0x7f,0x7f,0x7f,0x3e,0x1c,0x00},    //圆形
    {0x12,0x14,0x3c,0xf8,0x3c,0x14,0x12,0x00},    //星形
    {0x30,0x78,0x7c,0x3e,0x7c,0x78,0x30,0x00},    //实心
    {0x30,0x48,0x44,0x22,0x44,0x48,0x30,0x00}     //虚心
};

void delay(uint n)
{
    uint i,j;
    for(i = 0;i < n;i++)
        for(j = 0;j < 500;j++);
}

void main(void)
{
    uchar m,n,k;
    for(m = 0;m < 14;m++)                        //依次显示各个字符
    {
        for(k = 0;k < 20;k++)                    //快速刷新一个字符,增加显示亮度
        {
            for(n = 0;n < 8;n++)                 //动态显示一个字符
            {
                P2 = tab_a[n];
                P3 = tab_b[m][n];
                delay(2);
            }
        }
        delay(10);
    }
}
```

7.4 液晶显示器

7.4.1 LCD 基本知识

1. 液晶显示器简介

目前,液晶显示器(Liquid Crystal Display,LCD)已经融入了人们工作、学习、生活的方

方面面,计算器、计算机、手机、健康腕表等电子产品都有液晶显示器。LCD 功耗极低,显示信息量大,抗干扰能力强,使用寿命长,广泛应用于仪器仪表和控制系统中。

LCD 是被动式的显示器,液晶本身不发光,只是调节光的亮度。物质有固态、液态和气态三种形态。就液体而言,虽然分子质心的排列没有规律,但是,如果这些分子是长形的或扁形的,它们的分子指向就可能有规律性。因此,可将液态又细分为许多型态。分子方向没有规律性的液体直接称为液体,分子方向具有规律性的液体称为液态晶体,简称液晶。液晶是一种介于固体与液体之间的、具有规则性分子排列的有机化合物,由奥地利植物学家 Reinitzer 于 1888 年发现。最常用的液晶型态为向列型液晶,分子形状为细长棒形,长宽约 1~10nm,在不同电流电场作用下,液晶分子会做规则旋转 90°排列,产生透光度的差别,在电源 ON/OFF 下,将产生明暗的区别。根据这个原理,把液晶置于两个偏振片之间,通过控制每个像素的透光度,便可构成所需的图像。

2. 液晶显示器的分类

液晶显示器种类很多,按排列形状可分为字段型、点阵字符型和点阵图形型。

(1) 字段型。以若干长条组成一位字符,主要用于显示数字,也可用于显示西文字母或某些符号。通常有 6 段、7 段、8 段、9 段、14 段和 16 段等,在形状上总是围绕数字"8"的结构变化,其中 7 段最为常用,广泛应用于电子表、数字仪表、计算器中。

(2) 点阵字符型。用于显示字母、数字和符号等。它由若干 5×7 或 5×10 点阵组成,每个点阵显示一个字符,广泛应用于寻呼机、单片机应用系统等设备中。

(3) 点阵图形型。在一片平板上排列多行和多列,形成矩阵式的液晶格点,格点大小可以根据显示清晰度来设计,广泛应用于笔记本电脑、移动电话、彩色电视等设备中。

3. 液晶显示器的显示原理

下面以字段型 LCD 为例,说明液晶显示器的显示原理。字段型 LCD 在外形上与 LED 数码管相似,除了 a~g 这 7 个笔画段之外,还有一个公共极 COM。字段型 LCD 的结构如图 7.17 所示。

字段型 LCD 显示控制波形如图 7.18 所示。当加在某个笔画段电极上的方波与公共极 COM 上的方波相位相同时,相对电压为 0,该笔画段不显示;当加在某个笔画段电极上的方波与公共极 COM 上的方波相位相反时,相对电压不为 0,该笔画段显示。

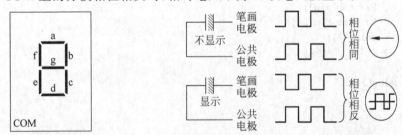

图 7.17 字段型 LCD 的结构　　　图 7.18 字段型 LCD 显示控制波形

例如,若要显示数字"3",则应该使 a、b、c、d、g 笔画段电极上的方波与公共极 COM 上的方波相位相反,而使 e、f 笔画段电极上的方波与公共极 COM 上的方波相位相同。

7.4.2 点阵字符型液晶显示模块

在单片机应用系统中,通常使用点阵字符型 LCD。在使用点阵字符型 LCD 时,需要相应的 LCD 控制器、驱动器来对 LCD 进行扫描、驱动,还要有一定存储空间的 ROM 和 RAM 来存储单片机写入 LCD 的命令和显示字符的点阵代码。现在,人们用印刷电路板把 LCD 控制器、驱动器、ROM、RAM 与 LCD 连接到一起,构成液晶显示模块(LCD Module, LCM)。使用者只要向 LCM 发送相应的命令和数据,就可以显示希望显示的内容。这种模块与单片机接口简单,使用方便。

常用的液晶显示模块有 LCD1602 和 LCD12864,LCD1602 可以显示 2 行 16 列 ASCII 字符,LCD12864 可以显示 8 行 16 列 ASCII 字符,或者 4 行 8 列汉字,两者的工作原理基本相同。本节以 LCD1602 为例,说明液晶显示模块的技术参数、结构、命令和使用方法。

1. LCD1602 的技术参数

LCD1602 液晶显示模块实物如图 7.19 所示,左图是正面,右图是背面。

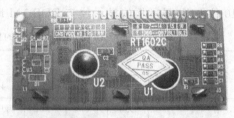

图 7.19　LCD1602 液晶显示模块实物

1602LCD 主要技术参数如下。

显示容量:16×2 个 ASCII 字符。

工作电压范围:4.5~5.5V。

最佳工作电压:5.0V。

工作电流:当工作电压为 5.0V 时,工作电流为 2.0mA。

字符尺寸:宽 2.95mm,高 4.35mm。

2. LCM 的结构

LCD1602 液晶显示模块 LCM 的结构如图 7.20 所示,由 LCD 显示板、驱动器 HD44100、控制器 HD44780 等部件组成,模块的上边沿有 14 个引脚。

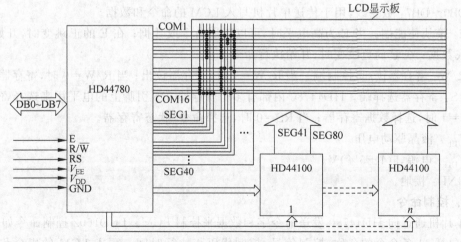

图 7.20　LCD1602 液晶显示模块 LCM 的结构

（1）LCD 显示板。显示板排列着 16 列 2 行 5×7 或 5×10 点阵的字符显示位。

（2）LCD 驱动器 HD44100。HD44100 是用低功耗 CMOS 技术制造的 LCD 驱动器,由 20×2 位二进制移位寄存器、20×2 位数据锁存器、20×2 位驱动器组成,既可用于行驱动, 又可用于列驱动。

（3）LCD 控制器 HD44780。HD44780 是用低功耗 CMOS 技术制造的 LCD 控制器,与 4/8 位的单片机相连,能够使点阵字符型 LCD 显示英文字母、数字和符号。

HD44780 的显示数据随机存储器(Display Data RAM,DDRAM)的容量为 80 个字符; 可以选择 5×7 或 5×10 点阵字符;字符发生器 ROM 提供用户所需的标准字符库;可以输 出 2 个行扫描信号和 40 个列扫描信号;可以接受单片机发来的显示控制命令。

为了在各个显示位显示字符,每个显示位都需要一个确定的地址,称为 DDRAM 地址。 2 行 40 位 LCD 显示板的显示位与 DDRAM 地址的对应关系如表 7.3 所示。

表 7.3　2 行 40 位 LCD 显示板的显示位与 DDRAM 地址的对应关系

显示行	显示位									
	1	2	3	4	5	6	7	…	39	40
第一行	0x00	0x01	0x02	0x03	0x04	0x05	0x06	…	0x26	0x27
第二行	0x40	0x41	0x42	0x43	0x44	0x45	0x46	…	0x66	0x67

LCD1602 内部的 DDRAM 有 80B,而显示屏上只有 16 列 2 行,共 32 个字符,两者不完 全一一对应。默认情况下,显示屏上第一行的内容对应 DDRAM 中 0x00～0x0F 的内容,第 二行的内容对应 DDRAM 中 0x40～0x4F 的内容。DDRAM 中 0x10～0x27、0x50～0x67 的 内容不显示在显示屏上,但是,在滚动屏幕的情况下,这些内容就可能被滚动显示出来了。

在单片机对 DDRAM 读/写操作之前,必须首先设置 DDRAM 地址。由于在设置 DDRAM 地址的时候,命令字的最高位为 1,所以,在程序设计时,引用 LCM 内部 DDRAM 的地址应该在如表 7.3 所示的 DDRAM 地址加上 0x80。

（4）LCM 的引脚。LCM 有 14 个引脚,其中 8 条数据线、3 条控制线和 3 条电源线。 LCM 各个引脚的功能说明如下。

DB0～DB7：数据线,用于传送单片机写入 LCM 的命令和数据。

E：模块使能端。当 E 为高电平时,可以读出命令或数据;在 E 的正跳变时,开始写入 命令或数据;在 E 的负跳变时,开始执行命令。

R/$\overline{\text{W}}$：寄存器读/写控制端。当 R/$\overline{\text{W}}$＝1 时,寄存器读出;当 R/$\overline{\text{W}}$＝0 时,寄存器写入。

RS：寄存器选择端。HD44780 内部有多个寄存器,RS 引脚上的电平用来选择寄存器。 当 RS＝1 时,选择数据寄存器;当 RS＝0 时,选择命令/状态寄存器。

V_{EE}：液晶驱动电压。

V_{DD}：电源,5(1±5%)V。

GND：接地。

3. 控制命令

单片机通过向 HD44780 发送命令字和数据来控制 LCM。LCD1602 控制命令如表 7.4 所示,包括 11 条命令的名称、控制信号、控制代码与执行时间。写入 LCM 的指令和数据, 决定了 LCD 的显示方式和显示内容。

表 7.4　LCD1602 控制命令

命令名称	控制信号			控制代码								执行时间 (250kHz)
	RS	R/$\overline{W}$	E	D7	D6	D5	D4	D3	D2	D1	D0	
清屏	0	0	正脉冲	0	0	0	0	0	0	0	1	1.64ms
返回起始位置	0	0	正脉冲	0	0	0	0	0	0	1	×	1.64ms
输入方式设置	0	0	正脉冲	0	0	0	0	0	1	I/D	S	40μs
显示状态设置	0	0	正脉冲	0	0	0	0	1	D	C	B	40μs
光标或画面滚动	0	0	正脉冲	0	0	0	1	S/C	R/L	×	×	40μs
工作方式设置	0	0	正脉冲	0	0	1	DL	N	F	×	×	40μs
CGRAM 地址设置	0	0	正脉冲	0	1	A5	A4	A3	A2	A1	A0	40μs
DDRAM 地址设置	0	0	正脉冲	1	A6	A5	A4	A3	A2	A1	A0	40μs
读 BF 和 AC 值	0	1	1	BF	AC							
写数据	1	0	正脉冲	写入的数据								40μs
读数据	1	1	1	读出的数据								40μs

说明: 0 表示低电平, 1 表示高电平, ×表示 0 或 1 任意

下面逐条说明控制命令的功能。

(1) 清屏。清除屏幕显示, 即把空格的字符码(0x20)写入 DDRAM 的全部 80 个单元; 地址计数器(Address Counter, AC)清 0, 光标或闪烁位回到起始位置, 即显示屏的左上第一个字符位; 设置输入方式参数 I/D=1, 即 AC 为加 1 计数器。在上电或更新全屏显示内容时, 常用该命令。

(2) 返回起始位置。显示位置返回到起始位置, AC 清 0。执行该命令的效果是, 光标或闪烁位返回到显示屏的左上第一个字符位。若画面已滚动, 则撤销滚动效果, 将画面拉回到起始位置。

(3) 输入方式设置。该命令的两个参数位 I/D 和 S 决定了字符的输入方式。

I/D 用于设定当单片机读/写 DDRAM 数据后 AC 的修改方式。由于光标位置由 AC 决定, 因此, I/D 也用于设定光标移动的方式。I/D=0, AC 为减 1 计数器, 光标左移一个字符; I/D=1, AC 为加 1 计数器, 光标右移一个字符。

S 用于设定在写入字符时是否允许画面滚动。S=0, 禁止滚动; S=1, 允许滚动。

若 S=1 且 I/D=0, 画面向右滚动一位; 若 S=1 且 I/D=1, 画面向左滚动一位。

(4) 显示状态设置。该命令有 3 个参数 B、C 和 D, 分别控制闪烁、光标和画面的开关。

B 控制字符的闪烁。B=0, 闪烁禁止; B=1, 启用闪烁。闪烁是指字符交替进行正常显示和全亮显示。当 LCD 控制器 HD44780 的工作频率为 250kHz 时, 闪烁频率为 2.4Hz。闪烁的位置由 AC 控制。

C 控制光标的开关。C=0, 光标消失; C=1, 光标显示。光标为底线形式, 即 5×1 点阵, 出现在第 8 行或第 11 行上。光标的位置由 AC 控制, 当 AC 值超出了画面的显示范围时, 光标将消失。

D 控制整体显示的开关。D=0, 关显示; D=1, 开显示。关显示与清屏命令不同, 关显示只是画面不出现, 但是 DDRAM 的内容不变。

（5）光标或画面滚动。该命令有两个参数 S/C 和 R/L,分别控制滚动对象和滚动方向。S/C=0,光标滚动;S/C=1,画面滚动。

R/L=0,向左滚动;R/L=1 时,向右滚动。

光标或画面滚动命令将使光标或画面向左或向右滚动一个位。如果定时间隔地执行该命令,将产生光标或画面的平滑滚动效果。

画面滚动是在一行内连续循环进行的,即一行的第一位与最后一位连接起来,形成闭环式的滚动。若未开光标显示,则执行该命令时不需修改 AC 的值;若有光标显示,则执行该命令时将使光标产生偏移,因此,需要修改 AC 的值。

虽然该命令和输入方式设置命令都可以产生光标或画面的滚动,但是它们有区别。该命令专用于设置滚动功能,执行一次,呈现一次滚动效果;输入方式设置命令仅在单片机对 DDRAM 进行操作时才能产生滚动效果。

（6）工作方式设置。该命令用于设置 LCD 控制器 HD44780 的工作方式,有 3 个参数 F、N 和 DL。

F 用于设置显示字符的字型大小。F=0,5×7 点阵;F=1,5×10 点阵。

N 用于设置显示行数。N=0,单行显示;N=1,双行显示。

DL 用于设置控制器与单片机的数据总线宽度。DL=0,数据总线为 4 位,DB4～DB7 有效。在该工作方式下,8 位命令代码或数据将按先高 4 位后低 4 位的顺序分两次传输。DL=1,数据总线为 8 位,DB0～DB7 有效。

该命令是 LCD 控制器的初始化设置命令,也是唯一的软件复位命令。

（7）CGRAM 地址设置。设置字形产生随机存储器（Character Generator RAM, CGRAM)的地址,地址范围为 0～63。该指令将 6 位的 CGRAM 地址写入 AC,随后,单片机对数据的操作是对 CGRAM 的读/写操作。

（8）DDRAM 地址设置。设置 DDRAM 的地址,地址范围为 0～127。该指令将 7 位的 DDRAM 地址写入 AC,随后,单片机对数据的操作是对 DDRAM 的读/写操作。

（9）读忙标志与地址计数器。由于 LCD 是慢速显示器,因此,在执行每条指令之前,一定要确认 LCM 的忙标志为 0,即 LCM 处于非忙状态,否则,该命令将失效。BF 位为忙标志。BF=0,表示 LCM 不忙,可以接收命令和数据;BF=1,表示 LCM 忙,此时不能接收命令和数据。单片机在对 HD44780 操作时,首先都要读 BF 值,判断 HD44780 的当前接口状态。仅在 BF=0 时,单片机才可以向 HD44780 写指令代码或显示数据,或者从 HD44780 读出显示数据。

AC 位为 AC 的值,范围为 0～127。单片机读出的 AC 当前值,可能是 DDRAM 地址,也可能是 CGRAM 的地址,这取决于最近一次单片机向 AC 写入的是哪类地址。

（10）写数据。写数据命令应该与 CGRAM 或 DDRAM 地址设置命令结合使用。

写数据是通过单片机向数据寄存器写入数据实现的,HD44780 根据当前 AC 的属性与数值,将该数据送入相应的存储器内的 AC 所指定的单元。如果 AC 为 DDRAM 地址指针,则写入的数据为字符代码,并送入 DDRAM 内 AC 所指定的单元。如果 AC 为 CGRAM 的地址指针,则写入的数据是自定义字符的字模数据,并送入 CGRAM 内 AC 所指定的单元。因此,单片机在写数据操作之前,必须设置或确认 AC 的属性与数值。在写入数据后,AC 将根据最近设置的输入方式自动修改。

由此可知,单片机在写数据操作之前要完成两项工作,一是设置或确认 AC 的属性与数值,以保证所写数据能够正确到位;二是设置或确认输入方式,以保证连续输入数据时 AC 值的修改方式符合要求。

(11) 读数据。读数据命令应该与 CGRAM 或 DDRAM 地址设置命令结合使用。

AC 的每一次修改,HD44780 都会把当前 AC 所指单元的内容送到数据输出寄存器,供单片机读取。如果 AC 为 DDRAM 地址指针,则数据输出寄存器的数据为 DDRAM 内 AC 所指单元的字符代码;如果 AC 为 CGRAM 的地址指针,则数据输出寄存器的数据是 CGRAM 内 AC 所指单元的自定义字符的字模数据。

单片机读数据是从数据输出寄存器读取当前存放的数据,因此,单片机在首次读数据操作之前,需要重新设置一次 AC 的值,或用光标滚动指令将 AC 的值修改到所需的地址。在读取数据后,地址指针计数器 AC 将根据最近设置的输入方式自动修改。

由此可知,单片机在读数据操作之前要做两项工作,一是设置或确认 AC 的属性与数值,以保证所读数据的正确性;二是设置或确认输入方式,以保证连续读取数据时 AC 值的修改方式符合要求。

4. 常用控制命令功能解读

对于 LCM 的三条控制线 RS、R/$\overline{\text{W}}$、E,前面分别说明了每一条控制线的功能,但是,在实际应用中,应该联合使用这三条控制线。表 7.4 全面地列举了 LCM 的控制命令,但是,在使用这些命令时,需要根据显示要求计算命令的代码,不太方便。为了方便使用,将前面介绍的 LCM 的引脚和常用控制命令的功能归纳如下,在进行 LCD1602 显示程序设计时,可以根据显示要求,通过查询得到相应命令的代码。

LCD1602 的 LCM 使用三条控制线:RS、R/$\overline{\text{W}}$、E。其中,RS 和 R/$\overline{\text{W}}$ 指示读/写的方向和内容,E 起片选和时钟线的作用。在读数据(或 Busy 标志)期间,E 线必须保持高电平;而在写指令(或数据)过程中,E 线上必须送出一个正脉冲。RS、R/$\overline{\text{W}}$ 的组合一共有四种情况,分别对应四种操作。

RS=0、R/$\overline{\text{W}}$=0:向 LCM 写入命令。

RS=0、R/$\overline{\text{W}}$=1:读取 Busy 标志。

RS=1、R/$\overline{\text{W}}$=0:向 LCM 写入数据。

RS=1、R/$\overline{\text{W}}$=1:从 LCM 读取数据。

在 LCD 工作过程中,当 RS=0、R/W=0 时,可以向 LCM 写入 1B 的控制命令。主要的控制命令列举如下。

(1) 0x01:清除 DDRAM 的所有单元,光标移至屏幕左上角。

(2) 0x02:DDRAM 的内容不变,光标移至屏幕左上角。

(3) 输入方式设置指令。这些指令规定了两个方面:一是写入一个 DDRAM 单元后,地址指针加 1 还是减 1;二是屏幕上的内容是否滚动。

0x04:当读或写一个字符后,地址指针减 1,光标减 1;当写一个字符时,整屏显示不滚动。例如,第一个字符写入地址 0x8F,则下一个字符将写入地址 0x8E。

0x05:当读或写一个字符后,地址指针减 1,光标减 1;当写一个字符时,整屏显示向右滚动一位。

0x06:当读或写一个字符后,地址指针加 1,光标加 1;当写一个字符时,整屏显示不滚动。例如,第一个字符写入地址 0x80,则下一个字符将写入地址 0x81。这是最常用的一种显示方式。

0x07：当读或写一个字符后，地址指针加 1，光标加 1；当写一个字符时，整屏显示向左滚动一位。

（4）设置屏幕开关、光标开关、闪烁开关。

0x08、0x09、0x0a、0x0b：关闭显示屏。执行这几条指令，接着对 DDRAM 进行写入，屏幕上没有任何内容，但是，对 DDRAM 的操作还在进行。如果接着执行下面的某条指令，就能看到刚才屏幕关闭期间对 DDRAM 操作的效果了。

0x0c：打开显示屏，不显示光标，光标不闪烁。

0x0d：打开显示屏，不显示光标，光标闪烁。

0x0e：打开显示屏，显示光标，光标不闪烁。

0x0f：打开显示屏，显示光标，光标闪烁。

光标所在的位置指示了下一个被写入的字符所处的位置。在写入下一个字符前，如果没有通过命令设置 DDRAM 的地址，那么这个字符就显示在光标指定的地方。

（5）设置光标移动方式、整体画面是否滚动。

0x10：每执行一次该命令，AC 减 1，对应了光标向左移动一格，整体的画面不滚动。

0x14：每执行一次该命令，AC 加 1，对应了光标向右移动一格，整体的画面不滚动。

0x18：每执行一次该命令，整体的画面就向左滚动一个字符位。

0x1c：每执行一次该命令，整体的画面就向右滚动一个字符位。

画面在滚动的时候，每行的首尾是连在一起的，也就是每行的第一个字符，若左移 25 次，就会显示在该行的最后一格。在画面滚动的过程中，AC 的值也是变化的。

（6）工作方式设置命令。设置显示几行，显示什么样的点阵字符，数据总线占用几位。

0x20：4 位总线，单行显示，显示 5×7 的点阵字符。

0x24：4 位总线，单行显示，显示 5×10 的点阵字符。

0x28：4 位总线，双行显示，显示 5×7 的点阵字符。

0x2c：4 位总线，双行显示，显示 5×10 的点阵字符。

0x30：8 位总线，单行显示，显示 5×7 的点阵字符。

0x34：8 位总线，单行显示，显示 5×10 的点阵字符。

0x38：8 位总线，双行显示，显示 5×7 的点阵字符。这是最常用的一种显示模式。

0x3c：8 位总线，双行显示，显示 5×10 的点阵字符。

例 7.8 将 LCD1602 显示模式设置为 8 位数据接口、16×2 显示、5×10 点阵，且要求 LCD 开显示、光标不闪烁，请给出对应的控制指令。

解 根据显示要求，需要设置工作方式设置命令和显示状态设置命令。

根据表 7.4，在工作方式设置命令中，需要设定 DL=1、N=1、F=1，因此，工作方式设置命令为：0011 1100B，即 0x3c；在显示状态设置命令中，需要设定 D=1、C=1、B=0，因此，显示状态设置命令为 0000 1110B，即 0x0e。

也可以根据显示要求，通过查对常用控制命令，得到相应命令的代码分别为 0x3c 和 0x0e。

5. 标准字符库

为了在某个位显示字符，在设置了该位的 DDRAM 地址之后，需要用指令向该位发送要显示字符的字符码。字符码又称为显示数据随机存储器数据（DDRAM DATA）。根据字符码,在 HD44780 内置的标准字符库中可以找到对应的字符。

HD44780 内置的标准字符库包括 160 个 5×7 点阵字符,32 个 5×10 点阵字符。字符码与字型的对应关系如表 7.5 所示。

表 7.5　字符码与字型的对应关系

低4位＼高4位		0000	0001	0010	0011	0100	0101	0110	0111	1000	1001	1010	1011	1100	1101	1110	1111
0000	(1)				0	@	P	`	p				―	タ	ミ	α	p
0001	(2)			!	1	A	Q	a	q			。	ア	チ	ム	ä	q
0010	(3)			"	2	B	R	b	r			「	イ	ツ	メ	β	θ
0011	(4)			#	3	C	S	c	s			」	ウ	テ	モ	ε	∞
0100	(5)			＄	4	D	T	d	t			、	エ	ト	ヤ	μ	Ω
0101	(6)			%	5	E	U	e	u			・	オ	ナ	ユ	σ	ü
0110	(7)			&	6	F	V	f	v			ヲ	カ	ニ	ヨ	ρ	Σ
0111	(8)			'	7	G	W	g	w			ア	キ	ヌ	ラ	g	π
1000	(1)			(	8	H	X	h	x			ィ	ク	ネ	リ	√	x̄
1001	(2)			)	9	I	Y	i	y			ゥ	ケ	ノ	ル	˙	y
1010	(3)			＊	:	J	Z	j	z			エ	コ	ハ	レ	j	千
1011	(4)			+	;	K	[	k	{			オ	サ	ヒ	ロ	×	万
1100	(5)			,	<	L	¥	l					ャ	シ	フ	ワ	¢	円
1101	(6)			-	=	M	]	m	}			ュ	ス	ヘ	ン	÷	
1110	(7)			.	>	N	^	n	÷			ョ	セ	ホ	゛	ñ	
1111	(8)			/	?	O	_	o	←			ッ	ソ	マ	゜	ö	█

7.4.3 AT89C51 与 LCD1602 的接口设计

1. AT89C51 与 LCM 的硬件接口

AT89C51 与 LCM 的接口电路如图 7.21 所示。

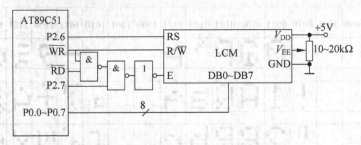

图 7.21 AT89C51 与 LCM 的接口电路

单片机工作时,在使用 LCD 显示之前,必须对 LCM 进行初始化,否则,LCM 无法正常工作。利用 LCM 内部的复位电路,通过上电复位,可以进行初始化。复位期间,BF= 1,在电源电压 V_{DD} 达到 4.5V 以后,此状态可维持 10ms。LCM 复位时,自动进行下列操作。

(1) 清除屏幕显示。

(2) 工作方式设置。$D=1$,数据总线 8 位;$N=0$,单行显示;$F=0$,5×7 点阵字符。

(3) 显示状态设置。$B=0$,闪烁禁止;$C=0$,光标不显示;$D=0$,关显示。

(4) 输入方式设置。$I/D=1$,AC 为增 1 计数器;$S=0$,禁止滚动。

2. 程序设计

用 LCD1602 显示字符的程序设计步骤如下。

(1) 初始化。虽然 LCM 内部有复位电路,能够通过上电复位进行初始化,但是,为了使 LCM 工作更加可靠,在控制 LCM 工作之前,应该用软件对 LCM 进行初始化,即写入工作方式设置命令、显示状态设置命令、输入方式设置命令、清屏命令等。

(2) 进行忙检测。若空闲,则写入显示地址。

(3) 再进行忙检测。若空闲,将数据写入显示存储器,系统自动将数据显示在 LCD 上。

3. 写操作时序

为了使命令或数据能够被 LCM 正确接收,在写命令或数据时,要遵守一定的时序要求。对 LCD1602 的操作顺序如下。

(1) 设置 RS。RS=0,读写指令;RS=1,读写数据。

(2) 设置读写控制端 R/$\overline{W}$。R/$\overline{W}$=0,写命令或数据;R/$\overline{W}$=1,读命令或数据。

(3) 将命令或数据送至数据线。

(4) 给使能端 E 正跳变,开始传送命令或数据。

(5) 给使能端 E 负跳变,开始执行命令或显示数据。

例 7.9 设计 LCD1602 显示的仿真电路原理图,编写程序,实现如下功能:在 LCD 的第一行显示"Welcom to",第二行显示"Wenda University"。

解 (1) 硬件系统设计。LCD1602 显示的仿真电路原理图如图 7.22 所示。

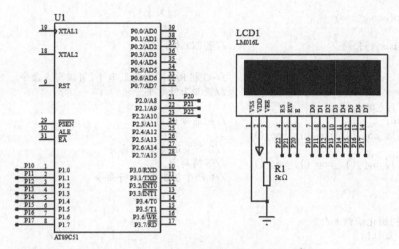

图 7.22 LCD1602 显示的仿真电路原理图

(2) 软件系统设计。LCD1602 显示的控制程序如下。

```c
#include <reg51.h>
#include <intrins.h>                    //该头文件包含函数_nop_()的定义
#define uchar unsigned char
sbit RS = P2^2;
sbit RW = P2^1;
sbit E = P2^0;
uchar code dis1[] = {"Welcom to"};
uchar code dis2[] = {"Wenda University"};

/* ms 级延时函数 */
void delay(uchar ms)
{
  uchar i;
  while(ms--)
  {
    for(i = 0; i < 250; i++)
    {
      _nop_(); _nop_();_nop_(); _nop_();   //4 个机器周期
    }
  }
}

/* 忙检测函数 */
bit busy()
{
  bit result;
  RS = 0;
  RW = 1;
  E = 1;                                 //RS = 0、RW = 1、E = 1 时,才允许读
  _nop_();_nop_();_nop_();_nop_();        //等待读完
  result = (bit)(P1 & 0x80);             //提取忙标志位 BF
  E = 0;
  return result;
}

/* 写命令函数 */
```

```c
void wcmd(uchar cmd)
{
  while(busy());                                //若 LCD 忙,就等待
  RS = 0;
  RW = 0;                                        //RS 和 R/W 同时为低电平,可以写入命令
  E = 0;                                         //置 E 为低电平
  _nop_(); _nop_();
  P1 = cmd;                                      //把命令送到 P1
  _nop_();_nop_();_nop_();_nop_();
  E = 1;                                         //E 产生正跳变,写命令
  _nop_();_nop_();_nop_();_nop_();               //等待写完
  E = 0;                                         //E 产生负跳变,执行命令
}

/* LCD 初始化函数 */
void LCD_init()
{
  wcmd(0x3c);                                    //设置工作方式:8 位数据接口,16×2 显示,5×10 点阵
  delay(1);
  wcmd(0x0e);                                    //设置显示状态:开显示,有光标,光标不闪烁
  delay(1);
  wcmd(0x06);                                    //设置输入方式:光标右移,字符不移动
  delay(1);
  wcmd(0x01);                                    //清屏
  delay(1);
}

/* 设置显示位置函数,y 行 x 列 */
void pos(uchar y,uchar x)
{
  y& = 0x1;                                      //限制 y 范围:0~1
  x& = 0xF;                                      //限制 x 范围:0~15
  if (y == 0) x |= 0x80;                         //显示第一行时,地址码 + 0x80;
  if (y == 1) x |= 0xc0;                         //显示第二行时,地址码 + 0xc0;
  wcmd(x);                                       //发送地址码
}

/* 写数据函数 */
void wdat(uchar dat)
{
  while(busy());                                //若 LCD 忙,就等待
  RS = 1;
  RW = 0;                                        //RS 为高电平,R/W 为低电平,可以写入数据
  E = 0;
  P1 = dat;                                      //把数据送到 P1
  _nop_();_nop_();_nop_();_nop_();
  E = 1;
  _nop_();_nop_(); _nop_(); _nop_();
  E = 0;
}

void main(void)
{
  uchar i = 0,j = 0;
  LCD_init();                                    //初始化 LCD
  delay(10);
```

```
  pos(0,0);                              //设置显示位置:第1行第1位
  while(dis1[i] != '\0')
  {
    wdat(dis1[i]);                       //显示第1行字符
    i++;
  }
  pos(1,0);                              //设置显示位置:第2行第1位
  while(dis2[j] != '\0')
  {
    wdat(dis2[j]);                       //显示第2行字符
    delay(255);                          //使字符一个一个显示出来,增加动感
    j++;
  }
  while(1);
}
```

习题

一、选择题

1. 下面各项不属于非编码键盘优点的是_____。

   A. 结构简单　　　　 B. 程序简单　　　　 C. 价格便宜　　　　　 D. 应用灵活

2. 下面各项不属于独立式键盘优点的是_____。

   A. 电路结构简单　　　　　　　　　　 B. 处理程序简单

   C. 按键响应速度快　　　　　　　　　 D. 占用 I/O 口少

3. 数码管动态显示的优点是_____。

   A. 显示亮度比较大　　　　　　　　　 B. 占用 I/O 口少

   C. 使用数码管数量少　　　　　　　　 D. 占用 CPU 时间较少

4. LED 数码管采用动态显示方式,下列说法错误的是_____。

   A. 将各位数码管的段码线并联

   B. 各位数码管的段码线用一个 8 位 I/O 口控制

   C. 将各位数管码的公共端直接接到+5V 或 GND

   D. 将各位数码管的位选线用各自独立的 I/O 口控制

5. 下面各项不属于液晶显示器优点的是_____。

   A. 显示亮度高　　 B. 抗干扰能力强　　 C. 显示信息量大　　 D. 功耗低

二、填空题

1. 键盘是单片机应用系统中最常用的一种_____设备,用户通过键盘向 CPU 输入数据或命令,以实现简单的_____。

2. 键盘的识别方法分为两类。一类由专用的硬件电路来识别,称为_____;另一类靠软件来识别,称为_____。

3. CPU 捕捉按键状态变化有_____和_____两种方法。

4. 根据公共端的连接方式,LED 数码管可以分为_____和_____两大类。

5. LED 数码管有_____和_____两种显示方式。

6. LED 数码管可以显示_____及少量的_____和符号。

7. LCD 是一种被动式的显示器,液晶本身不发光,只是_____。

8. 按照排列形状划分,LCD 可分为_____、_____和_____。

三、简答题

1. 简述用行扫描法识别矩阵式键盘按键的步骤。

2. 叙述用线反转法识别矩阵式键盘按键的步骤。

3. LED 数码管的静态显示方式与动态显示方式有何区别? 各有什么优缺点?

4. 假设让 8 段数码管仅显示小数点,试写出相应的段码。

5. 将 LCD1602 显示模式设置为 8 位数据接口、16×1 显示、5×7 点阵,且要求 LCD 开显示、光标闪烁,请给出对应的控制指令。

6. 简述用 LCD1602 显示字符的程序设计的步骤。

四、论述题

1. 为什么要消除按键抖动? 消除按键抖动可以采用哪些方法? 软件消除按键抖动的原理是什么?

2. 以 4 位数码管显示为例,说明数码管动态显示的原理。

3. 阐述点阵 LED 显示器的工作原理。

五、程序设计题

1. 基于如图 7.11 所示的仿真电路原理图,编写程序,实现如下功能:两个数码管循环流水显示数字 0~9,开始显示 1、2,然后显示 2、3,接着显示 3、4,……

2. 基于如图 7.16 所示的仿真电路原理图,编写程序,实现如下功能:点阵 LED 显示器依次显示汉字"日""月""山""石"。

3. 基于如图 7.22 所示仿真电路原理图,编写程序,实现如下功能:LCD 单行显示,由左起第 5 位显示"Hello!"。

第 8 章
CHAPTER 8

AT89C51 的资源扩展

本章介绍 AT89C51 扩展外部资源的技术,主要说明单片机与程序存储器、数据存储器、I/O 接口芯片的接口设计技术。通过本章的学习,应该达到以下目标。

(1) 了解 AT89C51 并行扩展的基本概念,掌握 AT89C51 并行扩展的基础知识。

(2) 掌握 AT89C51 扩展程序存储器的技术。

(3) 掌握 AT89C51 扩展数据存储器的技术。

(4) 掌握 AT89C51 扩展并行 I/O 端口的技术。

8.1 AT89C51 并行扩展概述

8.1.1 AT89C51 并行扩展的概念

1. AT89C51 并行扩展的结构

AT89C51 采用并行总线结构进行系统扩展,只要扩展部件符合总线标准,就能方便地接入系统,扩展容易实现。AT89C51 并行扩展的结构如图 8.1 所示。

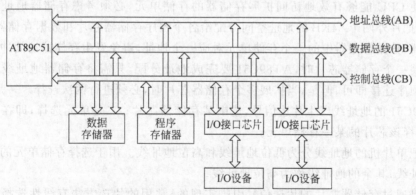

图 8.1 AT89C51 并行扩展的结构

AT89C51 扩展主要包括存储器扩展和 I/O 端口扩展。由于 I/O 接口芯片中的寄存器也可以看作数据存储器的一种,因此,本章重点介绍存储器扩展。AT89C51 采用的是哈佛结构,程序存储器和数据存储器是独立的,因此,存储器扩展分为程序存储器扩展和数据存储器扩展。外部存储器扩展之后,系统将形成两个并行的外部存储空间。

2. 系统总线

按照功能划分,AT89C51 的系统总线分为地址总线、数据总线和控制总线。AT89C51 片外三总线示意图如图 8.2 所示。地址总线(Address Bus,AB)用于传送单片机发出的地址信号,以选择存储单元或 I/O 接口芯片中的寄存器。地址总线是单向传输的。数据总线(Data Bus,DB)用于单片机与存储器之间传送数据,或单片机与 I/O 接口芯片之间传送数据。数据总线是双向传输的。控制总线(Control Bus,CB)用于传送单片机发出的控制信号。控制总线是单向传输的。

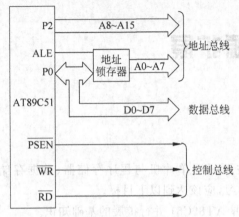

图 8.2 AT89C51 片外三总线示意图

在系统扩展时,AT89C51 通过总线与扩展部件连接起来,因此,系统扩展的主要任务就是构造系统总线。构造系统总线包括以下内容。

(1) 地址信号线。P0 提供低 8 位地址,P2 提供高 8 位地址,形成了 16 位地址总线,使寻址范围达到 64KB。

(2) 数据信号线。AT89C51 在进行系统扩展时,以 P0 作为数据总线。由于 AT89C51 的引脚较少,因此,P0 作为低 8 位地址总线和数据总线复用端口。为了使 P0 能够分时复用,需要外加地址锁存器。

(3) 控制信号线。ALE 是低 8 位地址的锁存控制信号,$\overline{EA}$ 是片内程序存储器、片外程序存储器的选择控制信号,$\overline{PSEN}$ 是扩展程序存储器的读选通控制信号,$\overline{RD}$、$\overline{WR}$ 是扩展数据存储器和 I/O 接口芯片的读、写选通控制信号。

8.1.2 存储器地址空间的分配

为了使 CPU 能够有效地访问扩展存储器的存储单元,必须考虑存储器地址空间分配的问题,即把片外两个 64KB 的地址空间分配给各个程序存储器芯片和数据存储器芯片,使程序存储器、数据存储器中的一个存储单元对应一个地址,避免发生存储器访问冲突。

当扩展一个存储器芯片时,AT89C51 要完成地址分配,只需将存储器地址线与单片机地址总线顺序连接即可,但是,当扩展多个存储器芯片时,必须进行两次选择。一是片选,即通过 AT89C51 的地址线产生片选信号,选中某存储器芯片;二是单元选择,即在片选的基础上,再选择该芯片的某一存储单元。

通常把单片机的地址线分为低位地址线和高位地址线。用于选择存储单元的地址线称为低位地址线,其余的地址线称为高位地址线。

片选是通过存储器芯片的片选信号引脚实现的,常用的片选方法有线性选择法和地址译码法。

1. 线性选择法

线性选择法简称线选法,直接用单片机的某一高位地址线作为存储器芯片的片选控制信号。在硬件连接时,只要把用到的高位地址线与存储器芯片的片选端直接连接即可。

线性选择法电路简单,成本低,但是,可扩展芯片较少,不能充分利用存储空间,地址空间不连续,程序设计不太方便。线性选择法只适用于扩展芯片数目不多的场合。

2. 地址译码法

地址译码法简称译码法,使用译码器对单片机的高位地址进行译码,将译码器的译码输出作为存储器芯片的片选信号。

若全部高位地址线都参加译码,称为全译码;若只有部分高位地址线参加译码,称为部分译码。部分译码可能出现一片扩展存储器对应多个地址空间的情况。

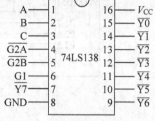

地址译码法能够有效利用存储空间,适用于扩展多片存储器。常用的译码器芯片有 3-8 译码器 74LS138、双 2-4 译码器 74LS139、4-16 译码器 74LS154 等。

图 8.3　3-8 译码器 74LS138 的封装与引脚分布

(1) 74LS138。3-8 译码器 74LS138 的封装与引脚分布如图 8.3 所示。

3-8 译码器 74LS138 的真值表如表 8.1 所示。74LS138 有 3 个数据输入端 A、B、C,经过译码,产生 8 种状态。

表 8.1　3-8 译码器 74LS138 的真值表

输　入　端						输　出　端							
G1	$\overline{G2A}$	$\overline{G2B}$	C	B	A	$\overline{Y7}$	$\overline{Y6}$	$\overline{Y0}$	$\overline{Y4}$	$\overline{Y3}$	$\overline{Y2}$	$\overline{Y1}$	$\overline{Y0}$
1	0	0	0	0	0	1	1	1	1	1	1	1	0
1	0	0	0	0	1	1	1	1	1	1	1	0	1
1	0	0	0	1	0	1	1	1	1	1	0	1	1
1	0	0	0	1	1	1	1	1	1	0	1	1	1
1	0	0	1	0	0	1	1	1	0	1	1	1	1
1	0	0	1	0	1	1	1	0	1	1	1	1	1
1	0	0	1	1	0	1	0	1	1	1	1	1	1
1	0	0	1	1	1	0	1	1	1	1	1	1	1
其他状态	×	×	×	1	1	1	1	1	1	1	1	1	1

在表 8.1 中,1 表示高电平,0 表示低电平,×表示任意电平。由表 8.1 可见,当译码器的输入为某一编码时,其输出仅有一个确定的引脚为低电平,其余的引脚均为高电平。与输出低电平的引脚相连的存储器芯片被选中,其余的存储器芯片未被选中。

例 8.1　用 74LS138 对 AT89C51 扩展 8 片 8KB 的 RAM 芯片 6264,试把 64KB 空间分配给各个芯片。

分析:对于 8KB 的 RAM,在进行单元选择时,需要 13 位低位地址线。为了扩展 8 片 8KB 的 RAM 芯片 6264,3 位高位地址线都要参加译码,因此,本例采用全译码方式。单片机发出 16 位地址码时,每次只能选中一个芯片以及该芯片的一个存储单元,存储器之间不会产生地址重叠的问题。

解　通过 3-8 译码器 74LS138,AT89C51 扩展 8 片 8KB 的 RAM 芯片 6264,64KB 地址空间的分配如图 8.4 所示。

(2) 74LS139。双 2-4 译码器 74LS139 的封装与引脚分布如图 8.5 所示。74LS139 集成了两个 2-4 译码器,两个译码器完全独立,有各自的数据输入允许端、数据输入端、译码状态输出端。

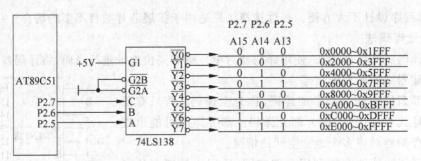

图 8.4　64KB 地址空间的地址空间分配

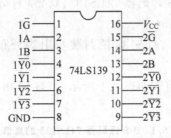

图 8.5　双 2-4 译码器 74LS139 的封装与引脚分布

双 2-4 译码器 74LS139 其中一个 2-4 译码器的真值表如表 8.2 所示。

表 8.2　双 2-4 译码器 74LS139 其中一个 2-4 译码器的真值表

输　入　端			输　出　端			
$\overline{G}$	B	A	$\overline{Y3}$	$\overline{Y2}$	$\overline{Y1}$	$\overline{Y0}$
0	0	0	1	1	1	0
0	0	1	1	1	0	1
0	1	0	1	0	1	1
0	1	1	0	1	1	1
1	×	×	1	1	1	1

8.1.3　地址锁存器

常用的地址锁存器芯片有 74LS373、74LS573 等。74LS373 是一种带有三态门的 8 位锁存器。74LS373 的封装与引脚分布如图 8.6 所示。74LS573 的功能与内部结构与 74LS373 相同,只是输入端 D0～D7 和输出端 Q0～Q7 依次排在芯片的两侧,方便电路设计。74LS573 的封装与引脚分布如图 8.7 所示。

地址锁存器芯片的引脚功能说明如下。

D7～D0:8 位数据输入线。

Q7～Q0:8 位数据输出线。

G:数据输入锁存选通信号。当加到该引脚的信号为高电平时,外部数据选通到内部锁存器,锁存器输出反映输入端的状态;当加到该引脚的信号为负跳变时,外部数据锁存到锁存器中。控制信号 G 与单片机的 ALE 信号相连。按照时序,P0 输出的低 8 位地址有效时,ALE 信号刚好处于负跳沿时刻,进行地址锁存。

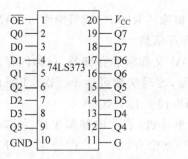

图 8.6　74LS373 的封装与引脚分布　　　图 8.7　74LS573 的封装与引脚分布

$\overline{OE}$：数据输出允许信号，低电平有效。当该信号为低电平时，三态门打开，锁存器中的数据输出到数据线；当该信号为高电平时，输出线为高阻态。当 74LS373 用作系统扩展的地址锁存器时，$\overline{OE}$ 端固定接低电平，三态门打开，锁存的地址处于输出状态。

74LS373 的内部结构图 8.8 所示，AT89C51 与 74LS373 的连接如图 8.9 所示。

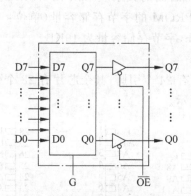

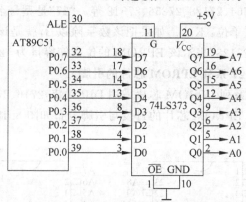

图 8.8　74LS373 的内部结构　　　图 8.9　AT89C51 与 74LS373 的连接

8.2　程序存储器扩展

8.2.1　程序存储器简介

程序存储器采用只读存储器（Read Only Memory，ROM）。单片机电源关闭后，ROM 中的程序不会丢失，系统上电后，CPU 可以读出程序重新执行。向 ROM 中写入信息称为 ROM 编程。根据编程方式的不同，可将 ROM 分为以下几种。

（1）掩膜 ROM。掩膜 ROM 在制造过程中进行编程。这种芯片的存储结构简单，集成度高，但是，掩膜工艺成本较高，只适合于大批量生产。

（2）可编程 ROM（Programmable ROM，PROM）。PROM 芯片出厂时没有程序，用户用编程器写入程序，但是只能写入一次，程序写入后不能再更改。

（3）可擦除可编程 ROM（Erasable Programmable ROM，EPROM）。EPROM 是用电信号编程、用紫外线擦除的 ROM。在芯片外壳的中间位置有一个圆形窗口，通过该窗口照射紫外线，可以擦除 ROM 中的内容。在扩展程序存储器时，如果使用 EPROM，还需要配置专用的紫外线擦除器。

（4）电擦除可编程 ROM（Electrically Erasable Programmable ROM，EEPROM 或

E^2PROM)。E^2PROM 是电信号编程、电信号擦除的 ROM。读写操作与 RAM 几乎没有什么区别，只是写入的速度慢一些，断电后能够保存信息。

(5) 闪存 ROM(Flash ROM)。Flash ROM 又称闪烁存储器，简称闪存。Flash ROM 采用电信号编程、电信号擦除，可快速在线改写，改写次数可达 1 万次。Flash ROM 读/写速度很快，而成本却比 E^2PROM 低得多，逐渐取代了 E^2PROM。

目前，许多公司生产的以 8051 为内核的单片机，芯片内部都集成了 Flash ROM。例如，美国 Atmel 公司生产的 89C2051/89C51/89C52/89C55，片内分别有 2KB/4KB/8KB/20KB 的 Flash ROM。对于这类单片机，如果片内 Flash ROM 可以满足应用系统的要求，就不必扩展外部程序存储器了。

8.2.2 典型的程序存储器介绍

在扩展程序存储器时，普遍使用 Intel 公司生产的 27 系列 EPROM 芯片，包括 2716、2732、2764、27128、27256、27512 等。"27"是型号名称，后面的数字表示该 EPROM 的位存储容量(单位：Kb)。如果把该数字除以 8，就是该 EPROM 的字节存储容量(单位：KB)。例如，"27128"表示该 EPROM 的位存储容量为 128Kb，字节存储容量为 16KB。

1. 27 系列 EPROM 芯片的引脚

27 系列 EPROM 芯片采用 DIP 封装，2716、2732 有 24 个引脚，其余芯片有 28 个引脚。27 系列 EPROM 芯片的封装与引脚分布如图 8.10 所示。

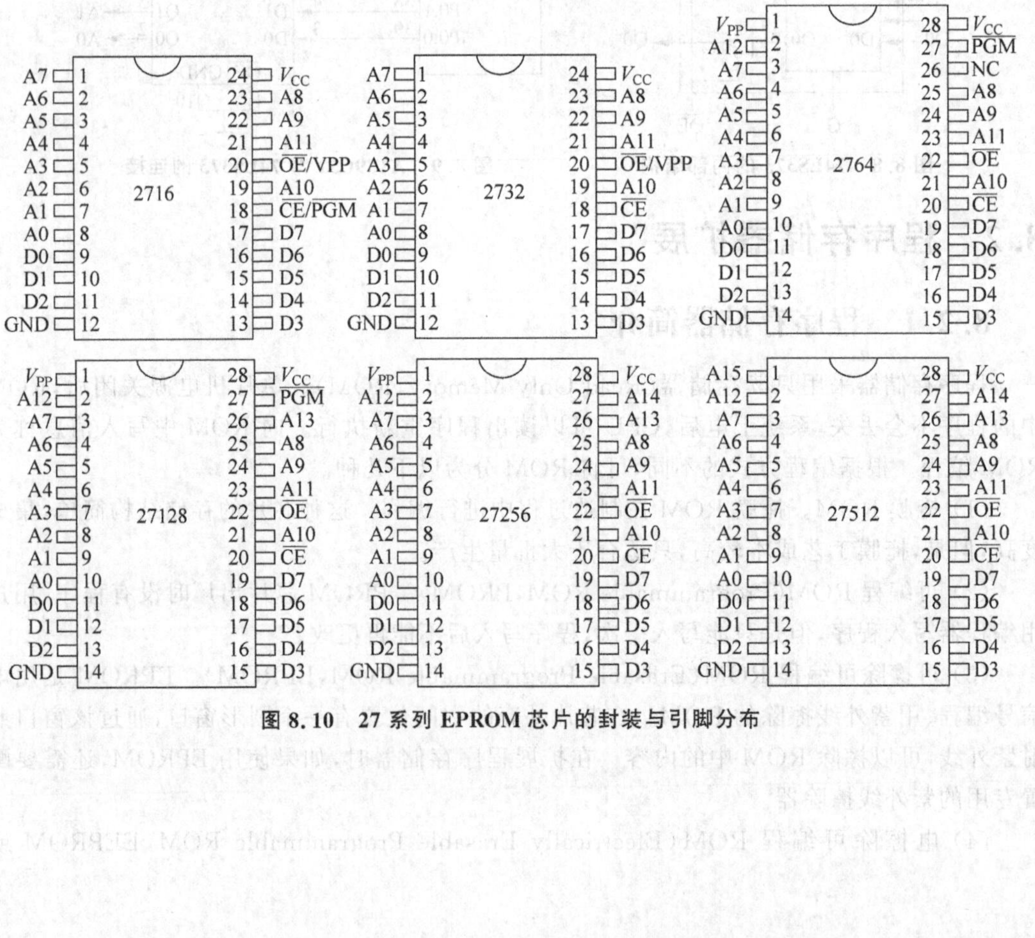

图 8.10 27 系列 EPROM 芯片的封装与引脚分布

27 系列 EPROM 芯片引脚的功能说明如下。

A15～A0：地址线引脚。用来进行单元选择,引脚数目由芯片的存储容量决定。

D7～D0：双向三态数据线引脚。编程时为输入线,读出时为输出线,禁止时为高阻。

$\overline{CE}$：片选控制端。

$\overline{OE}$：输出允许控制端。

$\overline{PGM}$：编程脉冲信号输入端。

V_{PP}：编程电压输入端,+12V 或+25V。

V_{CC}：电源输入端,+5V。

GND：接地线。

NC：常关,无用端口。

2. 27 系列 EPROM 芯片的技术参数

27 系列 EPROM 芯片的技术参数如表 8.3 所示。其中,V_{CC} 为芯片的工作电压,V_{PP} 为编程电压,I_m 为最大静态电流,I_s 为维持电流,T_{RM} 为最大读出时间。

表 8.3 27 系列 EPROM 芯片的技术参数

型 号	V_{CC}/V	V_{PP}/V	I_m/mA	I_s/mA	T_{RM}/ns
2716	5	25			350～450
2732	5	21	100	35	100～300
2764	5	12.5	75	35	100～300
27128	5	12.5	100	40	100～300
27256	5	12.5	100	40	100～300
27512	5	12.5	125	40	100～300

3. EPROM 芯片的工作方式

EPROM 有 5 种工作方式,由控制信号 $\overline{CE}/\overline{PGM}$、$\overline{OE}$ 的状态组合以及 V_{PP} 来确定。控制信号的电平状态与 EPROM 的工作方式之间的关系如表 8.4 所示。

表 8.4 控制信号的电平状态与 EPROM 的工作方式之间的关系

$\overline{CE}/\overline{PGM}$	$\overline{OE}$	V_{PP}	工作方式	D7～D0
0	0	+5V	读出	程序读出
正脉冲	1	+25V 或+12V	编程	程序写入
0	0	+25V 或+12V	编程校验	程序读出
0	1	+25V 或+12V	编程禁止	高阻
1	×	+5V	未选中	高阻

(1) 读出方式。将 EPROM 中指定地址单元的内容从数据引脚读出。

(2) 编程方式。将数据线上的数据写入指定地址的单元。编程地址由 A15～A0 提供,编程数据由 D7～D0 提供。

(3) 编程校验方式。V_{PP} 保持编程高电平,按照读出方式操作,读出编程固化好的内容,校验写入的内容是否正确。

(4) 编程禁止方式。D7～D0 呈高阻状态,不允许写入程序。

(5) 未选中方式。当片选控制线 $\overline{CE}$ 为高电平时,D7～D0 呈高阻状态,不占用数据线,

EPROM 处于低功耗维持状态。

在扩展程序存储器时,首先必须满足程序容量要求,其次需要考虑价格。随着大规模集成电路技术的发展,大容量存储器芯片的产量剧增,售价不断下降,性价比明显增高。由于有些厂家停止生产小容量芯片,某些小容量芯片的价格反而比大容量芯片还高,因此,在容量足够、价格合理的前提下,应该尽量采用大容量的芯片。采用大容量的芯片,程序调整余量大,还能减少芯片的数量,方便电路设计,提高系统的可靠性。

目前,28 系列 E^2PROM 芯片、29 系列 Flash ROM 已经得到了广泛的应用,限于篇幅,这里就不再介绍了。在设计单片机应用系统时,如果需要使用这些芯片,可以查阅相关芯片的技术手册。

8.2.3　程序存储器扩展实例

程序存储器扩展的主要工作是连接地址线、数据线和控制线。具体的连接包括:EPROM 的地址线 A0~An 对应连接到 AT89C51 的地址总线;EPROM 的数据线 D0~D7 对应连接到 AT89C51 的数据总线 P0.0~P0.7;EPROM 的输出允许控制端 $\overline{OE}$ 连接到 AT89C51 的片外程序存储器读控制端 $\overline{PSEN}$,片选端 $\overline{CE}$ 的控制可以采用线选法或译码法。程序存储器扩展的连线方法如图 8.11 所示。

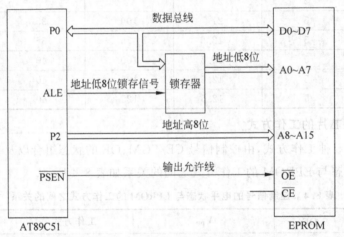

图 8.11　程序存储器扩展的连线方法

1. 扩展一片 EPROM

AT89C51 扩展一片程序存储器 27128 的连线方法叙述如下。

(1) 连接地址线。地址线的位数与存储器芯片的容量有关。27128 的存储容量是 16KB=2^{14}B,为了选择存储器单元,需要 14 位地址(A13~A0)。把 27128 的 A7~A0 与锁存器的 8 位地址输出端对应连接,A13~A8 与 AT89C51 的 P2.5~P2.0 对应连接。

(2) 连接数据线。把 27128 的 D0~D7 对应连接到 AT89C51 的 P0.0~P0.7。

(3) 连接控制线。把 27128 的 $\overline{OE}$ 端与 AT89C51 的 $\overline{PSEN}$ 端连接,用于存储单元的读出选通。这里只扩展一片程序存储器,可以用线选法进行片选。例如,可以把片选端 $\overline{CE}$ 直接接到 P2.6 或 P2.7 上。更简单的方法是,把片选端 $\overline{CE}$ 直接接地,固定选中这片程序存储器。

　　AT89C51 扩展一片 27128 的接口电路如图 8.12 所示,片选端 $\overline{CE}$ 直接接地。

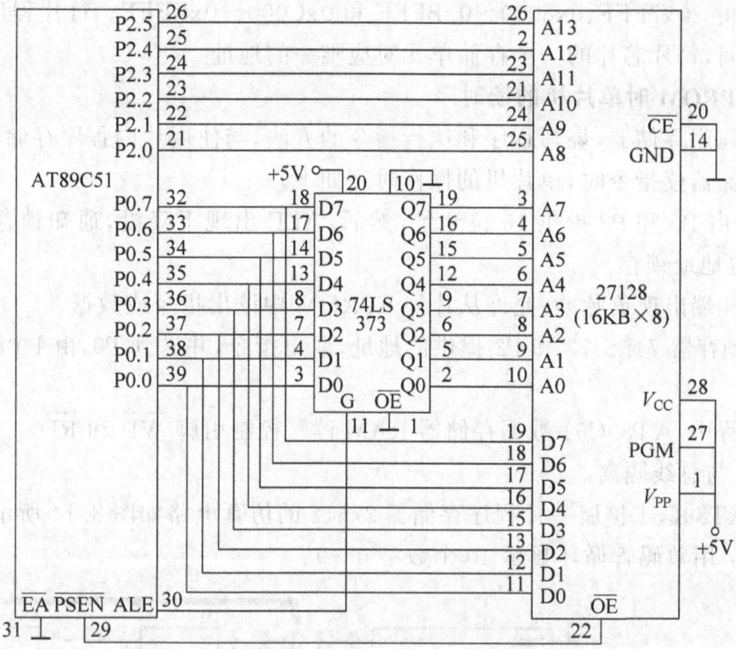

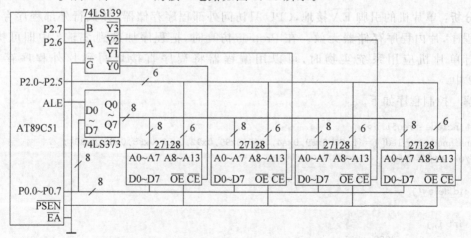

图 8.12　AT89C51 扩展一片 27128 的接口电路

　　下面根据地址线的连接情况,分析该程序存储器的地址范围。由于 P2.6、P2.7 的状态与该存储器芯片的编址无关,因此,P2.7、P2.6 可以取 00、01、10、11 这 4 种编码中的任意一个。这样,该程序存储器芯片就对应 4 个地址区:0x0000～0x3FFF、0x4000～0x7FFF、0x8000～0xBFFF、0xC000～0xFFFF,使用这些地址区中的地址,都能访问这片程序存储器的存储单元。在这种情况下,一个存储单元的地址不唯一,可能会给程序设计带来不便。

2. 扩展多片 EPROM

　　扩展多片 EPROM,除了片选端 $\overline{CE}$ 之外,其他引脚的连接方法与扩展一片 EPROM 相同。AT89C51 扩展 4 片 27128 的接口电路如图 8.13 所示。

图 8.13　AT89C51 扩展 4 片 27128 的接口电路

片选控制信号由 2-4 译码器 74LS139 产生。4 片程序存储器的地址范围分别为 0x0000～0x3FFF、0x4000～0x7FFF、0x8000～0xBFFF 和 0xC000～0xFFFF。每片程序存储器各有自己的地址空间，每片芯片的一个存储单元对应唯一的地址。

3. 扩展 EPROM 时单片机的读时序

使用片外程序存储器，烧写程序和执行指令的方法，与使用片内程序存储器一样。在执行片外程序存储器读指令时，单片机的操作时序如下。

(1) 首先，由 P0 和 P2 提供 16 位地址，然后，ALE 出现下降沿，通知锁存器 74LS373，把 P0 的低 8 位地址锁存。

(2) $\overline{PSEN}$ 端出现负脉冲，允许从片外 EPROM 中读出指令或数据。

(3) 根据锁存器 74LS373 和 P2 提供的地址，取出指令，并送到 P0，由 P0 读入 AT89C51 执行。

在上述过程中，AT89C51 数据存储器 RAM 读写控制引脚 $\overline{WR}$ 和 $\overline{RD}$ 一直处于高电平状态，使 RAM 与总线隔离。

例 8.2　AT89C51 扩展一片程序存储器 27512 的仿真电路如图 8.14 所示。编写程序，实现如下功能：用数码管循环显示 10 个数字 0～9。

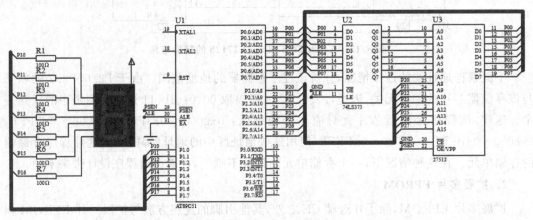

图 8.14　AT89C51 扩展一片程序存储器 27512 的仿真电路

分析：单片机的引脚 $\overline{EA}$ 接地，CPU 只访问外部程序存储器，并执行外部程序存储器中的程序，片内程序存储器无效。在 Proteus 仿真时，把程序加载到 27512 中即可执行。在设计单片机应用系统实物时，可以用编程器将程序直接烧写到片外程序存储器 27512 中。

解　控制程序如下。

```c
# include < reg51. h >
unsigned char led[] = {0xC0,0xF9,0xA4,0xB0,0x99,0x92,0x82,0xF8,0x80,0x90};
//0～9 的字型码

void delay()
{
  int i,j;
  for( i = 0;i < 3000;i++)
    for( j = 0;j < 5;j++);
```

```
}

int main(void)
{
  unsigned char i;
  while(1)
  {
    for(i = 0;i < 10;i++)      //循环显示 10 个数字
    {
      P1 = led[i];
      delay();                 //延时一段时间
    }
  }
}
```

注意：在进行 Proteus 仿真时，为了使单片机的 ALE、$\overline{\text{PSEN}}$ 端输出正确的控制波形，需要设置单片机的参数。具体步骤：双击单片机，弹出一个对话框，在 Advanced Properties 下拉列表中，选择 Simulate program Fetches，设置其值为 Yes。

通过仿真实验可知，基于如图 8.14 所示的仿真电路，可以选择执行两个控制程序中的一个。假设有两个控制程序，其中一个小于 4KB，把它加载到 AT89C51 中，而把另一个程序烧写到 27512 中。当把 AT89C51 的引脚 $\overline{\text{EA}}$ 接高电平或悬空时，CPU 将执行存储在 AT89C51 中的程序；当把 AT89C51 的引脚 $\overline{\text{EA}}$ 接地时，CPU 将执行存储在 27512 中的程序。

8.3　数据存储器扩展

8.3.1　数据存储器简介

数据存储器用于存储现场采集的原始数据或运算结果，因此，外部数据存储器应该能够随机地进行读或写，即应该是随机存储器（Random Access Memory，RAM）。

按照工作方式，数据存储器分为静态和动态两种。静态数据存储器（Static RAM，SRAM）只要加电，所存的数据就能保存。而动态数据存储器（Dynamic RAM，DRAM）使用的是动态存储单元，需要不停地进行刷新才能保存数据。DRAM 功耗低，价格便宜，集成密度大，集成同样的容量，DRAM 所占的芯片面积只有 SRAM 的 1/4。但是，DRAM 要有刷新电路，只能用于较大的计算机系统。在单片机应用系统中，扩展数据存储器都采用 SRAM。本节就讨论 SRAM 与 AT89C51 的接口设计。

扩展的数据存储器空间，由 P0 提供低 8 位地址，P2 提供高 8 位地址。片外数据存储器的读和写由 AT89C51 的 $\overline{\text{WR}}$(P3.6)和 $\overline{\text{RD}}$(P3.7)信号控制。

8.2 节介绍过，片外 EPROM 芯片的输出允许端 $\overline{\text{OE}}$ 与 AT89C51 的 $\overline{\text{PSEN}}$ 相连，即片外 EPROM 的输入、输出由 AT89C51 的 $\overline{\text{PSEN}}$ 控制。由此可见，虽然扩展的 SRAM 与 EPROM 的地址空间范围相同，但是它们的控制信号不同，不会发生总线冲突。

8.3.2　典型的数据存储器介绍

常用的 SRAM 芯片有 6116、6264、62128、62256 等，采用＋5V 供电，DIP 封装，6116 有

24 个引脚,其余芯片有 28 个引脚。6116、6264、62128、62256 的封装与引脚分布如图 8.15 所示。

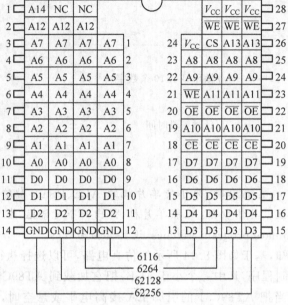

图 8.15　6116、6264、62128、62256 的封装与引脚分布

SRAM 芯片引脚的功能说明如下。

A0～A14：地址线,由外部输入,用以选择 SRAM 内部存储单元。

D0～D7：双向三态数据线。读时为输出线,写时为输入线,禁止时为高阻。

$\overline{\text{CE}}$：片选信号输入线,低电平有效。6264 还必须使 CS 为高电平,才能选中该片。

$\overline{\text{OE}}$：读选通信号输入线,低电平有效。

$\overline{\text{WE}}$：写允许信号输入线,低电平有效。

SRAM 的操作方式有读出、写入、维持,由控制引脚 $\overline{\text{CE}}$、$\overline{\text{OE}}$、$\overline{\text{WE}}$ 的电平决定。控制引脚的电平状态与 SRAM 的操作方式之间的关系如表 8.5 所示。

表 8.5　控制引脚的电平状态与 SRAM 的操作方式之间的关系

$\overline{\text{CE}}$	$\overline{\text{OE}}$	$\overline{\text{WE}}$	操作方式	D0～D7
0	0	1	读出	数据输出
0	1	0	写入	数据输入
1	×	×	维持	高阻

8.3.3　数据存储器扩展实例

数据存储器扩展的主要工作是连接地址线、数据线和控制线。具体的连接包括：SRAM 的地址线 A0～An 对应连接到 AT 89C51 的地址总线；SRAM 的数据线 D0～D7 对应连接到 AT 89C51 的数据总线 P0.0～P0.7；SRAM 的写入允许控制端 $\overline{\text{WE}}$ 连接到 AT 89C51 的写控制端 $\overline{\text{WR}}$,SRAM 的读出允许控制端 $\overline{\text{OE}}$ 连接到 AT 89C51 的读控制端 $\overline{\text{RD}}$,片选端 $\overline{\text{CE}}$ 的控制可以采用线性选择法或地址译码法。数据存储器扩展的连线方法如图 8.16 所示。

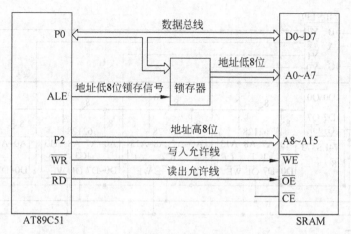

图 8.16　数据存储器扩展的连线方法

1. 用线选法扩展 6264

数据存储器 6264 的容量是 8KB,需要 13 位地址($A12 \sim A0$),剩余 3 位地址,若用线性选择法,最多可扩展 3 片 6264。用线性选择法扩展 3 片 6264 的接口电路如图 8.17 所示。

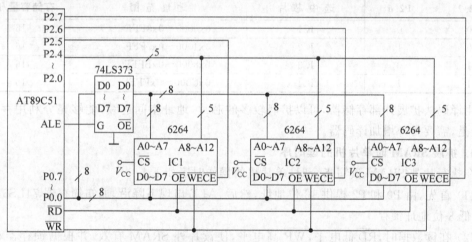

图 8.17　用线性选择法扩展 3 片 6264 的接口电路

3 片 6264 对应的存储器空间如表 8.6 所示。

表 8.6　3 片 6264 对应的存储器空间

P2.7	P2.6	P2.5	选中芯片	地 址 范 围	存储容量/KB
1	1	0	IC1	0xC000～0xDFFF	8
1	0	1	IC2	0xA000～0xBFFF	8
0	1	1	IC3	0x6000～0x7FFF	8

用线选法扩展外部存储器,电路简单,不需要译码器,但是,可以扩展的芯片较少,地址空间不连续,不能充分利用存储空间。

2. 用译码法扩展 62128

数据存储器 62128 的容量是 16KB,需要 14 位地址($A13 \sim A0$),剩余 2 位地址,若用 2-4 译码器,最多可扩展 4 片 62128。用译码法扩展 4 片 62128 的接口电路如图 8.18 所示。

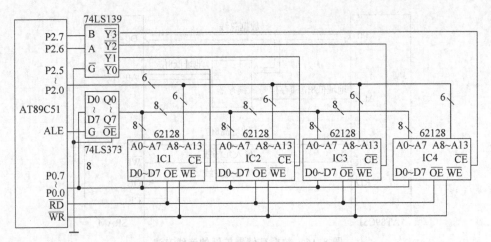

图 8.18   用译码法扩展 4 片 62128 的接口电路

4 片 62128 对应的存储器空间如表 8.7 所示。

表 8.7   4 片 62128 对应的存储器空间

P2.7	P2.6	选中芯片	地 址 范 围	存储容量/KB
0	0	IC1	0x0000～0x3FFF	16
0	1	IC2	0x4000～0x7FFF	16
1	0	IC3	0x8000～0xBFFF	16
1	1	IC4	0xC000～0xFFFF	16

用译码法扩展外部存储器,可以扩展较多的芯片,地址空间连续,能够充分利用存储空间,但是,需要另外增加译码器。

3. 扩展 SRAM 时单片机的读时序

在执行片外 SRAM 读写指令时,单片机的操作时序如下。

(1) 首先,由 P0 和 P2 提供 16 位地址,然后,ALE 出现下降沿,通知锁存器 74LS373 把 P0 的低 8 位地址锁存。

(2) 在读数据时,$\overline{RD}$ 低电平,$\overline{WR}$ 高电平,使读片外 SRAM 有效,并根据锁存器和 P2 提供的地址,取出数据并送 P0 输出,由 P0 读入单片机。

(3) 在写数据时,首先将数据加载到 P0 上,然后,$\overline{RD}$ 高电平,$\overline{WR}$ 低电平,使写片外 SRAM 有效,并根据锁存器和 P2 提供的地址,将 P0 上的数据写入片外 SRAM。

4. 访问扩展存储器的宏

AT89C51 在访问扩展存储器时,需要指定存储单元的地址。下面几个宏用于 51 单片机的绝对地址访问。

单字节访问的宏有 CBYTE、DBYTE、XBYTE 和 PBYTE。CBYTE 用来访问 ROM;DBYTE 用来访问片内 RAM;XBYTE 用来访问片外 RAM;PBYTE 也用来访问片外 RAM,但是,只能访问开始的 256B。

对应的双字节访问的宏有 CWORD、DWORD、XWORD 和 PWORD。

在程序开始部分加入文件包含命令"♯include < absacc. h >",就可以使用该头文件中定义的宏来访问绝对地址。例如,语句"rval = CBYTE[0x0002];"指向程序存储器的

0x0002 地址。又如,语句"rval＝XWORD[0x0002];"指向片外 RAM 的 0x0004 地址。由于 WORD 是一个字,两字节,故 XWORD[0x0002]指向的地址为 0x0004。

例 8.3　AT89C51 扩展一片数据存储器 6264 的仿真电路如图 8.19 所示。编写程序,实现以下功能:首先,把 0～9 共 10 个数字的共阳极数码管字型码存储到 6264 中;然后,从 6264 中循环读出字型码,并送到数码管显示。

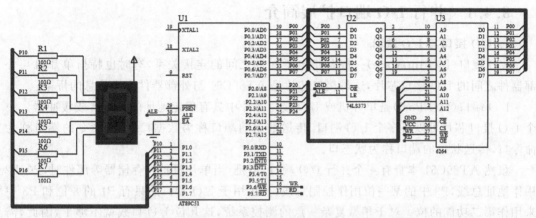

图 8.19　AT89C51 扩展一片数据存储器 6264 的仿真电路

分析:数据存储器 6264 的片选端 $\overline{CE}$ 接地,3 位高位地址 P2.5、P2.6、P2.7 没用到,都取为 0,因此,这片 6264 的存储器空间为 0x0000～0x1FFF。

解　控制程序如下。

```c
# include < reg51.h >
# include < absacc.h >
unsigned char led[] = {0xC0,0xF9,0xA4,0xB0,0x99,0x92,0x82,0xF8,0x80,0x90};

void delay()
{
  int i,j;
  for(i = 0;i < 30000;i++)
    for(j = 0;j < 5;j++);
}

int main(void)
{
  unsigned char i;
  for(i = 0;i < 10;i++)              //存储 10 个数字的字型码
  {
    XBYTE[0x0000 + i] = led[i];     //向扩展数据存储器写入数据
  }
  while(1)
  {
    for(i = 0;i < 10;i++)           //循环显示 10 个数字
    {
      P1 = XBYTE[0x0000 + i];       //从扩展数据存储器读出数据
      delay();
    }
  }
}
```

注意：在扩展数据存储器时，不需要 $\overline{\text{PSEN}}$ 端输出控制波形。在进行 Proteus 仿真时，把 Simulate program Fetches 的值设置为 No 或 Default。

8.4 并行 I/O 端口的简单扩展

8.4.1 并行 I/O 端口扩展简介

1. I/O 接口与 I/O 端口

I/O 接口(I/O Interface)一般是指电子元件之间的连接关系，有时也特指单片机与外部器件之间的 I/O 接口芯片，这种接口芯片是 AT89C51 与外部器件交换信息的桥梁。

I/O 端口(I/O Port)是单片机或 I/O 接口芯片中具有确定地址的寄存器或缓冲器。一个 I/O 接口芯片可以有多个 I/O 端口，传送数据的端口称为数据口，传送命令的端口称为命令口，传送状态的端口称为状态口。

虽然 AT89C51 本身有 4 个并行 I/O 端口，但是，当单片机扩展存储器等部件时，P0、P2 用作地址总线，P3 中的某些位用作控制总线，真正用于 I/O 端口的只有 P1 的 8 位和 P3 中未用作第二功能的位。对于稍微复杂一点的测控系统，这几位 I/O 口线就不够了，因此，需要扩展 I/O 端口。

6.5.1 节介绍了利用 AT89C51 串口通过外接移位寄存器扩展并行 I/O 端口的技术，下面介绍利用 AT89C51 并行端口通过 I/O 接口芯片扩展并行 I/O 端口的技术。

2. I/O 接口芯片的功能

用于单片机扩展并行 I/O 端口的 I/O 接口芯片具有如下功能。

(1) 实现单片机和外部器件之间的传输速率匹配。大多数外部器件的传输速率很慢，无法与单片机的传输速率相比。I/O 接口芯片可以在单片机与外部器件之间传送状态信息，实现单片机与外部器件之间的传输速率匹配。

(2) 输出数据锁存。单片机工作速率快，数据在数据总线上保留的时间十分短暂，慢速外部器件的接收速率跟不上。I/O 接口芯片有数据输出锁存器，保证接收设备的正常接收。

(3) 输入数据三态缓冲。输入设备向单片机输入数据时，数据总线上面可能挂有多个数据源，为了不发生冲突，只允许当前正在进行数据传送的数据源使用数据总线，其余的数据源应该处于隔离状态，为此，要求 I/O 接口芯片能够为数据输入提供三态缓冲功能。

3. I/O 数据的传送方式

为了实现单片机与不同外部器件的传输速率匹配，I/O 接口必须根据不同外部器件选择相应的数据传送方式。I/O 数据传送方式有同步传送、查询传送、中断传送。

(1) 同步传送。当外部器件的传输速率和单片机的传输速率相当时，采用同步传送方式。例如，单片机和外部数据存储器之间的数据传送就是同步传送方式。

(2) 查询传送。单片机查询外部器件准备好之后才进行数据传送。查询传送方式通用性好，硬件连线容易，查询程序简单，但是，在程序运行时，单片机需要不断查询外部器件是否准备好了，因此，这种传送方式效率不高。

(3) 中断传送。当外部器件准备好之后，发出中断请求，单片机进入中断服务函数，进行数据传送。中断服务完成后，返回中断点继续执行。中断传送方式可以提高单片机的工作效率。

4. I/O 端口的编址

I/O 端口编址就是给 I/O 接口芯片中的所有寄存器编址,有两种编址方式。

(1) 独立编址。I/O 寄存器地址空间和存储器地址空间分开编址。这种编址方式需要专门的读写 I/O 指令和控制信号。

(2) 统一编址。把 I/O 寄存器与数据存储器单元同等对待,统一编址。这种编址方式不需要专门的读写 I/O 指令,直接用访问数据存储器的指令进行 I/O 读写操作,简单方便。

AT89C51 使用统一编址方式,I/O 接口芯片中的一个寄存器相当于一个 RAM 单元。

8.4.2　并行 I/O 端口简单扩展实例

在某些单片机应用系统中,只需进行 I/O 端口的简单扩展。一般情况下,I/O 端口的简单扩展是通过 P0 进行的。由于 P0 分时复用,因此,在构成输出口时,I/O 接口芯片应该具有锁存功能;在构成输入口时,接口芯片应该能够三态缓冲或锁存选通。

利用 74LS245 和 74LS373 芯片,把 P0 扩展成输入口与输出口的仿真电路如图 8.20 所示。74LS245 是缓冲驱动器,用以扩展输入口,输入端接 8 个按钮开关。74LS373 是 8 位锁存器,用以扩展输出口,输出端接 8 个 LED,当某位输出端口为低电平时,对应的 LED 点亮,以此来显示 8 个按钮开关状态。

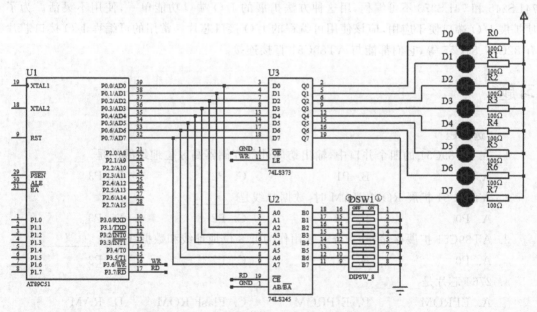

图 8.20　把 P0 扩展成输入口与输出口的仿真电路

74LS245 的工作受 AT89C51 的控制线 $\overline{RD}$ 的控制,74LS373 的工作受 AT89C51 的控制线 $\overline{WR}$ 的控制。该仿真电路的工作过程如下。

(1) 当 $\overline{RD}=0$、$\overline{WR}=1$ 时,选中 74LS245 芯片。若没有开关按下,则 74LS245 的输入端全为高电平 1。若某开关按下,则对应的输入端为低电平 0。74LS245 的输入状态通过 P0 数据线被读入 AT89C51 内。

(2) 当 $\overline{RD}=1$、$\overline{WR}=0$ 时,选中 74LS373 芯片。AT89C51 通过 P0 输出数据并锁存到

74LS373,74LS373 输出端的低电平位所对应的 LED 点亮。

例 8.4　基于如图 8.20 所示的 I/O 端口简单扩展的仿真电路,编写程序,把按钮开关状态通过 LED 显示出来。

解　控制程序如下。

```
# include < reg51. h >
# include < absacc. h >
# define PORT XBYTE[0xFFFF]        //地址写什么都可以

int main(void)
{
  unsigned char temp;
  while(1)
  {
    temp = PORT;     //读 74LS245 的寄存器,获取开关数据
    PORT = temp;     //写 74LS373 的寄存器,用开关数据控制 LED
  }
}
```

借助 74LS245 和 74LS373 进行 I/O 端口的简单扩展,线路简单,扩展方便,但是,74LS245 和 74LS373 不可编程,用这种方法扩展的 I/O 端口功能单一,使用不灵活。为了使扩展 I/O 端口便于应用,应该使用可编程的 I/O 接口芯片。常用的可编程 I/O 接口芯片有 82C55、81C55 等,它们都能与 AT89C51 直接连接。

习题

一、选择题

1. 在 AT89C51 的四个并口中,输出访问外部存储器高 8 位地址线的是_____。
　　A. P0　　　　　　　B. P1　　　　　　　C. P2　　　　　　　D. P3

2. AT89C51 扩展 ROM、RAM 时,数据总线是_____。
　　A. P0　　　　　　　B. P1　　　　　　　C. P2　　　　　　　D. P3

3. AT89C51 扩展存储器时,分时复用作为低 8 位地址线和数据线的是_____。
　　A. P0　　　　　　　B. P1　　　　　　　C. P2　　　　　　　D. P3

4. 2764 芯片是_____。
　　A. EPROM　　　　B. E^2PROM　　　　C. Flash ROM　　　D. RAM

5. 6264 芯片是_____。
　　A. EPROM　　　　B. E^2PROM　　　　C. Flash ROM　　　D. RAM

6. 区分 AT89C51 片外程序存储器和片外数据存储器的最可靠方法是_____。
　　A. 看芯片的封装与引脚
　　B. 看芯片的类型是 ROM 还是 RAM
　　C. 看芯片离 AT89C51 的远近
　　D. 看芯片是与 $\overline{RD}$、$\overline{WR}$ 信号连接还是与 $\overline{PSEN}$ 信号连接

7. AT89C51 扩展 8KB 程序存储器时,需要使用_____片 EPROM 芯片 2716。

  A. 2　　　　　　　　B. 3　　　　　　　　C. 4　　　　　　　　D. 5

8. 某存储器的容量是 8KB,它的低位地址线有_____条。

  A. 11　　　　　　　B. 12　　　　　　　C. 13　　　　　　　D. 14

9. 存储器的地址范围是 0000H~0FFFH,它的容量约为_____KB。

  A. 1　　　　　　　　B. 2　　　　　　　　C. 3　　　　　　　　D. 4

10. P0 数据/地址分离需要的数字逻辑器件是_____。

  A. 8 位缓冲器　　　　　　　　　　B. 8 位锁存器

  C. 8 位移位寄存器　　　　　　　　D. 8 反相器

11. AT89C51 控制 P0 数据/地址分离的控制线是_____。

  A. ALE　　　　　　B. $\overline{\text{PSEN}}$　　　　　C. $\overline{\text{RD}}$　　　　　　D. $\overline{\text{WR}}$

12. 若 P2.6、P2.4 为线性选择法的存储芯片的片选控制,无效的存储单元地址是_____。

  A. 0xB000　　　　B. 0xF000　　　　C. 0xE000　　　　D. 0x9000

13. 简单输出口扩展主要采用_____实现。

  A. 三态数据触发器　　　　　　　　B. 三态数据寄存器

  C. 三态数据锁存器　　　　　　　　D. 三态数据缓冲器

二、填空题

1. CPU 与存储器、I/O 接口芯片相连的系统总线通常由_____、_____、_____三种信号线组成。

2. 单片机存储器的主要功能是存储_____和_____。

3. 单片机选择扩展芯片的方法有两种,它们分别是_____和_____。

4. 线性选择法与地址译码法都是为扩展的存储器芯片的_____端提供控制信号。

5. AT89C51 的 P0~P3 均是_____(并行/串行)I/O 口,其中的 P0 和 P2 除了可以进行数据的输入、输出外,通常还用来构建系统的_____和_____。

6. AT89C51 的 P2 通常用作_____,也可以用作通用 I/O 口。

7. 当 AT89C51 扩展存储器时,用 P0、P2 传送_____,用 P0 来传送_____,这里采用的是_____技术。

8. AT89C51 访问片外存储器时,用_____信号锁存来自_____的低 8 位地址信号。

9. 11 条低位地址线可选_____个存储单元,16KB 存储空间需要_____条低位地址线。

10. 起止范围为 0x0000~0x3FFF 的存储器的容量是_____KB。

11. RAM 存储器的容量为 4KB,若首地址为 0x0000,则末地址为_____。

12. ROM 存储器的容量为 16KB,若首地址为 0x1000,则末地址为_____。

13. 在设计单片机应用系统中,常用作地址锁存器的芯片是_____,常用作地址译码器的芯片是_____。

14. 74LS138 是具有_____位输入_____位输出的译码器芯片。

15. 74LS373 是_____芯片,74LS244 是_____芯片。

16. AT89C51 选择内部程序存储器时,应该将引脚 $\overline{EA}$ 设置为_____(高电平/低电平),而 $\overline{PSEN}$ 信号此时为_____。

17. 三态缓冲寄存器的"三态"是指_____、_____和_____。

三、简答题

1. 简述 AT89C51 的三总线的结构与功能。

2. 在 AT89C51 应用系统中,外接程序存储器和数据存储器,共 16 位地址线和 8 位数据线,为什么不会发生冲突?

3. AT89C51 有多少个 I/O 端口? 它们与单片机对外的地址总线、数据总线有什么关系? 地址总线、数据总线各是几位?

4. 在 AT89C51 扩展存储器时,为什么 P0 要接一个 8 位锁存器,而 P2 却不接?

5. 为什么要扩展单片机的 I/O 端口?

6. I/O 接口和 I/O 端口有什么区别?

7. I/O 接口的功能是什么?

8. 常用的 I/O 端口编址有哪两种方式? 各有什么特点? AT89C51 的 I/O 端口编址采用的是哪种方式?

四、论述题

叙述单片机系统三总线的构造方法。

第9章
CHAPTER 9

AT89C51 模拟信号处理

本章介绍单片机控制系统的基本结构,典型的 ADC、DAC 芯片,以及 AT89C51 与 ADC、DAC 芯片的接口设计技术。通过本章的学习,应该达到以下目标。

(1) 了解单片机控制系统的基本结构和主要部件。

(2) 理解模数转换的原理,了解 ADC 的主要技术指标,熟悉 ADC0809 的结构与功能,掌握 AT89C51 与 ADC0809 的接口设计方法。

(3) 理解数模转换的原理,了解 DAC 的主要技术指标,熟悉 DAC0832 的结构与功能,掌握 AT89C51 与 DAC0832 的接口设计方法。

(4) 通过学习本章的应用实例,掌握利用单片机、ADC 芯片、DAC 芯片进行模拟信号处理的方法。

9.1 单片机控制系统介绍

单片机是微型计算机的一个重要分支,具有一台微型计算机的基本属性,特别适用于测控领域。以单片机为控制核心,以传感器采集被控对象及环境信息,以电机等作为执行机构,就可以对被控对象进行控制,这种控制系统称为单片机控制系统。

在单片机控制系统中,用传感器采集被控对象及环境的状态信息,并把这些信息传送给单片机进行处理。由于单片机只能接收二进制的数字信号,而许多被测量的量值都是模拟信号,因此,单片机不能直接对这些信息进行处理。例如,温度、湿度、压力、流量、速度等非电物理量,经过传感器的信号采集,转换成电压、电流等形式的模拟电信号,这些模拟电信号还必须转换成数字信号,才能被单片机接收和处理。

反过来,在单片机控制系统中,单片机的输出信号主要用来驱动电机、舵机等执行机构,而执行机构中许多设备只能受电压、电流等模拟电信号的控制。因此,必须把单片机输出的数字信号转换为模拟电信号,才能实现单片机对执行机构的控制。

由上述分析可知,典型的单片机控制系统的基本结构如图 9.1 所示。

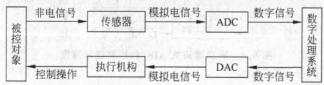

图 9.1 典型的单片机控制系统的基本结构

把模拟电信号转换为数字信号的过程称为模数转换,或 A/D 转换;完成模数转换的器件称为模数转换器(Analog to Digital Converter,ADC)。把数字信号转换为模拟电信号的过程称为数模转换,或 D/A 转换;完成数模转换的器件称为数模转换器(Digital to Analog Converter,DAC)。在设计单片机控制系统时,设计者需要选用合适的 ADC、DAC 芯片,理解它们的功能,熟悉引脚的分布,并掌握单片机与 ADC、DAC 的接口设计方法。

9.2   AT89C51 与 ADC 的接口设计

9.2.1   A/D 转换的原理

ADC 输入的是电模拟量,经过转换之后,输出的是数字量。ADC 种类很多,性能各异,各有优劣。按照转换原理,ADC 主要有直接并行比较式、逐次逼近式、双积分式、Σ-Δ 式等几种类型。直接并行比较式 ADC 的速度最快,但是价格最高。逐次逼近式 ADC 的特点是速度快,通过调整参考电压 V_{REF},可改变其动态范围,它的精度、速度和价格都比较适中,是最常用的 A/D 转换器件。双积分式 ADC 精度高、抗干扰性能好、价格低廉,应用比较广泛,但是,它的转换速度比较慢。Σ-Δ 式 ADC 具有逐次逼近式 ADC 与双积分式 ADC 的优点。与逐次逼近式 ADC 相比,信噪比高,分辨率高,线性度好,不需要采样保持电路;与双积分式 ADC 相比,对工业现场串模干扰的抑制能力强,转换速度较快。因此,Σ-Δ 式 ADC 逐渐受到设计者的青睐。

A/D 转换的过程主要包括采样、保持、量化和编码。下面以逐次逼近式 ADC 和双积分式 ADC 为例,说明 A/D 转换的原理。

1. 逐次逼近式 ADC 的转换原理

逐次逼近式 ADC 采用逐次逼近的方法进行转换。逐次逼近转换过程与用天平称物体重量非常相似。天平称物体重量的过程是,从最重的砝码开始试放,与被称物体进行比较,若物体重于砝码,则该砝码保留,否则移去。再试放次重的砝码,由物体的重量是否大于砝码的重量决定该砝码是留下还是移去。照此下去,一直到试放最轻的砝码为止。最后,将所有留下的砝码重量相加,就得此物体的重量。

逐次逼近式 ADC 由 D/A 转换器、N 位寄存器、比较器、控制电路 4 部分组成。逐次逼近式 ADC 的转换原理示意图如图 9.2 所示。

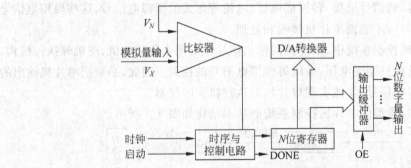

图 9.2   逐次逼近式 ADC 转换原理示意图

待转换的模拟量 V_X 输入后,启动 ADC 进行 A/D 转换,A/D 转换过程如下。

(1) 把 N 位寄存器最高位 D_{N-1} 置 1,其余位全部清 0,该数字量经过 D/A 转换器变换成模拟信号 V_N,将 V_X 与 V_N 进行比较。若 $V_X \geqslant V_N$,则保留 D_{N-1} 位的 1;否则,D_{N-1} 位清 0。

(2) 把次高位 D_{N-2} 置 1,后面各位全部清 0,把此时 N 位寄存器中的数字量经过 D/A 转换器变换成模拟信号 V_N,将 V_X 与 V_N 进行比较。若 $V_X \geqslant V_N$,则保留 D_{N-2} 位的 1;否则,D_{N-2} 位清 0。

(3) 如此循环下去,直到把 N 位寄存器的最后一位 D_0 比较完为止。控制单元发出转换结束信号,读出 N 位寄存器的数字量,这就是与模拟量 V_X 相对应的转换结果。

由于 N 位寄存器需要比较 N 次,而且每次所得的数字量都更接近最后的转换结果,因此,把这种转换方式称为逐次逼近式模数转换。

2. 双积分式 ADC 的转换原理

双积分式 ADC 由电子开关、积分器、比较器、计数器、控制逻辑电路等组成。双积分式 ADC 的转换原理如图 9.3 所示。

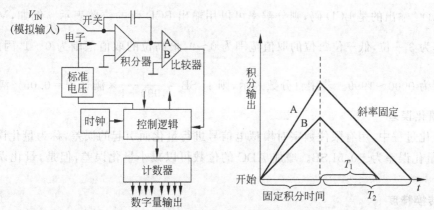

图 9.3　双积分式 ADC 转换原理示意图

待转换的模拟量 V_{IN} 输入后,启动 ADC 进行 A/D 转换,A/D 转换过程如下。

(1) 输入模拟电压 V_{IN} 加到积分器,进行固定时间的积分,通常这段积分时间约为整个转换周期的 1/3。同时,计数器开始对时钟脉冲进行计数,此时计数器用作定时器。

(2) 当计数器计满预先设定的固定值之后,将极性相反的标准电压加到积分器上,积分器从刚才积分的终值开始进行反向积分。同时,计数器从 0 开始对时钟脉冲进行计数。

(3) 当积分器输出到达 0 时,计数器停止计数。这时,控制电路向 CPU 发出"数据有效"的状态信号,CPU 从计数器的输出端读出转换的结果。

双积分式 A/D 转换的理论基础:输入模拟电压越大,在固定时间的积分结束时,积分器的终值也越大,因而反向积分所需的时间也就越长。

9.2.2　ADC 的主要技术指标

1. 转换时间

转换时间是 ADC 完成一次转换所需的时间。

2. 转换速率

转换速率是单位时间完成转换的次数。转换时间的倒数就是转换速率。

3. 分辨率

在进行 A/D 转换时，ADC 能够区分的模拟电信号的最小值，称为该 ADC 的分辨率。分辨率通常定义为输入模拟电信号的满量程与 2^n 之比，其中，n 为输出二进制数字的位数，或称为 ADC 的位数。分辨率的单位为 LSB，$1\text{LSB} = \dfrac{1}{2^n} \times$ 满量程。

这里，LSB 是 Least Significant Bit 的缩写，表示最低有效位，即一个数最右边的一位。相对地，MSB 是 Most Significant Bit 的缩写，表示最高有效位，即一个数最左边的一位。

分辨率由输出二进制数字的位数决定，位数越多，分辨率越高，因此，分辨率可以用 ADC 的位数表示。例如，假设 AD1674 的输入满量程为 10V，ADC 的位数为 12，则分辨率为 12 位，$1\text{LSB} = \dfrac{10\text{V}}{2^{12}} = 2.44\text{mV}$，或者 $1\text{LSB} = \dfrac{1}{2^{12}} \times$ 满量程 $= 0.0244\%$ 满量程。

若 ADC 输出的是 BCD 码，则分辨率可以用输出 BCD 码的位数表示。例如，MC14433 的分辨率为 $3\frac{1}{2}$ 位，低三位每位的取值范围为 $0\sim9$，最高位的取值范围为 $0\sim1$，因此，总的取值范围为 0000~1999。若用百分数表示，则 $1\text{LSB} = \dfrac{1}{1999+1} \times$ 满量程 $= 0.05\%$ 满量程。

4. 量化误差

在量化过程中，用有限位数字对模拟电信号进行量化而引起的误差，称为量化误差。在理论上，量化误差为 $\pm 0.5\text{LSB}$。增加 ADC 的位数可以减小量化误差，但是，量化误差不能消除。

5. 转换精度

一个实际 ADC 与一个理想 ADC 在量化值上的差值，称为该实际 ADC 的转换精度。转换精度可用绝对误差表示，也可以用相对误差表示。

一般来说，转换精度与分辨率之间有同向关系，位数越多，分辨率越高，转换精度也越高。但是，转换精度与分辨率并不完全一致。位数相同的 ADC，分辨率相同，但转换精度可能不同。这是因为一个 ADC 的转换精度受制造工艺、电源电压、基准电压、电阻等多种因素的影响。

9.2.3 ADC0809 介绍

1. ADC0809 的功能

ADC0809 是美国国家半导体公司采用 CMOS 工艺生产的逐次逼近式 ADC，允许 8 路模拟输入，内部有一个 8 通道多路开关，可以根据地址码锁存译码后的信号，选通 8 路模拟输入信号中的一路进行 A/D 转换。ADC0809 具有 8 位分辨率，A/D 转换之后，通过 8 位数字输出。ADC0809 可对 $0\sim+5\text{V}$ 的模拟信号进行转换。ADC0809 的转换时间取决于提供给芯片的时钟频率。若时钟 640kHz，转换时间为 $100\mu\text{s}$；若时钟为 500kHz，转换时间为 $130\mu\text{s}$。

2. ADC0809 的封装与引脚分布

ADC0809 有 28 个引脚,DIP 封装。ADC0809 的封装与引脚分布如图 9.4 所示。

ADC0809 引脚的功能说明如下。

(1) 电源引脚。

V_{CC}:芯片工作电压正极,+5V。

GND:接地。

$V_R(+)$、$V_R(-)$:基准电压输入端。基准电压是 ADC
在进行转换时的参考电压,是保证转换精度的基础,一般单
独由高精度稳压电源供电。$V_R(+)$ 接 +5V,$V_R(-)$ 接地。

(2) 输入/输出引脚。

IN0～IN7:8 路模拟电信号输入端。

D0～D7:8 位数字信号输出端。

(3) 控制引脚。

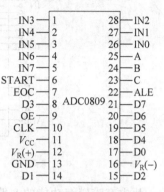

图 9.4　ADC0809 的封装与
引脚分布

ALE:地址锁存允许信号,高电平有效。

START:启动信号输入端,正脉冲有效。在脉冲的上升沿,使内部寄存器清 0;在脉冲
的下降沿,开始 A/D 转换。

EOC:转换结束信号输出端,高电平有效。

OE:输出允许端,高电平有效。

CLK:时钟信号输入端。

A、B、C:分别与三条地址线相连,控制 8 路模拟输入通道的切换。A、B、C 编码与 8 个
模拟输入通道的对应关系如表 9.1 所示。

表 9.1　A、B、C 编码与 8 个模拟输入通道的对应关系

C	B	A	模拟输入通道
0	0	0	IN0
0	0	1	IN1
0	1	0	IN2
0	1	1	IN3
1	0	0	IN4
1	0	1	IN5
1	1	0	IN6
1	1	1	IN7

3. ADC0809 的内部结构

ADC0809 的内部结构如图 9.5 所示,主要由三个部分构成。第一部分,包括 8 路模拟
输入通道以及相应的通道地址译码与地址锁存电路,可以实现 8 路模拟信号的分时采集。
第二部分,逐次逼近式 8 位 ADC,把模拟通道送入的模拟量转换为数字量,然后送入输出缓
冲器,并使转换结束信号 EOC 有效。第三部分,三态数据输出缓冲器,用于暂存 A/D 转换
完成的数字量。单片机在收到转换结束信号 EOC 有效之后,首先发送高电平到 OE,打开
数据输出缓冲器,然后读取缓冲器中的数据。

从图 9.5 可见,8 路模拟通道共用一个 A/D 转换器,8 路模拟信号的转换是分时进行

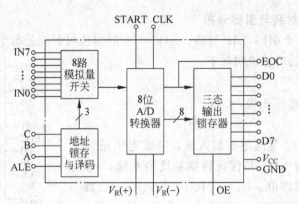

图 9.5　ADC0809 的内部结构

的。片内有带锁存功能的 8 路选 1 开关,由 A、B、C 的编码选定当前的模拟输入通道。虽然 ADC0809 有 8 路模拟输入通道,允许输入 8 路模拟信号,但是,在每一时刻,只能对 1 路模拟信号进行转换,各路之间的切换是通过软件改变通道地址来实现的。

4. A/D 转换的步骤

ADC0809 进行 A/D 转换的步骤如下。

(1) 确定模拟输入通道的地址,选择 ADC0809 的一个模拟输入通道。

(2) 执行写操作。单片机产生一个正脉冲,发送给 ADC0809 的 START 引脚,对选中通道进行转换。

(3) 转换结束后,ADC0809 的 EOC 引脚呈高电平,发出转换结束信号。该信号可供单片机查询,也可向单片机发出中断请求。

(4) 执行读操作。单片机产生一个高电平,发送给 ADC0809 的 OE 引脚,允许 ADC0809 输出,单片机读取转换后的数字信号。

5. 单片机读取 A/D 转换结果的方式

单片机读取 A/D 转换的结果,可以采用查询方式,也可以采用中断控制方式。

(1) 查询方式。单片机把启动信号送到 ADC 之后,执行其他程序,同时不断检测 ADC0809 的 EOC 引脚,以查询 A/D 转换是否结束。若查询到 A/D 转换已经结束,则读取转换后的数据。

(2) 中断控制方式。单片机把启动信号送到 ADC 之后,执行其他程序。当 ADC0809 转换结束并向单片机发出中断请求时,单片机响应该中断请求,进入中断服务函数,读取转换后的数据。

9.2.4　AT89C51 与 ADC0809 的接口设计

AT89C51 与 ADC0809 的接口电路设计方法有多种,其中一种如图 9.6 所示。

该接口电路的设计思路如下。

(1) 产生时钟信号。假设单片机的晶振频率为 12MHz,对时钟频率 12 分频后的频率为 1MHz,再对其进行 2 分频,就得到 ADC0809 所需要的频率为 500kHz 的时钟信号。因此,用定时器 T0 中断来实现 $1\mu s$ 的定时,每次中断改变 P3.1 的电平,从而实现在 P3.1 引脚输出周期为 $2\mu s$ 的方波,其频率即为 500kHz。

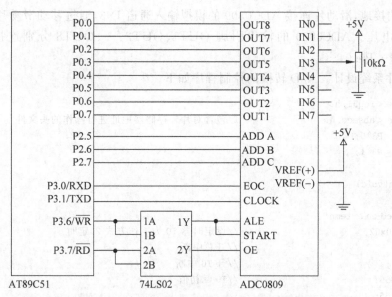

图 9.6　AT89C51 与 ADC0809 的一种接口电路

（2）构建地址总线。单片机的 P2.5、P2.6、P2.7 与 ADC0809 的引脚 A、B、C 相连,用于选通 8 路模拟输入通道 IN0~IN7 中的一路。从表 9.1 可见,通道 IN3 所对应的 C、B、A 的编码为 011,即 P2.7、P2.6、P2.5 的编码为 011。除了 P2.7、P2.6、P2.5 之外,如果其他地址线都用 1 表示,那么,ADC0809 模拟输入通道 IN3 的地址为 0x7FFF。

（3）构建数据总线。AT89C51 的 P0 与 ADC0809 的 8 位数据输出引脚 D0~D7 相连。

（4）启动 A/D 转换。单片机对 ADC0809 的"写"语句实现通道选择,启动 A/D 转换。

（5）读取转换结果。A/D 转换完成后,单片机对 ADC0809 的"读"语句把 A/D 转换结果读入单片机。

例 9.1　参考图 9.6,设计 A/D 转换仿真电路,编写程序,实现如下功能:将 ADC0809 通道 IN3 上输入的电压模拟量转换成数字量,并用连接在 P1 上的 8 个 LED 显示转换结果。

解　（1）硬件系统设计。A/D 转换的仿真电路如图 9.7 所示。滑动变阻器的一端接

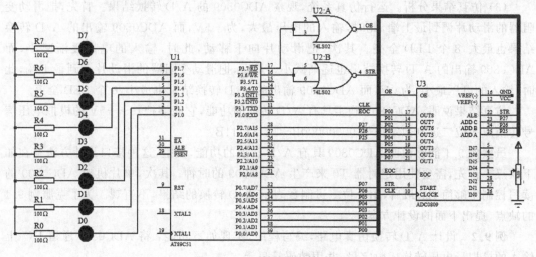

图 9.7　A/D 转换的仿真电路

+5V,另一端接地,滑动片连接 ADC0809 的模拟输入通道 IN3,通过移动滑动片,可以改变通道 IN3 的电压。ADC0809 的输出引脚 OUT1、OUT2、…、OUT8 分别连接单片机的 P0.7、P0.6、…、P0.0。

(2) 软件系统设计。A/D 转换的控制程序如下。

```c
# include < reg51.h >
# include < absacc.h >              //包含对片外存储器地址进行操作的头文件
sbit EOC = P3^0;
sbit CLK = P3^1;

void main(void)
{
  unsigned char temp;
  TMOD = 0x02;                      //设定时器 T0 为工作方式 2,定时
  EA = 1;                           //开总中断
  ET0 = 1;                          //开 T0 中断
  TL0 = 255;                        //T0 赋初值
  TH0 = 255;
  TR0 = 1;                          //启动定时器 T0
  P1 = 0xff;                        //8 个 LED 关
  while(1)
  {
    XBYTE[0x7FFF] = 0x00;           //选定 IN3,执行写操作,启动转换,写什么值都行
    while(!EOC);                    //等待转换结束.采用查询方式读取转换结果
    temp = XBYTE[0xFFFF];           //读出转换结果,地址用什么值都行
    P1 = ~temp;                     //数字按位取反后,送 LED 显示
  }
}

void time0() interrupt 1
{
  CLK = ~CLK;                       //输出脉冲,500kHz
}
```

(3) 仿真结果分析。运行仿真系统,观察 ADC0809 的 A/D 转换结果。首先,把滑动变阻器的滑动片调到最上端,此时,输入的电压最大,为+5V,而 ADC0809 输出的 A/D 转换结果也最大,8 个 LED 全亮。其次,把滑动片向下移动,此时,输入的电压逐渐减小,而 ADC0809 输出的 A/D 转换结果也逐渐减小。最后,把滑动变阻器的滑动片调到最下端,此时,输入的电压最小,为 0V,而 ADC0809 输出的 A/D 转换结果也最小,8 个 LED 全灭。

仿真结果说明,ADC0809 确实具有 A/D 转换的功能,它能够把 0～+5V 的模拟电压信号转换成 8 位二进制数字信号 00000000B～11111111B。

虽然例 9.1 能够说明 ADC0809 具有 A/D 转换的功能,但是,这种接口设计方法存在如下缺点。首先,需要使用定时器 T0 来产生 ADC0809 的时钟;其次,单片机对 ADC0809 的读写控制不够简明;最后,用 8 位二进制数表示 A/D 转换的结果,不直观。为了克服例 9.1 的缺点,提出下面的设计方案。

例 9.2　设计 A/D 转换仿真电路,编写程序,实现如下功能:将 ADC0809 通道 IN7 上输入的模拟量电压转换成数字量,并用数码管显示。

解　(1) 硬件系统设计。A/D 转换的仿真电路如图 9.8 所示。

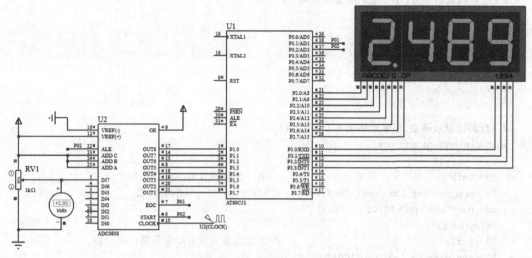

图 9.8　A/D 转换的仿真电路

ADD A、ADD B、ADD C 均接高电平,模拟电压信号经过变阻器 RV1 分压后由 IN7 通道进入 ADC0809,经过模/数转换后,产生的数字量经过输出端口传送给单片机的 P1。单片机对收到的数字量进行处理,产生数码管的段码,并通过 P2 传送给数码管显示。

ADC0809 的 ALE 与 START 相连,并连接到单片机的 P0.2。ADC0809 的 EOC 连接到单片机的 P0.1,单片机通过检测 P0.1 判断转换是否完成。ADC0809 的 OE 连接 V_{CC},允许数字量输出。

滑动变阻器的一端接+5V,另一端接地,滑动片连接 ADC0809 的模拟输入通道 IN7,通过移动滑动片,可以改变通道 IN7 的电压。

(2) 软件系统设计。在数码管上显示转换后的数字信号时,有 4 位数字,从左向右分别为个位、十分位、百分位和千分位,显示时应该对数字信号进行适当的处理。

具体处理方法:把转换后的数字信号存入 result 变量中,result 乘以 5/255,得到对应的电压值;为了使数码管能够显示电压值,再把电压值扩大 1000 倍。这样,总的处理结果就是把 result 扩大 19.6 倍。

A/D 转换的控制程序如下。

```
# include < reg51.h >
# define uchar unsigned char
sbit EOC = P0^1;
sbit START = P0^2;

const char num_display[ ] = {0xc0,0xf9,0xa4,0xb0,0x99,0x92,0x82,0xf87,0x80,0x90};
//共阳极数码管 0~9 的段码

/*微秒级延时函数,用于控制信号的延时*/
void delay_us(int i)
{
    while(i--);
}
```

```
/* 毫秒级延时函数,用于数码管显示延时 */
void delay_ms(int i)
{
  int j,k;
  for(j = 0;j < i;j++)
    for(k = 0;k < 300;k++);
}

/* 数码管显示函数,显示电压值 */
void display(int adc_num)
{
  P3 = 0xf1;                               //第一位数码管显示电压值的个位
  P2 = num_display[(adc_num/1000)]&0x7f;   //&0x7f:个位后显示小数点
  adc_num = adc_num % 1000;
  delay_ms(3);
  P3 = 0xf2;                               //第二位数码管显示电压值的十分位
  P2 = num_display[(adc_num/100)];
  adc_num = adc_num % 100;
  delay_ms(3);
  P3 = 0xf4;                               //第三位数码管显示电压值的百分位
  P2 = num_display[adc_num/10];
  adc_num = adc_num % 10;
  delay_ms(3);
  P3 = 0xf8;                               //第四位数码管显示电压值的千分位
  P2 = num_display[adc_num];
  delay_ms(3);
}

void main(void)
{
  int x;
  uchar result;
  while(1)
  {
    START = 1;                             //在上升沿的时候,所有的内部寄存器全部清 0
    delay_us(5);
    START = 0;                             //在下降沿的时候,开始进行模数转换
    while(EOC!= 1);                        //等待转换结束.
    result = P1;                           //将转换结果保存到变量 result 中
    x = result * 19.6;
    display(x);
    delay_ms(3);
  }
}
```

(3)仿真结果分析。运行仿真系统,观察 ADC0809 的 A/D 转换结果。移动滑动片,可以在数码管上看到当前的电压值。为了检验本系统 A/D 转换的正确性,在滑动变阻器的两端接一个电压表。通过对比数码管的显示值与电压表的读数,可以确定本系统 A/D 转换的结果是正确的。

9.3　AT89C51 与 DAC 的接口设计

9.3.1　D/A 转换的原理

DAC 输入的是数字量,转换后输出的是电模拟量。对输入的各位二进制数,DAC 按其权重大小,转换为相应的模拟分量,再把各模拟分量相加,其和就是 D/A 转换的结果。

DAC 的输出形式有两种,即电压输出形式和电流输出形式。对于以电流形式输出的 DAC,在其输出端加一个 I-V 转换电路,就可以输出电压。

D/A 转换需要一定的时间,在这段时间内,DAC 输入端的数字量应该保持稳定,因此,在 DAC 数字量输入端,需要锁存器。大多数 DAC 都自带锁存器。

9.3.2　DAC 的主要技术指标

1. 转换时间

转换时间是指,从输入数字量到输出达到终值误差的 ± 0.5LSB 时所需的时间。快速 DAC 的转换时间可控制在 $1\mu s$ 以下。以电流形式输出的 DAC,转换时间较短;以电压形式输出的 DAC,由于要加上 I-V 转换的时间,因此,转换时间要长一些。

2. 分辨率

输入 DAC 的单位数字量的变化引起的模拟量输出的变化,称为该 DAC 的分辨率。分辨率通常定义为 DAC 的输出满量程与 2^n 之比,其中,n 是 DAC 的输入二进制位数,或称为 DAC 的位数。分辨率的单位为 LSB,$1\text{LSB}=\dfrac{1}{2^n}\times$满量程。

若 DAC 的输出满量程为 10V,DAC 的位数为 n,则 $1\text{LSB}=\dfrac{10\text{V}}{2^n}$。

对于 8 位 DAC,$n=8$,$1\text{LSB}=\dfrac{10\text{V}}{2^8}=39.1\text{mV}=0.391\%\times$满量程。

对于 10 位 DAC,$n=10$,$1\text{LSB}=\dfrac{10\text{V}}{2^{10}}=9.77\text{mV}=0.1\%\times$满量程。

对于 12 位 DAC,$n=12$,$1\text{LSB}=\dfrac{10\text{V}}{2^{12}}=2.44\text{mV}=0.024\%\times$满量程。

分辨率由 DAC 的位数决定,位数越多,分辨率越高,因此,分辨率可以用 DAC 的位数表示。在使用 DAC 时,应该根据分辨率的需要选定 DAC 的位数。

3. 转换精度

一个实际 DAC 与一个理想 DAC 在输出值上的差值,称为该实际 DAC 的转换精度。转换精度可用绝对误差表示,也可用相对误差表示。

一般来说,转换精度与分辨率之间有同向关系,位数越多,分辨率越高,转换精度也越高。但是,转换精度与分辨率并不完全一致,因为一个 DAC 的转换精度受制造工艺、电源电压、参考电压、电阻等多种因素的影响。

9.3.3　DAC0832 介绍

1. DAC0832 的功能

DAC0832 是美国国家半导体公司生产的 8 位 DAC,转换时间为 $1\mu s$,电流输出形式。

2. DAC0832 的封装与引脚分布

DAC0832 有 20 个引脚,DIP 封装。DAC0832 的封装与引脚分布如图 9.9 所示。

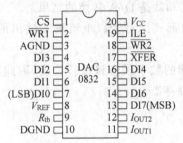

图 9.9　DAC0832 的封装与引脚分布

DAC0832 引脚的功能说明如下。

(1) 电源引脚。

V_{CC}:芯片工作电压正极,$+5\sim+15V$。

V_{REF}:基准电压输入端,$-10\sim+10V$。

AGND:模拟地,为模拟信号和基准电源的参考地。

DGND:数字地,为工作电源地和数字逻辑地。

(2) 输入引脚。

DI0~DI7:8 位数字信号输入引脚。一般与单片机的数据总线相连,用于输入单片机送来的待转换数字量。

(3) 控制引脚。

$\overline{\text{CS}}$:片选引脚,低电平有效。

ILE:输入锁存允许控制引脚,高电平有效。

$\overline{\text{WR1}}$:输入寄存器写选通控制引脚,低电平有效。

$\overline{\text{XFER}}$:数据传送控制引脚,低电平有效。在电路设计时,可以作为地址线使用。

$\overline{\text{WR2}}$:DAC 寄存器写选通控制引脚,低电平有效。

R_{fb}:外部反馈信号输入引脚。DAC0832 内部有反馈电阻,R_{fb} 是反馈电阻的引出脚。可以连接到运算放大器的输出端,相当于把反馈电阻接在运算放大器的输入端与输出端之间。

(4) 输出引脚。

I_{OUT1}:电流输出 1 引脚。当 DAC 寄存器中的 8 位全为 0 时,I_{OUT1} 最小;当 DAC 寄存器中的 8 位全为 1 时,I_{OUT1} 最大。

I_{OUT2}:电流输出 2 引脚。满足条件:$I_{OUT1}+I_{OUT2}=$ 常数。在单极性输出时,I_{OUT2} 通常接地。

I_{OUT1} 与 I_{OUT2} 通常连接到运算放大器的输入端。

3. DAC0832 的内部结构

DAC0832 的内部结构如图 9.10 所示。DAC0832 主要包括三个部分,即输入寄存器、DAC 寄存器和 D/A 转换电路。输入的数字信号需要经过两级寄存器才能进入 D/A 转换器进行转换。输入寄存器由 $\overline{\text{LE1}}$ 控制,用于存放单片机送来的数字量,使输入数字量得到缓冲和锁存。DAC 寄存器由 $\overline{\text{LE2}}$ 控制,用于存放待转换的数字量。D/A 转换电路受 DAC 寄存器输出的数字量控制,当 DAC 寄存器的数字量到达 D/A 转换电路时,开始数/模转换,转换完成后,输出电流。

输入寄存器的锁存允许信号 $\overline{\text{LE1}}$ 由 ILE、$\overline{\text{CS}}$ 和 $\overline{\text{WR1}}$ 的逻辑组合产生。当 ILE=1、$\overline{\text{CS}}=0$、$\overline{\text{WR1}}=0$ 时,$\overline{\text{LE1}}=0$,有效,允许 DI0~DI7 的数据传送到输入寄存器并被锁存。

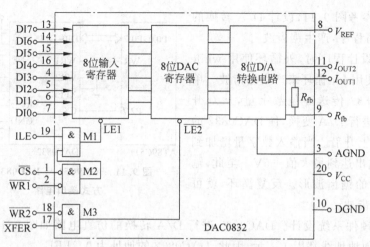

图 9.10　DAC0832 的内部结构

DAC 寄存器的锁存允许信号 $\overline{LE2}$ 由 $\overline{WR2}$ 和 $\overline{XFER}$ 的逻辑组合产生。当 $\overline{WR2}=0$、$\overline{XFER}=0$ 时, $\overline{LE2}=0$, 有效, 允许输入寄存器中的数据传送到 DAC 寄存器并被锁存。

9.3.4　AT89C51 与 DAC0832 的接口设计

利用控制信号 ILE、$\overline{WR1}$、$\overline{WR2}$ 和 $\overline{XFER}$ 的逻辑组合, 可以设置 DAC0832 为三种工作方式, 即直通方式、单缓冲方式和双缓冲方式。

1. 直通方式

DAC0832 内部有两个寄存器, 分别受 $\overline{LE1}$ 和 $\overline{LE2}$ 的控制。如果使 $\overline{LE1}$ 和 $\overline{LE2}$ 皆为低电平, 那么, 数据可以从输入端经过两个寄存器直接进入 D/A 转换电路。具体来说, 如果把 ILE 接高电平, 而把 $\overline{CS}$、$\overline{WR1}$、$\overline{WR2}$、$\overline{XFER}$ 都接地, 那么, DAC0832 工作于直通方式, 此时, D/A 转换不受单片机的控制。

2. 单缓冲方式

如果 DAC 只有一路模拟量输出, 或者虽然有多路模拟量输出, 但是不要求多路输出同步, 可以采用单缓冲工作方式。

单缓冲方式是指, 在 DAC0832 的两个寄存器中, 一个始终处于直通方式, 而另一个受单片机的控制。通常情况下, 使 DAC0832 的输入寄存器受单片机控制, 而 DAC 寄存器处于直通状态。

AT89C51 与 DAC0832 单缓冲方式的接口电路有多种, 其中一种如图 9.11 所示。AT89C51 的 P2.7、$\overline{WR}$ 分别与 DAC0832 的 $\overline{CS}$、$\overline{WR1}$ 相连, AT89C51 的 P0.1~P0.7 分别与 DAC0832 的 DI0~DI7 对应相连, DAC0832 的 ILE 接高电平, $\overline{WR2}$ 和 $\overline{XFER}$ 接地, I_{OUT1} 接到运算放大器的输入端, 运算放大器输出电压。

在图 9.11 中, 由于 DAC0832 的 ILE 为高电平, 因此, 输入寄存器受 $\overline{CS}$ 和 $\overline{WR1}$ 控制, 从而受单片机的控制。当 P2.7＝0 时, $\overline{CS}=0$, 选中 DAC0832。由于 $\overline{WR2}$ 和 $\overline{XFER}$ 接地, 因此, DAC0832 的 DAC 寄存器处于直通状态。

利用 DAC0832 的单缓冲工作方式, 可以制作波形发生器, 用来产生锯齿波、三角波、正弦波和矩形波等波形。

例 9.3 参考图 9.11,设计 D/A 转换的仿真电路,编写程序,产生锯齿波。

分析:在设计程序时,外循环使用 while 循环、内循环使用 for 循环来产生锯齿波。单片机向 DAC0832 传送 8 位数字量,从 0 开始,逐次加 1,进行 D/A 变换,使 DAC0832 的输出波形处于上升沿。当输入数字量增加到 255 时,模拟输出达到最大值+5V。至此,输出了一个完整的锯齿波形。反复循环,就可以输出一串锯齿波。

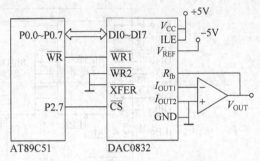

图 9.11   AT89C51 与 DAC0832 单缓冲方式接口电路

解 (1)硬件系统设计。DAC0832 进行 D/A 转换的仿真电路如图 9.12 所示。除了 P2.7 之外,其他地址线都用 1 表示,因此,DAC0832 的地址为 0x7FFF。

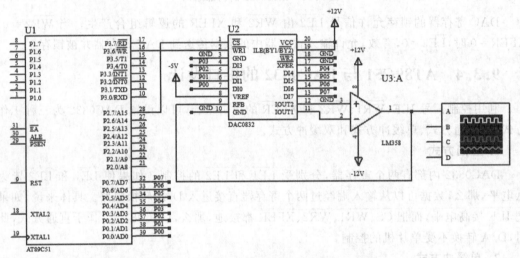

图 9.12   DAC0832 进行 D/A 转换的仿真电路

(2)软件系统设计。产生锯齿波的控制程序如下。

```
# include < reg51.h >
# include < absacc.h >         //头文件包含对片外存储器地址进行操作的函数定义
# define uchar unsigned char

void delay(uchar i)
{
  while(i--);
}

void main(void)
{
  uchar i;
  while(1)
  {
    for(i = 0;i < 256;i++)
    {
      delay(10);
```

```
    XBYTE[0x7FFF] = i;    //通过 P0 将数据送入 DAC0832,同时 WR 为低电平
    }
  }
}
```

（3）仿真结果分析。运行仿真系统,DAC0832 进行 D/A 转换产生的锯齿波如图 9.13 所示。每一个上升斜边有 256 个小台阶,每个小台阶暂留时间为延时函数的时间。通过改变延时函数的时间,可以改变锯齿波上升斜边的斜率,从而改变锯齿波的频率。

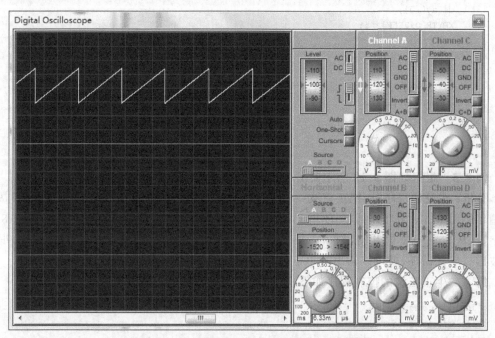

图 9.13　DAC0832 进行 D/A 转换产生的锯齿波

例 9.4　根据如图 9.12 所示的 D/A 转换仿真电路,编写程序,产生三角波。

分析：在设计程序时,外循环用 while 循环、内循环用 for 循环来产生三角波。单片机向 DAC0832 传送 8 位数字量,从 0 开始,逐次加 1,进行 D/A 变换,使 DAC0832 的输出波形处于上升沿。当输入数字量增加到 255 时,模拟输出达到最大值＋5V。接着,输入数字量逐次减 1,进行 D/A 变换,使输出波形处于下降沿。当输入数字量减小到 0 时,模拟输出达到最小值 0V。至此,输出了一个完整的三角波。反复循环,就可以输出一串三角波,如图 9.14 所示。

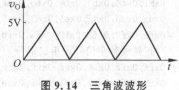

图 9.14　三角波波形

解　产生三角波的控制程序如下。

```
#include <reg51.h>
#include <absacc.h>
#define uchar unsigned char

void delay(uchar i)
{
  while(i--);
}
```

```
void main(void)
{
  uchar i,j;
  while(1)
  {
    for(i = 0;i < 255;i++)
    {
      delay(10);
      XBYTE[0x7FFF] = i;
    }
    for(j = 255;j > 0;j -- )
    {
      delay(10);
      XBYTE[0x7fff] = j;
    }
  }
}
```

例 9.5　根据如图 9.12 所示的 D/A 转换仿真电路,编写程序,产生正弦波。

分析：在设计程序时,把正弦波一个完整周期的数字信号存放在数组 sine_tab[256]中,外循环使用 while 循环,内循环使用 for 循环来产生正弦波。单片机向 DAC0832 传送 8 位数字量,从 sine_tab[0]开始,到 sine_tab[255]为止,进行 D/A 变换,输出了一个完整的正弦波波形。反复循环,就可以输出一串正弦波。

解　产生正弦波的控制程序如下。

```
# include < reg51.h >
# include < absacc.h >
# define uchar unsigned char


//正弦波的数字信号
uchar code sine_tab[256] = {
//正弦波数字信号的第一部分
0x80,0x83,0x86,0x89,0x8d,0x90,0x93,0x96,0x99,0x9c,0x9f,0xa2,0xa5,0xa8,0xab,0xae,
0xb1,0xb4,0xb7,0xba,0xbc,0xbf,0xc2,0xc5,0xc7,0xca,0xcc,0xcf,0xd1,0xd4,0xd6,0xd8,
0xda,0xdd,0xdf,0xe1,0xe3,0xe5,0xe7,0xe9,0xea,0xec,0xee,0xef,0xf1,0xf2,0xf4,0xf5,
0xf6,0xf7,0xf8,0xf9,0xfa,0xfb,0xfc,0xfd,0xfd,0xfe,0xff,0xff,0xff,0xff,0xff,0xff,
//正弦波数字信号的第二部分
0xff,0xff,0xff,0xff,0xff,0xff,0xfe,0xfd,0xfd,0xfc,0xfb,0xfa,0xf9,0xf8,0xf7,0xf6,
0xf5,0xf4,0xf2,0xf1,0xef,0xee,0xec,0xea,0xe9,0xe7,0xe5,0xe3,0xe1,0xde,0xdd,0xda,
0xd8,0xd6,0xd4,0xd1,0xcf,0xcc,0xca,0xc7,0xc5,0xc2,0xbf,0xbc,0xba,0xb7,0xb4,0xb1,
0xae,0xab,0xa8,0xa5,0xa2,0x9f,0x9c,0x99,0x96,0x93,0x90,0x8d,0x89,0x86,0x83,0x80,
//正弦波数字信号的第三部分
0x80,0x7c,0x79,0x76,0x72,0x6f,0x6c,0x69,0x66,0x63,0x60,0x5d,0x5a,0x57,0x55,0x51,
0x4e,0x4c,0x48,0x45,0x43,0x40,0x3d,0x3a,0x38,0x35,0x33,0x30,0x2e,0x2b,0x29,0x27,
0x25,0x22,0x20,0x1e,0x1c,0x1a,0x18,0x16,0x15,0x13,0x11,0x10,0x0e,0x0d,0x0b,0x0a,
0x09,0x08,0x07,0x06,0x05,0x04,0x03,0x02,0x02,0x01,0x00,0x00,0x00,0x00,0x00,0x00,
//正弦波数字信号的第四部分
0x00,0x00,0x00,0x00,0x00,0x00,0x01,0x02,0x02,0x03,0x04,0x05,0x06,0x07,0x08,0x09,
0x0a,0x0b,0x0d,0x0e,0x10,0x11,0x13,0x15,0x16,0x18,0x1a,0x1c,0x1e,0x20,0x22,0x25,
```

0x27,0x29,0x2b,0x2e,0x30,0x33,0x35,0x38,0x3a,0x3d,0x40,0x43,0x45,0x48,0x4c,0x4e,
0x51,0x55,0x57,0x5a,0x5d,0x60,0x63,0x66,0x69,0x6c,0x6f,0x72,0x76,0x79,0x7c,0x80};

```c
void main(void)
{
    uchar i;
    while(1)
    {
        for(i = 0;i < 256;i++)
        {
            XBYTE[0x7fff] = sine_tab[i];
        }
    }
}
```

运行仿真系统,DAC0832 进行 D/A 转换产生的正弦波如图 9.15 所示。

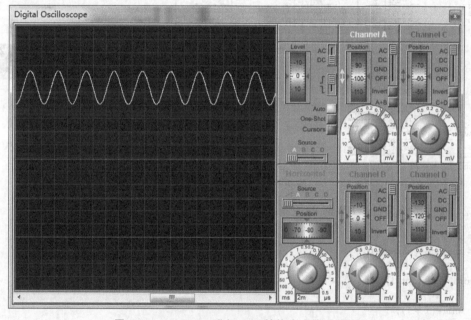

图 9.15　DAC0832 进行 D/A 转换产生的正弦波

在进行数字信号处理时,常常会用到矩形波。一般的矩形波如图 9.16(a)所示。常见的矩形波,上限电平为 +5V、下限电平为 0V,如图 9.16(b)所示。

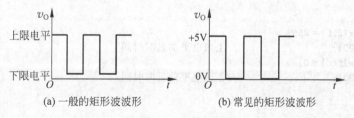

(a) 一般的矩形波波形　　　　(b) 常见的矩形波波形

图 9.16　矩形波波形

在如图 9.16(b)所示的矩形波中,设 +5V 电平的延时时间为 t_1、0V 电平的延时时间为 t_2,则 $t_1/(t_1+t_2)$ 称为该矩形波的占空比。通过改变 t_1、t_2 的值,可以改变矩形波的脉冲宽度,从而改变输出电压的功率,这就是脉宽调制(Pulse Width Modulation,PWM)。脉宽调制技术在现代控制系统中得到了广泛的应用,通过改变矩形波的占空比,可以控制电机的转速和舵机的转角,从而控制执行机构的动作。

例 9.6　参照图 9.12,设计 DAC0832 进行 D/A 转换的仿真电路,编写程序,产生如图 9.16(b)所示的矩形波,使占空比为 1/3。

分析:在设计程序时,使用延时函数来产生矩形波。由于要求占空比为 1/3,因此,0V 电平延时时间为 +5V 电平延时时间的 2 倍。

解　(1)硬件系统设计。PWM 的仿真电路如图 9.17 所示。在运算放大器的输出端接一个 LED,在仿真系统运行时,可以观察 LED 亮度的变化。

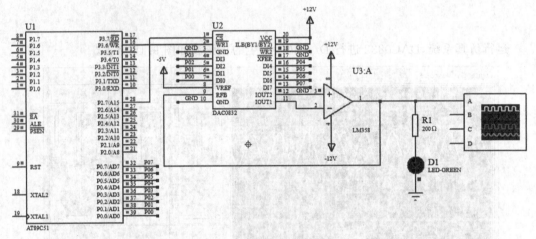

图 9.17　PWM 的仿真电路

(2)软件系统设计。PWM 的控制程序如下。

```c
#include < reg51.h >
#include < absacc.h >

void delay(int i)
{
    while(i -- );
}

void main(void)
{
    while(1)
    {
        XBYTE[0x7fff] = 255;
        delay(200);              //上限电平的延时时间
        XBYTE[0x7fff] = 0;
        delay(400);              //下限电平的延时时间
    }
}
```

(3)仿真结果分析。运行仿真系统,产生的矩形波如图 9.16(b)所示,占空比为 1/3。

仿真实验还表明,通过改变程序中上限电平与下限电平的延时时间,可以改变占空比,LED 的亮度随着占空比的改变而变化,说明运算放大器的输出功率随占空比的改变而变化。这就是 PWM 的理论基础。

3. 双缓冲方式

在有些应用系统中,需要同步输出多路数字量的 D/A 转换结果。例如,用两路 DAC 输出的模拟电压 V_x 和 V_y 来控制 X-Y 绘图仪,把 V_x 和 V_y 分别加到 X-Y 绘图仪的 X 通道和 Y 通道,X-Y 绘图仪由 X、Y 两个方向的步进电机驱动,其中一个电机控制画笔沿 X 方向移动,另一个电机控制画笔沿 Y 方向移动。此时,对 X-Y 绘图仪的控制要达到两条要求:一是需要两个 DAC,分别给 X 通道和 Y 通道提供模拟电压信号,使画笔能够做平面运动;二是两路模拟电压信号 V_x 和 V_y 必须同步。

如果需要同步输出多路数字量的 D/A 转换结果,那么,DAC0832 必须采用双缓冲方式。此时,数字量的输入锁存和 D/A 转换分两步完成。单片机通过控制 DAC0832 的 $\overline{LE1}$ 来控制数字量的输入锁存,通过控制 DAC0832 的 $\overline{LE2}$ 来启动 D/A 转换。因此,在双缓冲方式下,单片机需要通过两个 I/O 口来控制 DAC0832。

AT89C51 与两片 DAC0832 双缓冲方式的仿真电路如图 9.18 所示,上面的 DAC0832 为 1♯,下面的 DAC0832 为 2♯。

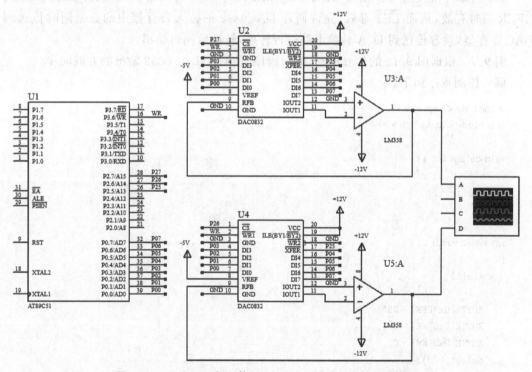

图 9.18 AT89C51 与两片 DAC0832 双缓冲方式的仿真电路

在图 9.18 中,AT89C51 的 P2.7 与 1♯ DAC0832 的 $\overline{CS}$ 相连,P2.6 与 2♯ DAC0832 的 $\overline{CS}$ 相连,P2.5 同时与两片 DAC0832 的 $\overline{XFER}$ 相连,$\overline{WR}$ 同时与两片 DAC0832 的 $\overline{WR1}$ 相连,两片 DAC0832 的 ILE 都接高电平,两片 DAC0832 的 $\overline{WR2}$ 都接地。

在设置控制端口地址时,实际上只用到 P2.7、P2.6 和 P2.5,其余的地址线没有用到,可以全部设置为 1。这样,1♯ DAC0832 的两个端口地址为 0x7FFF 和 0xDFFF,2♯ DAC0832 的两个端口地址为 0xBFFF 和 0xDFFF。其中,0x7FFF、0xBFFF 分别为 1♯

DAC0832、2♯ DAC0832 的数字量输入锁存控制端口地址,0xDFFF 为启动 D/A 转换的控制端口地址。

双缓冲方式工作过程如下。

(1)当单片机发送"写"信号"XBYTE[0x7FFF]= * "时,P2.7=0,1♯ DAC0832 的 ILE、$\overline{\text{CS}}$ 和 $\overline{\text{WR1}}$ 都有效,从而 $\overline{\text{LE1}}$ 有效,允许写入的数据传送到其输入寄存器并被锁存;P2.6=1,2♯ DAC0832 的 $\overline{\text{CS}}$=1,从而 $\overline{\text{LE1}}$=1,不允许写入的数据传送到其输入寄存器;P2.5=1,两片 DAC0832 的 $\overline{\text{XFER}}$=1,不允许输入寄存器中的数据传送到 DAC 寄存器。

(2)同理,当单片机发送"写"信号"XBYTE[0xBFFF]= * "时,P2.7=1,1♯ DAC0832 的 $\overline{\text{CS}}$=1,从而 $\overline{\text{LE1}}$=1,不允许写入的数据传送到其输入寄存器;P2.6=0,2♯ DAC0832 的 ILE、$\overline{\text{CS}}$ 和 $\overline{\text{WR1}}$ 都有效,从而 $\overline{\text{LE1}}$ 有效,允许写入的数据传送到其输入寄存器并被锁存;P2.5=1,两片 DAC0832 的 $\overline{\text{XFER}}$=1,不允许输入寄存器中的数据传送到 DAC 寄存器。

(3)当单片机发送"写"信号"XBYTE[0xDFFF]= * "时,P2.5=0,两片 DAC0832 的 $\overline{\text{XFER}}$ 同时有效,从而 $\overline{\text{LE2}}$ 有效,允许两片 DAC0832 的输入寄存器中的数据同时传送到 DAC 寄存器,接着传送到 D/A 转换电路进行转换,转换后同时输出。

例 9.7 根据图 9.18 的仿真电路,编写程序,使两片 DAC0832 输出的方波同步。

解 控制程序如下。

```
# include < reg51.h >
# include < absacc.h >

void delay(int i)
{
    while(i--);
}

int main(void)
{
    while(1)
    {
        XBYTE[0x7FFF] = 255;
        XBYTE[0xBFFF] = 255;
        XBYTE[0xDFFF] = 0;
        delay(1000);
        XBYTE[0x7FFF] = 0;
        XBYTE[0xBFFF] = 0;
        XBYTE[0xDFFF] = 0;
        delay(1000);
    }
}
```

运行仿真系统,AT89C51 与两片 DAC0832 双缓冲方式的仿真结果如图 9.19 所示。易见,两片 DAC0832 输出的方波是同步的。

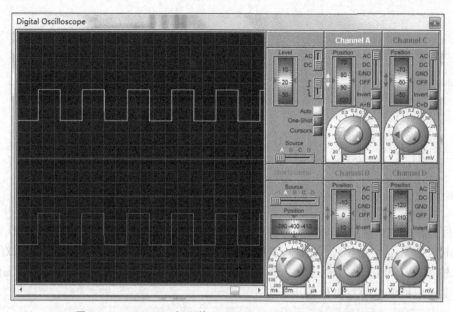

图 9.19　AT89C51 与两片 DAC0832 双缓冲方式的仿真结果

9.3.5　DAC0832 的双极性电压输出

在前面的数模转换仿真电路中,DAC0832 输出的都是正电压,称为单极性模拟电压输出。按照图 9.12 接线,在选用负参考电压时,$V_{REF} = -5V$,DAC0832 输出单极性模拟电压,输出电压 v_o 与输入数字量 B 的关系为:

$$v_o = -B \cdot \frac{V_{REF}}{256} \tag{9.1}$$

式(9.1)中,$B = b_7 \cdot 2^7 + b_6 \cdot 2^6 + \cdots + b_1 \cdot 2^1 + b_0 \cdot 2^0$。易见,$v_o$ 和输入数字量 B 成正比,当 B 为 0 时,v_o 为 0V;当 B 为 255 时,v_o 为最大值,约为 $+5V$。

在有些应用场合,要求 DAC0832 输出双极性模拟电压。例如,通过正负电压控制电机的正反转。DAC0832 输出双极性模拟电压的仿真电路如图 9.20 所示。单片机通过 P0 向 DAC0832 发送 8 位待转换的数字量,U3:A 和 U3:B 均为运算放大器,$R_2 = R_3 = 2R_1$。

此时,输出电压 v_o 与输入数字量 B 的关系为:

$$v_o = (B - 128) \cdot \frac{V_{REF}}{128} \tag{9.2}$$

由式(9.2)可知,在选用正参考电压 V_{REF} 时,若输入数字量大于 128,则输出模拟电压 v_o 为正;若输入数字量等于 128,则输出模拟电压为 0V;若输入数字量小于 128,则输出模拟电压 v_o 为负。输出的模拟电压 v_o 的范围为 $-V_{REF} \sim V_{REF}$。

例 9.8　根据如图 9.20 所示的仿真电路,编写程序,使 DAC0832 能够输出双极性的电压。

解　DAC0832 输出双极性的电压控制程序如下。

```
# include < reg51.h >
# include < absacc.h >

void delay(int i)
{
  while(i--);
```

```
    }

    int main(void)
    {
      while(1)
      {
        XBYTE[0x7FFF] = 255;
        delay(500);
        XBYTE[0x7FFF] = 128;
        delay(1000);
        XBYTE[0x7FFF] = 0;
        delay(500);
      }
    }
```

运行仿真系统,DAC0832 输出双极性模拟电压的仿真结果如图 9.21 所示。DAC0832 的参考电压为 $V_{REF} = +5V$。当输入数字量为 255 时,输出电压为 $+5V$;当输入数字量为 128 时,输出电压为 $0V$;当输入数字量为 0 时,输出电压为 $-5V$。仿真结果表明,该仿真电路能够实现模拟电压的双极性输出。

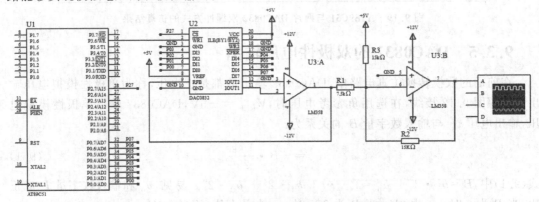

图 9.20 DAC0832 输出双极性模拟电压的仿真电路

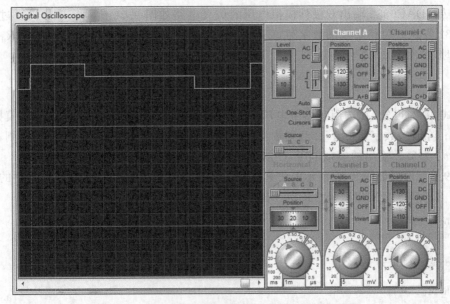

图 9.21 DAC0832 输出双极性模拟电压的仿真结果

习题

一、填空题

1. A/D 转换的作用是将_____转换成单片机能够接收和处理的_____。

2. A/D 转换的过程主要包括_____、_____、_____和_____。

3. 一个 8 位的 ADC,当输入电压为 0～5V 时,量化误差是_____。

4. ADC0809 是_____式 ADC,共有 28 个引脚,采用 DIP 封装。

5. ADC0809 启动转换的信号为_____。

6. ADC0809 可以利用_____向 AT89C51 发出中断请求。

7. 输出模拟量的最小变化量称为 DAC 的_____。

8. D/A 转换的作用是将单片机输出的_____变换成_____。

9. 对于电流输出形式的 DAC,为了得到电压输出形式的转换结果,可以使用_____。

10. DAC0832 是一种 8 位的_____芯片。

11. 利用 DAC0832 的_____特性,可以实现两路模拟信号的同步输出。

12. 设某 DAC 为二进制 12 位,满量程输出电压为 5V,它的分辨率是_____。

二、简答题

1. ADC 两个最重要的指标是什么?

2. 分析 ADC 产生量化误差的原因。说明减小量化误差的方法。

3. 目前应用较广泛的 ADC 主要有哪几种类型? 它们各有什么特点?

4. DAC 的主要性能指标都有哪些?

5. 分辨率、量化误差和转换精度是 ADC 和 DAC 的主要技术指标,试辨析这几个概念。

三、程序设计题

1. 设计仿真电路,编写程序,实现如下功能:使用 ADC0809 检测模拟量电压(0～+5V),并将整数部分送 P1 上的数码管显示。

2. 设计仿真电路,编写程序,实现一个方波信号发生器,电压变化范围为 0～+5V,频率为 5kHz。

3. 设计仿真电路,编写程序,实现一个余弦波信号发生器。

4. 设计仿真电路,编写程序,实现一个方波信号发生器,电压变化范围为 0～+5V,占空比为 20%。

第 10 章
CHAPTER 10
串行通信器件

如果单片机采用并行通信方式与外部器件进行信息交换,那么将会占用单片机较多的端口,接口电路也比较复杂。近年来,越来越多的外部器件使用串行通信接口。虽然串行通信的传输速率较低,但是,它占用端口资源少,接口电路简单,因此得到了广泛的应用。本章介绍几种常用的串行通信器件。通过本章的学习,应该达到以下目标。

(1) 理解 I^2C 总线、单总线和 SPI 总线系统的结构和工作原理。

(2) 掌握 I^2C 总线、单总线和 SPI 总线系统的电路设计和程序设计方法。

(3) 通过应用示例学习,积累单片机串行通信系统设计的经验。

10.1 I^2C 总线器件

10.1.1 I^2C 总线系统的结构

内部集成电路(Inter Integrated Circuit,I^2C)总线是荷兰 Philips 公司推出的双向二线制同步串行总线技术,具有总线裁决和高低速器件同步功能。使用 I^2C 总线传输数据时,只需要两根双向信号线,一根是时钟线 SCL,另一根是数据线 SDA。

I^2C 总线系统的结构如图 10.1 所示,各种采用 I^2C 总线标准的器件都可以并联在总线上,器件与器件之间可以进行信息传送。

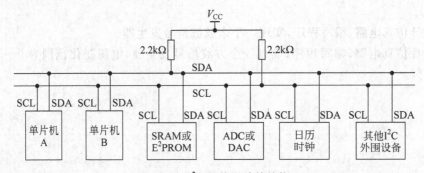

图 10.1 I^2C 总线系统的结构

I^2C 总线协议规定:任何将数据传送到总线的器件作为发送器,任何从总线接收数据的器件作为接收器。产生串行时钟、起始信号、停止信号的器件称为主器件或主机,其余的器件称为从器件或从机。主器件和从器件都可以作为发送器或接收器,但是,主器件控制数据传送的模式,即决定数据的发送或接收。

I²C 总线的两根信号线需要通过上拉电阻连接正电源。当总线空闲时,时钟线 SCL 和数据线 SDA 呈高电平。连接在总线上的任一设备在 SCL 或 SDA 线上输出低电平时,都将把这条总线的电平拉低。

每个连接到 I²C 总线的器件都有唯一地址,主机通过发送器件地址来确定由哪个从机发送或接收数据。在多主机系统中,存在多个主机同时启动总线传送数据的情况,为了避免混乱,I²C 总线将通过总线仲裁,决定由哪台主机控制总线。

10.1.2 I²C 总线系统的数据传输

主机发出的信息分为器件地址、器件单元地址和数据三种。器件地址主要用于指定所访问的从机。虽然在 I²C 总线上可以挂载多个器件,但是,在任何时刻,只有地址与主机发送的地址相符的那个从机才能被选中,可以与主机通信。器件单元地址用于选择从机内部的存储单元。数据是器件之间传递的信息。

I²C 总线系统进行数据传送时,在时钟信号为高电平期间,数据线上的数据必须保持稳定;当时钟线上的信号为低电平时,数据线上的数据才允许发生变化。I²C 总线的信号变化约束如图 10.2 所示。

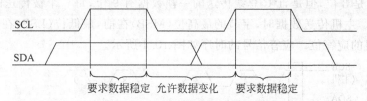

要求数据稳定 允许数据变化 要求数据稳定

图 10.2 I²C 总线的信号变化约束

根据 I²C 总线协议的规定,总线上传送的信号由起始信号、应答信号、有效数据字节和终止信号构成。

1. 起始信号和终止信号

起始信号是由主机发出的,当主机向从机发送信息时,首先必须发送起始信号,只有在起始信号后,其他命令才有效。主机发送起始信号后,总线处于被占用状态。终止信号也是由主机发出的,终止信号出现后,数据传送结束,总线处于空闲状态。起始信号和终止信号的时序如图 10.3 所示。

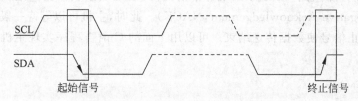

起始信号 终止信号

图 10.3 起始信号和终止信号的时序

当 SCL 为高电平时,SDA 由高电平向低电平跳变,就是 I²C 总线的起始信号。可以用下面的 C 语言程序实现 I²C 总线的起始信号。

```
void Start()
{
```

```
    SDA = 1;
    Delay();
    SCL = 1;                    //起始条件建立时间大于 4.7μs
    Delay();
    SDA = 0;                    //起始信号锁定时间大于 4μs
    Delay();
}
```

当 SCL 为高电平时,SDA 由低电平向高电平跳变,就是 I²C 总线的终止信号。可以用下面的 C 语言程序实现 I²C 总线的终止信号。

```
void Stop()
{
    SDA = 0;
    Delay();
    SCL = 1;                    //终止条件建立时间,大于 4.7μs
    Delay();
    SDA = 1;                    //终止信号锁定时间,大于 4μs
    Delay();
}
```

2. 应答信号

1B 的长度是 8 位,但是,I²C 总线传送的一帧数据有 9 位,每一个被传送的字节后面跟着一个应答位。主机传送数据时,字节的最高位(MSB)在前,最低位(LSB)在后,1B 传送完成后,等待从机的应答位。应答信号的时序如图 10.4 所示。

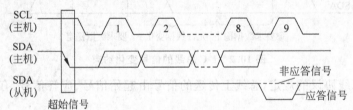

图 10.4 应答信号的时序

一般情况下,应答位是从机发出的,而与应答信号对应的时钟信号是由主机发出的,在该时钟位上,主机必须使时钟线 SCL 呈高电平。若从机在该时钟位上向 SDA 输出低电平,则表示接收正常。把从机的这种反应称为应答(Acknowledgement,ACK)。若从机在该时钟位上保持 SDA 为高电平,则表示出现异常情况,无法继续接收数据。把从机的这种反应称为非应答(Negative Acknowledgement,NACK)。此时,主机可以等待一段时间再发送数据,或者发出停止信号使数据传送结束。可以用下面的 C 语言程序实现主机等待从机应答这个事件。

```
void Wait_ACK()
{
    uchar i;
    SCL = 1;
    Delay();
    while((SDA == 1)&&(i < 100)) i++;      //从机非应答,等待一段时间
    SCL = 0;
    Delay();
}
```

在下列两种特殊情况下,会出现非应答信号。

(1) 主机发送的器件地址与本从机不符,从机不对主机的寻址信号应答,此时,从机将 SDA 线置高电平,用"非应答"通知主机。

(2) 从机对主机发送的前几字节进行了应答,但是,由于某种原因无法继续接收更多字节,此时,从机在无法接收的第 1B 后用"非应答"通知主机。

3. 数据字节的发送

使用 I²C 总线进行数据发送时,字节数没有限制,但是,字节长度必须为 8 位。主机发送 1B 时,需要把该字节的 8 位数据依次发出,高位在前,低位在后。8 位数据发送完毕之后,主机释放 SDA 线,等待从机的应答位。可以用下面的 C 语言程序实现 I²C 总线一字节数据的发送。

```
void Write_Byte(uchar dat)
{
  uchar i;
  for(i = 0;i < 8;i++)          //通过循环,传送 8 位数据
  {
    SCL = 0;                    //SCL 线为高电平期间,SDA 线上的数据必须保持稳定
    Delay();                    //SCL 线为低电平期间,SDA 线上的数据才允许改变
    if((dat << i)&0x80){SDA = 1;}
    else{SDA = 0;}
    Delay();
    SCL = 1;
    Delay();
  }
  SCL = 0;
  Delay();
  SDA = 1;                      //数据发送完毕,释放 SDA 线
  Delay();
}
```

4. 数据字节的接收

主机接收 1B 的数据时,把 8 位数据依次接收进来,高位在前,低位在后,组合成一字节。可以用下面的 C 语言程序实现 I²C 总线一字节数据的接收。

```
uchar Read_Byte()
{
  uchar i,temp = 0;
  for(i = 0;i < 8;i++)
  {
    SCL = 1;
    Delay();
    temp = (temp << 1)|SDA;     //逐位接收数据,拼接到 temp 中
    SCL = 0;
    Delay();
  }
  return temp;
}
```

10.1.3 I²C 总线系统的读/写操作

1. 器件地址码

主机在对从机进行读/写操作之前,首先必须发送从机的器件地址码,以指定要操作的

从机。器件地址码的格式如图 10.5 所示。高 4 位 D7～D4 是器件类型,具有固定的定义。例如,对于 $E^2 PROM$,AAAA＝1010。中间 3 位 D3～D1 是片选信号,理论上最多可以在 $I^2 C$ 总线上挂载 8 个相同类型的器件。最后一位 D0 是读/写控制位,R/W＝0 表明向总线写数据,R/W＝1 表明从总线读数据。

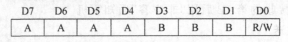

D7	D6	D5	D4	D3	D2	D1	D0
A	A	A	A	B	B	B	R/W

图 10.5　器件地址码的格式

2. 指定地址写操作

执行该操作,主机向被选中的从机的指定地址写数据。指定地址写操作的数据格式如图 10.6 所示,其中,S 代表起始信号,A 代表应答信号,P 代表终止信号。第一字节是从机的写地址码,第二字节是从机的单元地址,从第三字节开始写数据。所有数据传送完毕后,主机发出终止信号,退出总线的占用状态。

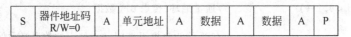

S	器件地址码 R/W=0	A	单元地址	A	数据	A	数据	A	P

图 10.6　指定地址写操作的数据格式

指定地址写操作的控制程序如下。

```
void Write_Add_Dat(uchar unitadd,uchar dat)
{
  Start();              //发送起始信号
  Write_Byte(0xa0);     //发送从机的写地址码
  Wait_ACK();           //等待从机应答
  Write_Byte(unitadd);  //发送从机的单元地址
  Wait_ACK();
  Write_Byte(dat);      //发送数据
  Wait_ACK();
  Stop();               //发送终止信号
}
```

3. 指定地址读操作

执行该操作,主机从被选中的从机的指定地址读数据。指定地址读操作的数据格式如图 10.7 所示。第一字节是从机的写地址码,第二字节是从机的单元地址,第三字节是从器件的读地址码,从第四字节开始读数据。所有数据传送完毕后,主机发出终止信号,退出总线的占用状态。

S	器件地址码 R/W=0	A	单元地址	A	S	器件地址码 R/W=1	A	数据	A	数据	A	P

图 10.7　指定地址读操作的数据格式

指定地址读操作的控制程序如下。

```
uchar Read_Add_Dat(uchar unitadd)
{
  uchar dat;
  Start();              //发送起始信号
  Write_Byte(0xa0);     //发送从机的写地址码
  Wait_ACK();
```

```
Write_Byte(unitadd);      //发送从机的单元地址
Wait_ACK();
Start();                  //再次发送起始信号
Write_Byte(0xa1);         //发送从机的读地址码
Wait_ACK();
dat = Read_Byte();        //读取数据
Stop();                   //发送起始信号
return dat;
}
```

10.1.4　I^2C 总线器件 AT24C02

AT24C02 是美国 CATALYST 公司生产的 CMOS 型 E^2PROM 芯片,支持 I^2C 总线数据传送协议,存储容量为 2Kb。通过片内寻址,可对内部 256B 中的任何 1B 进行读/写操作。AT24C02 有 8 个引脚,DIP 封装。AT24C02 的封装与引脚分布如图 10.8 所示。

A0、A1、A2:地址输入引脚。AT24C02 使用 A0、A1 和 A2 作为片选信号。由于 A0、A1 和 A2 有 8 种编码,因此,在 I^2C 总线上最多可以挂载 8 片 AT24C02。当这些引脚悬空时,默认值为 0。如果在 I^2C 总线上只有一片 AT24C02,那么,A0、A1 和 A2 可以悬空,也可以连接到 GND。

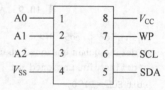

图 10.8　AT24C02 的封装与引脚分布

SCL:时钟线。

SDA:数据线,用于串行地址或数据的输入/输出。漏极开路,使用时需要接上拉电阻,上拉电阻的典型值为 10kΩ。

WP:写保护引脚。若接高电平,则该芯片只读;若接低电平,则该芯片可读可写。

V_{CC}:电源正极,1.8~6.0V。

V_{SS}:电源地线。

10.1.5　I^2C 总线器件应用示例

下面以 AT24C02 为例,介绍单片机与 I^2C 总线器件的接口电路设计方法和控制程序设计方法。

例 10.1　设计 AT89C51 与 AT24C02 进行串行通信的仿真电路。编写程序,实现如下功能:首先,AT89C51 向 AT24C02 中以 0x00 单元为起始地址的 10 个单元写入 0~9 的共阳极数码管段码;然后,AT89C51 从 AT24C02 中以 0x00 单元为起始地址读出 10 个数据;最后,把读出的 10 个数据依次送到单片机的 P2,用数码管进行显示。

分析:在本系统中,AT89C51 是主机,AT24C02 是从机,只需要为主机设计控制程序。

解　(1) 硬件系统设计。AT89C51 与 AT24C02 进行串行通信的仿真电路如图 10.9 所示。AT24C02 的两根信号线 SCL、SDA 通过上拉电阻连接正电源。AT24C02 的 SCK、SDA 分别连接到 AT89C51 的 P1.0、P1.1;数码管的段码信号引脚分别连接到 AT89C51 的 P2.0~P2.6。AT24C02 的三根地址线 A0、A1 和 A2 都连接到 GND,因此,该芯片的片选编码为 000,从而该芯片地址码的高 7 位固定为 1010000。

(2) 软件系统设计。在主函数中调用前面设计的相关函数,实现 AT89C51 与 AT24C02 的串行通信功能。控制程序如下。

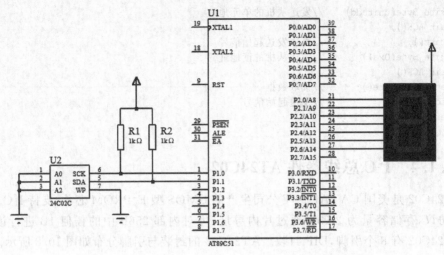

图 10.9　AT89C51 与 AT24C02 进行串行通信的仿真电路

```
# include < reg51.h >
# define uchar unsigned char
# define uint unsigned int
sbit SCL = P1^0;
sbit SDA = P1^1;
uchar table[ ] = {0xc0,0xf9,0xa4,0xb0,0x99,0x92,0x82,0xf8,0x80,0x90};

void Start();
void Stop();
void Wait_ACK();
void Write_Byte(uchar dat);
uchar Read_Byte();
void Write_Add_Dat(uchar unitadd,uchar dat);
uchar Read_Add_Dat(uchar unitadd);

/* 约 5μs 延时函数 */
void Delay(){;;;}

/* 毫秒级延时函数 */
void Delay_ms(uint n)
{
  uint i;
  while(n -- )
  {
    for(i = 0;i < 125;i++);
  }
}

void main(void)
{
  uchar i,j;
  for(i = 0;i < 10;i++)
  {
    Write_Add_Dat(0x00 + i,table[i]);    //写数据
  }
```

```
    while(1)
    {
       for(j = 0;j < 10;j++)
       {
         P2 = Read_Add_Dat(0x00 + j);          //读数据,送 LED 显示
         Delay_ms(500);
       }
    }
}
```

（3）仿真结果分析。运行仿真系统,观察数码管的显示结果。可以看到,数码管依次显示数字 0～9,实现了系统预定的功能。

10.2　单总线器件

10.2.1　单总线系统的结构

单总线(1-wire Bus)是美国 DALLAS 公司推出的外围器件串行扩展总线技术,把地址线、数据线、控制线合并为一根信号线,并且允许在该信号线上挂载多个单总线器件,构成单总线系统。如果只有一个单总线器件挂在总线上,那么,该单总线系统称为单点系统;如果有多个单总线器件挂在总线上,那么,该单总线系统称为多点系统。

单总线系统的结构如图 10.10 所示。单总线系统由一个主器件和若干个从器件构成,主器件又称为总线控制器,一般由单片机担任,多个从器件可以分时利用总线与主器件通信。信号线既传输时钟信号,又传输数据信号,数据传输是双向的。单总线的数据传输速率一般为 16.3kb/s,最大可达 142kb/s,通常采用 100kb/s 以下的速率传输数据。主器件的 I/O 端口可以直接驱动 200m 范围内的从器件,经过扩展后,通信范围可达 1km。单总线系统只用一根信号线,具有节省 I/O 口、结构简单、成本低廉、便于总线扩展等优点。

单总线通信协议定义了复位信号、应答信号、读写 0 和读写 1 等几种基本信号类型,对这些基本信号进行有序组合,可以完成单总线系统的所有操作。单总线系统传送数据时,低位在前,高位在后。

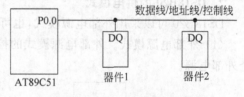

图 10.10　单总线系统的结构

单总线系统的工作过程如下。

（1）初始化。主器件发出一个复位脉冲,从器件接收到复位脉冲后发出应答信号,表明已做好准备工作。

（2）识别从器件。主器件根据从器件的序列号识别各个从器件。

（3）数据传输。主器件与从器件之间按通信协议进行数据传输。

10.2.2　单总线器件 DS18B20

1. DS18B20 概述

DS18B20 是美国 DALLAS 公司生产的单总线数字温度传感器,具有性能高、体积小、

功耗低、抗干扰能力强等优点,可以直接将测得的模拟温度值转换成数字量,无需信号放大、A/D 转换等外围器件,电路设计简单,占用单片机引脚少,应用灵活,多用于检测、控制等工业应用场合,也可用于民用电子产品中。

DS18B20 的工作电压范围为 $3.0 \sim 5.5\mathrm{V}$,温度测量范围为 $-55 \sim +125℃$,分辨率可以选择为 $9 \sim 12$ 位,最快可在 750ms 内将温度值转换为 12 位数字量。DS18B20 有直插式、贴片式、探头式等多种封装形式。DS18B20 的封装如图 10.11 所示。

图 10.11　DS18B20 的封装

DS18B20 有电源正极 V_{DD}、数据线 DQ 和电源地线 GND 三个引脚。DS18B20 的引脚分布如图 10.12 所示。

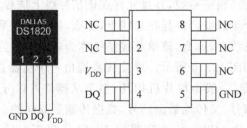

图 10.12　DS18B20 的引脚分布

2. DS18B20 的供电模式

DS18B20 可以采用外部电源模式,也可以采用寄生电源模式。

(1)外部电源模式。外部电源模式的控制电路如图 10.13 所示,通过 V_{DD} 引脚接入一个外部电源。

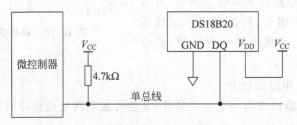

图 10.13　外部电源模式的控制电路

(2)寄生电源模式。DS18B20 内部有寄生供电电路,允许它从单总线取电。当单总线处于高电平时,通过二极管向芯片供电,并对内部电容充电;当单总线处于低电平时,二极管截止,由内部电容向芯片供电。由于内部电容的容量有限,因此,要求单总线通过上拉电阻连接 V_{CC},间断性地提供高电平,不断向内部电容充电,维持器件的正常工作。寄生电源模式的控制电路如图 10.14 所示,此时,V_{DD} 引脚必须接地。

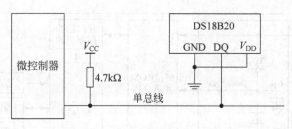

图 10.14　寄生电源模式的控制电路

当 DS18B20 执行温度转换,或从高速暂存器向 E^2PROM 传送数据时,工作电流高达 1.5mA,内部电容无法提供这样大的电流。为了保证 DS18B20 有足够的电流供应,必须给单总线提供一个强上拉电平。带强上拉的寄生电源模式的控制电路如图 10.15 所示,用漏极开路把 I/O 直接拉到电源上,可以实现强上拉效果。在发出温度转换指令(0x44)或复制暂存器指令(0x48)后,在 $10\mu s$ 内必须把单总线转换到强上拉状态。在转换或复制期间,总线必须一直保持该状态,不允许有其他操作。

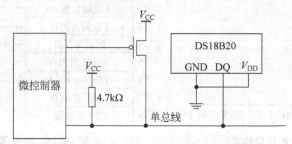

图 10.15　带强上拉的寄生电源模式的控制电路

当检测对象温度较高时,DS18B20 应该采用外部电源模式,因为此时寄生电源的漏电流比较大,可能会导致通信无法进行。

如果主器件不知道总线上的 DS18B20 使用的是外部电源还是寄生电源,可以先发送一条忽略 ROM 指令(0xCC),再发送读电源模式指令(0xB4),然后发送读时序指令。这样,外部电源会将总线保持为高,而寄生电源会将总线拉低。如果总线被拉低,主器件就知道需要在温度转换期间对单总线提供强上拉电平。

3. DS18B20 的内部结构

DS18B20 的内部结构如图 10.16 所示,主要由 ROM、暂存器、温度传感器、单总线数据接口等构成。

(1) ROM。每个 DS18B20 都有一个 64 位的编号,存储在 ROM 中。ROM 的存储格式如图 10.17 所示。

8 位系列码:单总线系列器件的编码,DS18B20 定义为 0x28。

48 位序列号:DS18B20 全球唯一的序列号。当总线上连接多个 DS18B20 时,主器件可以根据每个器件的序列号识别各个器件。

8 位 CRC:ROM 中前 56 位编码的校验码,由 CRC 产生器通过计算得到。

(2) 暂存器。暂存器有 9B,包括温度寄存器、上限触发器 TH、下限触发器 TL、配置寄存器和 CRC 产生器。暂存器的结构如图 10.18 所示。

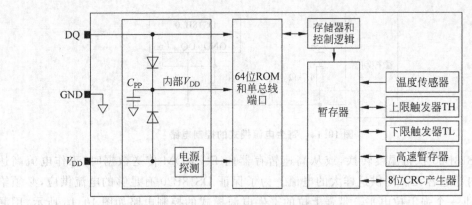

图 10.16 DS18B20 的内部结构

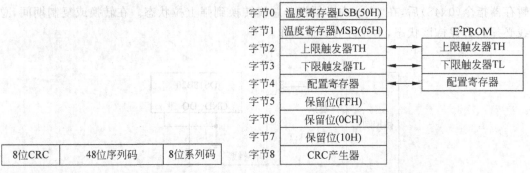

图 10.17 ROM 的存储格式

图 10.18 暂存器的结构

（3）温度寄存器。暂存器的字节 0～1 是温度寄存器，用于存储转换后的温度值，这两字节是只读的。

DS18B20 完成一次温度转换后，将转换值存储在温度寄存器中。当设置分辨率为 12 位时，温度寄存器的存储格式如图 10.19 所示，共 16 位，小数部分占 4 位，整数部分占 7 位，其余 5 位为正负温度标识位，$S=0$ 表示正，$S=1$ 表示负。上电复位时，温度寄存器的默认值为 $+85$℃。

bit5												bit0
S	S	S	S	S	2^6	2^5	2^4	2^3	2^2	2^1	2^0	2^{-1}	2^{-2}	2^{-3}	2^{-4}

图 10.19 温度寄存器的存储格式

典型温度值的十进制值（单位：℃）与二进制、十六进制值的对应关系如表 10.1 所示。

表 10.1 十进制的典型温度值与其二进制、十六进制数据的对应关系

温度值	二 进 制 值	十六进制值	温度值	二 进 制 值	十六进制值
$+125$	0000 0111 1101 0000	07D0	0	0000 0000 0000 0000	0000
$+85$	0000 0101 0101 0000	0550	-0.5	1111 1111 1111 1000	FFF8
$+25.0625$	0000 0001 1001 0001	0191	-10.125	1111 1111 0101 1110	FF5E
$+10.125$	0000 0000 1010 0010	00A2	-25.0625	1111 1110 0110 1111	FE6F
$+0.5$	0000 0000 0000 1000	0008	-55	1111 1111 0101 1110	FF5E

（4）TH 和 TL 寄存器。暂存器的字节 2～3 允许用户设置，用于存储温度上限和温度下限报警值。TH 和 TL 寄存器的存储格式如图 10.20 所示，其中，标识位 S 指出温度值的正负，S＝0 表示正，S＝1 表示负。

DS18B20 完成一次温度转换后，将测得的温度值与存储在 TH 和 TL 寄存器中的报警值进行比较，并更新报警标识。若温度值高于 TH 或低于 TL，报警条件成立，则把报警标识置 1；若报警条件不成立，则把报警标识清 0。如果改变了 TH 或 TL 的设置值，那么，在温度转换后，将重新确认报警条件。

主器件通过发送报警搜索命令（0xEC）来检测总线上所有 DS18B20 的报警标识，报警标识置 1 的 DS18B20 响应这条命令，这样，主器件就能够确定每一个满足报警条件的 DS18B20。

（5）配置寄存器。暂存器的字节 4 是配置寄存器，用于设置 DS18B20 的分辨率，允许用户把 DS18B20 的分辨率设置为 9、10、11 或 12 位。配置寄存器的存储格式如图 10.21 所示，bit0～bit4 是保留位，禁止写入，在读数据时，它们全部表现为逻辑 1。bit7 用于设置 DS18B20 是工作模式还是测试模式，默认为 0。

图 10.20　TH 和 TL 寄存器的存储格式　　图 10.21　配置寄存器的存储格式

可以通过设置 R0、R1 的值来设置 DS18B20 的分辨率。系统默认设置 R0＝1、R1＝1，即设置 DS18B20 的分辨率 12 位。分辨率越高，需要的最大转换时间也就越长。分辨率与最大转换时间的关系如表 10.2 所示。

表 10.2　分辨率与最大转换时间的关系

R1	R0	分辨率/b	最大转换时间/ms
0	0	9	93.75
0	1	10	187.5
1	0	11	375
1	1	12	750

（6）CRC 发生器。暂存器的字节 8 是 CRC 发生器，用于生成 ROM 中低 56 位的 CRC 校验码。

4. DS18B20 采集温度的步骤

使用 DS18B20 进行温度采集的主要步骤如下。

（1）初始化。由主器件发送复位脉冲，DS18B20 收到后，向主器件发送应答脉冲，表示已经准备就绪。

（2）识别器件。当单总线上挂接多个 DS18B20 时，主器件需要获得从器件的序列号，以识别各个从器件。若单总线上只有一个 DS18B20，则可以跳过这一步。

（3）温度转换。主器件发送温度转换指令，使 DS18B20 开始进行温度转换。

（4）数据传输。DS18B20 把采集到的模拟温度值转换为 2B 的数字量，并通过单总线传送给主器件。

（5）数据处理。主器件收到 DS18B20 传送的数据后，需要进行一定的处理，才能得到实际的温度值。若测得的温度值大于或等于 0，只要将测到的数值除以 16，即可得到实际温度值；若测得的温度值小于 0，则将测得的数值取反加 1，再除以 16，得到实际温度值。

例如，若测得的数字量为 07D0H，即 2000D，则实际温度＝2000/16＝125（℃）；若数字量为 FE6FH，由符号位可知，测得的温度值为负，对其取反加 1，得到 0191H，即 401D，则温度值为＝－401/16＝－25.0625（℃）。

10.2.3 DS18B20 的常用命令

主器件通过单总线访问 DS18B20 有三个步骤：初始化，主器件发送 ROM 指令，主器件发送功能指令。主器件对 DS18B20 的每一次访问都必须遵循这三个步骤，如果缺少某些步骤或者某些步骤顺序混乱，那么，从器件将不能正确返回温度值。下面介绍主器件对 DS18B20 的 ROM 指令和功能指令。

1. ROM 指令

单总线的所有操作都是从一个初始化序列开始的，该序列包括由主器件发送的复位脉冲和由从器件发送的存在脉冲。存在脉冲使主器件知道 DS18B20 在总线上，且已经做好准备。一旦主器件探测到一个存在脉冲，它就发出一条 ROM 指令。如果总线上挂有多个 DS18B20，通过 ROM 指令，主器件根据从器件的序列号选出要通信的器件。

1）SEARCH ROM(0xF0)

SEARCH ROM 是搜索 ROM 指令。系统上电初始化时，主器件通过执行 SEARCH ROM 指令，获得总线上所有 DS18B20 的序列号，得到从器件的数量和地址。执行 SEARCH ROM 指令之后，主器件必须返回单总线的初始化阶段。

2）READ ROM(0x33)

READ ROM 是读取 ROM 指令，用于总线上只有一个 DS18B20 的情况。执行该指令，主器件可以直接读取从器件的 64 位编号。如果总线上有多个从器件，该指令将使所有从器件同时发送各自的编号，此时将产生冲突。

3）MATH ROM(0x55)

MATH ROM 是匹配 ROM 指令，后面跟 64 位编号，使主器件在总线上定位一个特定的 DS18B20。和 64 位编号匹配的 DS18B20 响应随后的功能指令，其他从器件等待复位脉冲。

4）SKIP ROM(0xCC)

SKIP ROM 是忽略 ROM 指令，在单点系统中，该指令允许主器件不提供 64 位编号就可以访问从器件，以节约时间。如果总线上有多个从器件，该指令将使所有从器件同时传送信号，此时将产生冲突。

5）ALARM SEARCH(0xEC)

ALARM SEARCH 是报警搜索指令，在最近一次测温后，符合报警条件的 DS18B20 响应该命令。执行 ALARM SEARCH 指令之后，主器件必须返回单总线的初始化阶段。

2. 功能指令

在发送一条 ROM 指令之后，主器件接着可以发送功能指令。功能指令包括温度转换、读写 DS18B20 暂存器、识别电源模式等。

1) CONVERT T(0x44)

CONVERT T 是温度转换指令,用以启动一次温度转换。主器件发送该指令后,若 DS18B20 正在转换,则返回 0;若温度转换完成,则返回 1。温度转换完成后,得到两字节的温度转换结果,并存储在高速暂存器中,此后,DS18B20 保持等待状态。

如果 DS18B20 采用外部电源模式,主器件在发送该指令后,接着就可以发送读时序指令。如果 DS18B20 采用寄生电源模式,主器件在发送该指令后,必须在 10μs 内启动强上拉,并至少保持 500ms。在此期间,总线上不能有其他操作。

2) WRITE SCRATCHPAD(0x4E)

WRITE SCRATCHPAD 是写暂存器指令,用于向 DS18B20 的暂存器写入数据,开始写入 TH 寄存器,接着写入 TL 寄存器,最后写入配置寄存器。这 3B 的写入必须发生在主器件发出复位命令之前,否则会中止写入。

3) READ SCRATCHPAD(0xBE)

READ SCRATCHPAD 是读暂存器指令。主器件将从暂存器的字节 0 开始读取,直至读完字节 8。如果不想读完所有字节,主器件可以在读取过程中随时发出复位命令,中止读取操作。

4) COPY SCRATCHPAD(0x48)

COPY SCRATCHPAD 是复制暂存器指令,用于将暂存器中 TH、TL、配置寄存器的数据复制到 E^{2}PROM 中。如果 DS18B20 采用寄生电源模式,主器件在发送该指令后,必须在 10μs 内启动强上拉,并至少保持 10ms。在此期间,总线上不能有其他操作。

5) RECALL E2(0xB8)

RECALL E2 是复制回 E^{2}PROM 指令,用于将 E^{2}PROM 中 TH、TL、配置寄存器的数据复制回暂存器。主器件发送该指令后,若 DS18B20 正在复制回,则返回 0;若复制回结束,则返回 1。

DS18B20 上电时,自动执行复制回 E^{2}PROM 指令,因此,在 DS18B20 上电之后,暂存器里就有 TH、TL、配置寄存器的数据了。

6) READ POWER SUPPLY(0xB4)

READ POWER SUPPLY 是读电源模式指令。主器件在发送该指令后,若 DS18B20 采用外部电源模式,则拉高总线;若 DS18B20 采用寄生电源模式,则拉低总线。

10.2.4　DS18B20 的工作时序

1. 初始化时序

初始化时序如图 10.22 所示,具体过程叙述如下。

(1)单片机发送复位脉冲,即将总线拉低,时间 t_1 约 480~960μs。

(2)单片机拉高总线,等待 DS18B20 的应答脉冲。

图 10.22　初始化时序

(3)DS18B20 检测到单片机发送的复位脉冲并等待,时间 t_2 约 15~60μs,然后发送应答脉冲,即拉低总线,时间 t_3 约 60~240μs。在此期间,单片机检测总线状态。若检测到低电平,则初始化成功;否则,初始化失败。

（4）为了不影响后面的操作，单片机给 DS18B20 控制总线的时间 t_4 应该不少于 480μs，然后再拉高总线。至此，初始化时序完毕。

可以用下面的 C 语言程序实现初始化时序。

```
void DS18B20_Init(void)
{
    DQ = 1;
    delay(8);
    DQ = 0;                    //单片机发出复位脉冲
    delay(80);
    DQ = 1;                    //单片机拉高总线,等待 DS18B20 的应答脉冲
    delay(15);
}
```

2. 写时序

写时序如图 10.23 所示，具体过程叙述如下。

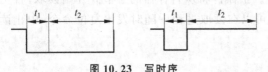

图 10.23　写时序

（1）单片机发送"写"信号，即将总线拉低，时间 t_1 约 15μs。

（2）单片机接着发送信号。若要发送 0，则拉低总线；若要发送 1，则拉高总线。

（3）DS18B20 检测到"写"信号后，在 t_2 时间内，检测总线状态。若总线为低电平，则向 DS18B20 写入 0；若总线为高电平，则向 DS18B20 写入 1。

（4）写时序的时间 t_1+t_2 应该不少于 60μs，而且，在相邻两个写时序之间，至少应该有 1μs 的恢复时间。

可以用下面的 C 语言程序实现 1B 的写操作。

```
void WriteChar(uchar dat)
{
    uchar i = 0;
    for(i = 8;i > 0;i -- )
    {
        DQ = 0;                //单片机发送"写"信号
        DQ = dat&0x01;         //写 1 位数据
        delay(5);
        DQ = 1;                //总线拉高,恢复
        dat >> = 1;            //准备写下 1 位
    }
    delay(5);
}
```

3. 读时序

读时序如图 10.24 所示，具体过程叙述如下。

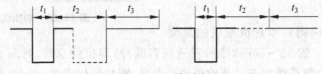

图 10.24　读时序

（1）单片机发送"读"信号，即拉低总线，时间 t_1 至少 $1\mu s$，然后拉高总线，等待 DS18B20 响应。

（2）DS18B20 接收到"读"信号后，发送数据。若要发送 0，拉低总线；若要发送 1，拉高总线。

（3）从单片机发送"读"信号起，到 DS18B20 发送数据，时间 t_1+t_2 应该保持约 $15\mu s$。在此期间，单片机完成总线检测。此后，DS18B20 释放总线。读时序之后，应该等待一段时间 t_3，再进行其他读写时序。

可以用下面的 C 语言程序实现 1B 的读操作。

```
uchar ReadChar(void)
{
    uchar i = 0,dat = 0;
    for(i = 8;i > 0;i--)
    {
        DQ = 0;                 //单片机发送"读"信号
        dat >> = 1;             //准备读下 1 位
        DQ = 1;                 //等待 DS18B20 响应
        if(DQ)dat | = 0x80;     //读 1 位数据
        delay(5);
    }
    return dat;
}
```

10.2.5 单总线器件应用示例

下面以 DS18B20 为例，介绍单片机与单总线器件的接口电路设计方法和控制程序设计方法。

例 10.2 用 AT89C51、DS18B20 与四位数码管作为主要元件，设计数字温度计的仿真电路。编写程序，实现如下功能：用 DS18B20 测量温度，用数码管显示测得的温度值。要求温度测量范围为 $-55.0\sim+99.9\,^\circ\!\text{C}$，能够区分正、负温度值，测量结果保留一位小数。

分析：启动温度转换和读取温度转换结果是数字温度计控制程序设计的核心任务，程序流程如下。

（1）调用初始化函数 DS18B20_Init()，对 DS18B20 进行初始化；发送 SKIP ROM 指令（0xCC），访问 DS18B20；发送温度转换指令（0x44），使 DS18B20 开始进行温度转换。

（2）温度转换完成后，再次调用初始化函数 DS18B20_Init()，发送 SKIP ROM 指令，并调用 WriteChar(0xBE)函数，发送读暂存器指令。

（3）在读取数据时，先调用 ReadChar()函数，读入暂存器的字节 0；再调用 ReadChar()函数，读入暂存器的字节 1。

解 （1）硬件系统设计。数字温度计的仿真电路如图 10.25 所示。DS18B20 采用外部电源模式，单总线 DQ 连接到 AT89C51 的 P3.5；数码管的位选信号引脚连接 AT89C51 的 P2.0～P2.3，数码管的段码引脚连接到 AT89C51 的 P0.0～P0.7。

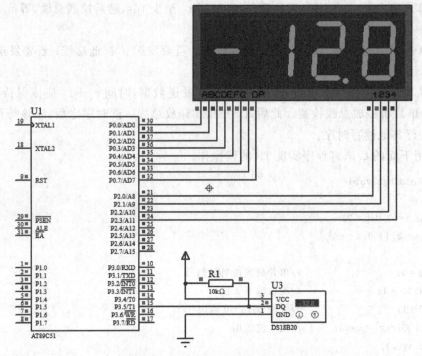

图 10.25　数字温度计的仿真电路

(2) 软件系统设计。分别设计 DS18B20 的初始化函数、写字节函数、读字节函数、读温度函数,在主函数中调用相关函数,实现数字温度计的功能。控制程序如下。

```
# include < reg51. H >
# define uchar unsigned char
# define uint unsigned int
# define led_data P0                    //传送数码管的段码
sbit DQ = P3^5;                          //单总线
uchar flag_get,count,num;
uchar code tab[ ] = {0xc0,0xf9,0xa4,0xb0,0x99,0x92,0x82,0xf8,0x80,0x90};
uchar str[4];                            //存储四位数码管的段码

void DS18B20_Init(void);
void WriteChar(uchar dat);
uchar ReadChar(void);

/* 微秒级延时函数 */
void delay(uint i)
{
    while(i -- );
}

/* 温度转换函数,返回转换后的温度值 */
int ReadTemperature(void)
{
    uchar temp_H,temp_L;
    int t = 0;
    DS18B20_Init();                      //DS18B20 初始化
```

```
    WriteChar(0xCC);                          //忽略 ROM 指令,无需序列号直接访问从器件
    WriteChar(0x44);                          //启动温度转换指令
    delay(200);
    DS18B20_Init();
    WriteChar(0xCC);
    WriteChar(0xBE);                          //读暂存器指令
    temp_L = ReadChar();                      //读温度值的低字节
    temp_H = ReadChar();                      //读温度值的高字节
    t = temp_H * 256 + temp_L;                //把温度值的高、低字节拼到一起
    return t;
}

/* 定时器中断服务函数,用于定时测温与刷新数码管 */
void T0_int(void) interrupt 1 using 1
{
    TH0 = 0xef;
    TL0 = 0xf0;
    num++;
    if(num == 50)
    {
        num = 0;
        flag_get = 1;                         //定时测温标识
    }
    count++;
    if(count == 1)                            //第 1 位数码管显示温度符号
    {
        P2 = 0x01;
        led_data = str[0];
    }
    if(count == 2)                            //第 2 位数码管显示温度值的十位
    {
        P2 = 0x02;
        led_data = str[1];
    }
    if(count == 3)                            //第 3 位数码管显示温度值的个位
    {
        P2 = 0x04;
        led_data = str[2];
    }
    if(count == 4)                            //第 4 位数码管显示温度值的十分位
    {
        P2 = 0x08;
        led_data = str[3];
        count = 0;                            //再从第 1 位数码管开始,实现循环显示
    }
}

main()
{
    uint temp,c;
    uchar a,b;
    TMOD | = 0x01;
    TH0 = 0xef;
    TL0 = 0xf0;
    IE = 0x82;
```

```
    TR0 = 1;
    count = 0;
    while(1)
    {
        if(flag_get == 1)
        {
            flag_get = 0;
            temp = ReadTemperature();        //启动温度转换,并读温度值
            if(temp&0x8000)                  //温度值为负
            {
                str[0] = 0xbf;               //显示负号
                temp = ~(temp - 1);          //还原成温度值的原码
            }
            else
            {
                str[0] = 0xb9;               //显示正号
            }
            a = temp >> 4;                   //取温度值的符号及整数部分
            b = temp&0x0f;                   //取温度值的小数部分
            if(a&0x80){c = 10 * b/16;}
            else{c = 10 * b/16 + 0.4;}       //对温度值小数部分进行四舍五入
            str[1] = tab[(a % 100)/10];      //显示温度值的十位
            str[2] = tab[(a % 100) % 10]&0x7f; //显示温度值的个位及小数点
            str[3] = tab[c];                 //显示温度值的十分位
        }
    }
}
```

(3) 仿真结果分析。运行仿真系统,观察数码管的显示结果。可以看到,数码管显示的温度测量结果与仿真元件 DS18B20 显示的数值一致,并且能够区分正、负温度值,测量结果能够显示一位小数,实现了数字温度计仿真电路预定的功能。

10.3 SPI 总线器件

10.3.1 SPI 总线系统的结构

串行外部器件接口(Serial Peripheral Interface,SPI)是美国 Motorola 公司推出的四线制、全双工、同步串行外部器件接口技术,允许单片机与多种带有 SPI 的器件直接相连,以串行方式进行通信。SPI 总线系统的数据传输速率较高,最高可达 1.05Mb/s。

SPI 只需 4 根传输线,即 SCK、MOSI、MISO 和 $\overline{\text{CS}}$ 等。SCK 为串行时钟线,时钟信号由主器件产生,用于主器件与从器件之间的同步,并决定总线上数据传输的速率。MOSI 为主器件输出、从器件输入数据线,简称 SI,用于主器件向从器件传输指令、地址和数据。MISO 为主器件输入、从器件输出数据线,简称 SO,用于从器件向主器件传输状态和数据。$\overline{\text{CS}}$ 为从器件片选信号线,低电平有效,一般由主器件控制。

SPI 总线系统的主器件是单片机,可以带 SPI,也可以不带 SPI,但是,从器件一定要有 SPI。基本型 80C51 单片机没有 SPI,但是,可以利用 I/O 端口模拟 SPI 总线的时序,这样就可以广泛利用带 SPI 的芯片资源了。

由于 SPI 总线系统只占用芯片的 4 个引脚,节约了单片机的引脚资源,同时也为 PCB

的布局提供了方便,因此,现在越来越多的芯片都集成了 SPI。Motorola 公司提供一系列带有 SPI 的单片机和外围器件接口芯片,例如,存储器 MCM2814、显示驱动器 MC14499 和 MC14489 等芯片。

SPI 的典型应用是单主机系统,该系统只有一个主器件,从器件是带有 SPI 的芯片,例如,E^{2}PROM、ADC、DAC、实时时钟等。SPI 总线系统的结构如图 10.26 所示。对于 SCK、MISO 和 MOSI 三根传输线,单片机与从器件都是同名端相连。单片机通过 $\overline{\text{CS}}$ 来选择与之通信的从器件。当扩展多个从器件时,可以由单片机通过多个 I/O 口分时选通各个从器件。当某个从芯片的 $\overline{\text{CS}}$ 信号有效时,可以通过 MOSI 接收指令或数据,并通过 MISO 发送数据。未被选中的从芯片,其 MISO 为高阻状态。

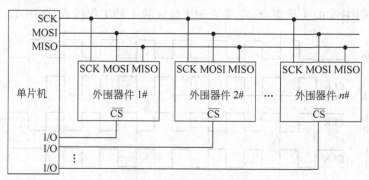

图 10.26　SPI 总线系统的结构

通过引脚 $\overline{\text{CS}}$ 来选通从器件,省去了地址操作,控制程序比较简单。但是,当从器件比较多时,引脚 $\overline{\text{CS}}$ 的连线就比较多,电路会相对复杂一些。

在 SPI 总线系统中,如果某个从器件只作输入设备,那么,可以省去数据线 MISO;如果某个从器件只作输出设备,那么,可以省去数据线 MOSI。当只扩展一个从器件时,可以把从器件的 $\overline{\text{CS}}$ 直接接地,以选中该器件。此时,可以构建简单的双线系统。

10.3.2　SPI 总线系统数据传输的时序

在 SPI 总线系统中,当片选信号 $\overline{\text{CS}}$ 有效时,在 SCK 发出的同步脉冲的控制下,主、从器件之间按照高位(MSB)在前、低位(LSB)在后的顺序进行读写操作。SPI 总线系统数据传送格式如图 10.27 所示。

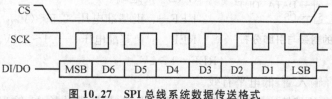

图 10.27　SPI 总线系统数据传送格式

在数据线上,输出数据的变化、对输入数据的采样,都取决于 SCK。但是,不同的外部器件接口芯片,其数据采样时刻会有所不同,有的在 SCK 的上升沿进行采样,有的在 SCK 的下降沿进行采样。

SPI 总线的通信协议仅规定了数据传送的格式,而没有对数据的采样时刻进行规定。

对于带 SPI 的单片机,可以通过设置工作模式,与相应的 SPI 芯片进行连接。对于不带 SPI 的单片机,例如 AT89C51,要想与某 SPI 芯片通信,需要利用 I/O 口模拟该 SPI 芯片的时序,这时,必须严格遵循该 SPI 芯片的时序。

对于带 SPI 的单片机,可以通过特殊功能寄存器的两个位 CPOL 和 CPHA 设置 SPI 的工作模式。

CPOL 为空闲状态控制位。若 CPOL＝0,则当没有数据传输时,时钟线 SCK＝0;若 CPOL＝1,则当没有数据传输时,时钟线 SCK＝1。

CPHA 为相位控制位。若 CPHA＝0,则采样时刻是 SCK 的第 1 个跳变沿;若 CPHA＝1,则采样时刻是 SCK 的第 2 个跳变沿。

CPOL 与 CPHA 的 4 种组合,定义了 SPI 总线的 4 种工作模式,如图 10.28 所示。

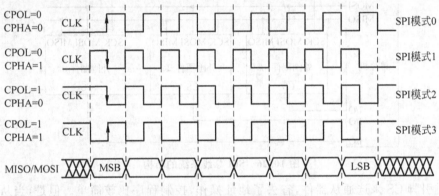

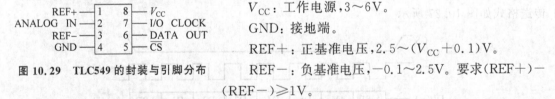

图 10.28　SPI 总线的 4 种工作模式

10.3.3　SPI 总线器件 TLC549

模数转换器 TLC549 是美国 TI 公司生产的一款高性能 8 位 ADC,它以 8 位开关电容逐次逼近的方法实现模数转换,一次转换时间小于 $17\mu s$,最大转换速率为 40kHz。TLC549 可以采用 SPI 总线与单片机连接。

1. TLC549 的封装与引脚分布

TLC549 的封装与引脚分布如图 10.29 所示。

```
        REF+ ─┤1    8├─ V_CC
  ANALOG IN ─┤2    7├─ I/O CLOCK
        REF- ─┤3    6├─ DATA OUT
        GND ─┤4    5├─ CS
```

图 10.29　TLC549 的封装与引脚分布

V_{CC}:工作电源,3～6V。

GND:接地端。

REF＋:正基准电压,2.5～$(V_{CC}+0.1)$V。

REF－:负基准电压,－0.1～2.5V。要求(REF＋)－(REF－)≥1V。

$\overline{CS}$:芯片选择输入端,低电平有效。

I/O CLOCK:外接输入/输出时钟信号的输入端,用于芯片输入、输出、采样、转换等操作的同步,无须与芯片内部的系统时钟保持一致。

ANALOG IN:模拟信号输入端,0～V_{CC}。当 ANALOG IN≥REF＋时,转换结果全为 1(0xFF);当 ANALOG IN≤REF－时,转换结果全为 0(0x00)。

DATA OUT:转换结果输出端,与 TTL 电平兼容。作为 A/D 转换器,在与单片机通信时,TLC549 只作输出,因此,可以省去一条数据线 MOSI,只需一条数据线 MISO,即 DATA OUT。数据输出时,高位在前,低位在后。

2. TLC549 的内部结构

TLC549 由采样保持器、A/D 转换器、输出数据寄存器、数据选择与驱动器、系统时钟、控制逻辑电路等部件构成。TLC549 的内部结构如图 10.30 所示。

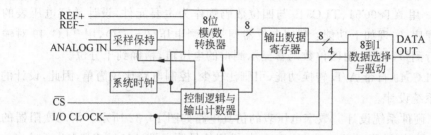

图 10.30　TLC549 的内部结构

TLC549 片内带有系统时钟,该时钟与 I/O CLOCK 是独立工作的,不必进行速率与相位匹配。当 $\overline{CS}$ 为高电平时,转换结果输出端 DATA OUT 处于高阻状态,此时,I/O CLOCK 不起作用。在 SPI 总线挂接多片 TLC549 时,这种控制机制允许多片 TLC549 共用 I/O CLOCK,以减少 I/O 控制端口。

3. TLC549 的工作时序

TLC549 的工作时序如图 10.31 所示。

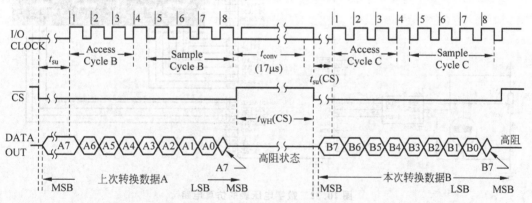

图 10.31　TLC549 的工作时序

TLC549 工作的具体过程叙述如下。

(1) 主器件把 $\overline{CS}$ 拉低,TLC549 的内部电路在测得 $\overline{CS}$ 的下降沿后,等待两个内部时钟上升沿和一个下降沿后,再确认这一变化,然后,将前一次转换结果的最高位 D7 输出到 DATA OUT。

(2) 在接下来的 7 个 I/O CLOCK 的下降沿,依次输出 D6、D5、…、D0。

(3) 在此期间,在第 4 个 I/O CLOCK 的下降沿,采样保持电路开始采样输入的模拟信号。虽然 TLC549 在第 4 个 I/O CLOCK 的下降沿开始采样,但是,在第 8 个 I/O CLOCK 的下降沿才开始保存。

(4) 第 8 个 I/O CLOCK 后,$\overline{CS}$ 必须为高或 I/O CLOCK 保持低电平,这种状态需要维持 36 个内部系统时钟周期,以等待保持和转换工作的完成。

（5）重复上面的过程，进行下一个周期的输出、采样、保存和转换。

10.3.4　SPI 总线器件应用示例

下面以模数转换器 TLC549 为例，介绍单片机与 SPI 总线器件的接口电路设计方法和控制程序设计方法。

例 10.3　用 AT89C51、TLC549 与四位数码管作为主要元件，设计数字电压表的仿真电路。编写程序，实现如下功能：利用电位器调整被测电压（0～5V），用 TLC549 对输入的模拟电压进行测量、转换，用四位数码管显示测得的电压值，精确到千分位。

分析：TLC549 自带 A/D 转换功能，引脚比较少，控制电路比较简单，因此，设计的重点应该是软件系统设计。

解　（1）硬件系统设计。数字电压表的仿真电路如图 10.32 所示。滑动变阻器的一端接+5V，另一端接地，滑动片连接 TLC549 的模拟信号输入端 ANALOG IN，通过移动滑动片，可以改变 ANALOG IN 端口的电压。TLC549 的引脚 DATA OUT、$\overline{\text{CS}}$、I/O CLOCK 对应连接单片机的 P1.0、P1.1、P1.2。单片机对收到的数字量进行处理，产生数码管的段码，并通过 P2 传送给数码管显示。

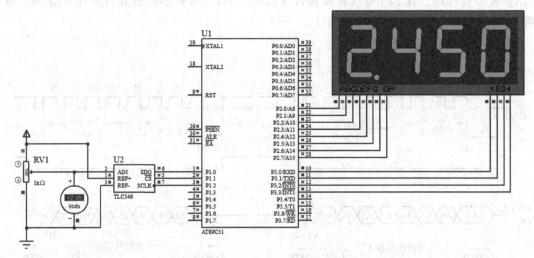

图 10.32　数字电压表的仿真电路

（2）软件系统设计。分别设计 TLC549 的 A/D 转换函数、数码管显示函数，在主函数中调用这两个函数，实现数字电压表的功能。控制程序如下。

```
# include < reg51.h >
# include < intrins.h >
# define uchar unsigned char
sbit DO = P1^0;                    //TLC549 A/D 转换数据输出，被单片机 P1.0 接收
sbit CS = P1^1;                    //TLC549 片选信号，由单片机 P1.1 控制
sbit CLK = P1^2;                   //TLC549 输出时钟信号，由单片机 P1.2 提供
const char num_display[ ] = {0xc0,0xf9,0xa4,0xb0,0x99,0x92,0x82,0xf8,0x80,0x90};

/* 微秒级延时函数，为 TLC549 进行 A/D 转换提供延时 */
void delay1us(int i)
{
```

```
  while(i--);
}

/*毫秒级延时函数,为数码管显示提供延时*/
void delay_ms(int i)
{
  int j,k;
  for(j = 0;j < i;j++)
    for(k = 0;k < 300;k++);
}

/* A/D 转换函数,单片机通过 TLC549 的 DO 引脚接收转换后的数字量*/
uchar TLC549_ADC(void)
{
  uchar i,temp;
  CLK = 0;
  CS = 0;
  for(i = 0;i < 8;i++)
  {
    temp << = 1;
    temp| = DO;
    CLK = 1;
    CLK = 0;
  }
  CS = 1;
  delay1us(10);
  return temp;
}

/*数码管显示函数,显示电压值*/
void display(int adc_num)
{
  P3 = 0xf1;                      //第一位数码管显示电压值的个位
  P2 = num_display[(adc_num/1000)]&0x7f;
  adc_num = adc_num % 1000;
  delay_ms(3);
  P3 = 0xf2;                      //第二位数码管显示电压值的十分位
  P2 = num_display[(adc_num/100)];
  adc_num = adc_num % 100;
  delay_ms(3);
  P3 = 0xf4;                      //第三位数码管显示电压值的百分位
  P2 = num_display[adc_num/10];
  adc_num = adc_num % 10;
  delay_ms(3);
  P3 = 0xf8;                      //第四位数码管显示电压值的千分位
  P2 = num_display[adc_num];
  delay_ms(3);
}

void main(void)
{
  int x;
  while(1)
  {
```

```
    x = 19.6 * TLC549_ADC();        //调用 A/D 转换函数,并把结果换算为电压值
    display(x);                     //调用显示函数,显示电压值
    delay_ms(3);
    }
}
```

（3）仿真结果分析。运行仿真系统,观察数码管的显示结果。移动滑动片,可以在数码管上看到当前的电压值。为了检验本系统 A/D 转换的正确性,在滑动变阻器的两端接一个电压表。通过对比数码管的显示值与电压表的读数,可知本系统 A/D 转换结果是正确的。

习题

一、选择题

1. E^{2}PROM 芯片 AT24C02 的总线方式是_____。

　A. I^{2}C　　　　　　B. 1-wire　　　　　　C. SPI　　　　　　D. RS-232

2. 在 E^{2}PROM 芯片 AT24C02 的引脚中,用于串行地址或数据输入/输出的是_____。

　A. SCL　　　　　　B. SDA　　　　　　C. WP　　　　　　D. V_{CC}

3. 数字温度传感器 DS18B20 属于_____总线。

　A. I^{2}C　　　　　　B. 1-wire　　　　　　C. SPI　　　　　　D. RS-485

4. DS18B20 温度转换指令 CONVERT T 的代码是_____。

　A. 0xCC　　　　　　B. 0xBE　　　　　　C. 0xB4　　　　　　D. 0x44

5. A/D 转换器 TLC549 支持_____总线数据传输协议。

　A. I^{2}C　　　　　　B. 1-wire　　　　　　C. SPI　　　　　　D. RS-442

6. 在 SPI 的 4 根传输线中,用于从器件向主器件传输状态和数据的是_____。

　A. SCK　　　　　　B. MOSI　　　　　　C. MISO　　　　　　D. $\overline{CS}$

二、填空题

1. I^{2}C 总线有两根接口线,一根是_____线 SCL,另一根是_____线 SDA。

2. 如果在 I^{2}C 总线上只有一片 AT24C02,那么,A0、A1 和 A2 可以_____,也可以连接到_____。

3. 如果只有一个单总线器件挂在总线上,那么,该单总线系统称为_____;如果有多个单总线器件挂在总线上,那么,该单总线系统称为_____。

4. DS18B20 的供电模式可以采用_____模式,也可以采用_____模式。

5. 在 SPI 总线系统中,如果某个从器件只作输入设备,那么,可以省去数据线_____;如果某个从器件只作输出设备,那么,可以省去数据线_____。

6. TLC549 片内带有系统时钟,该时钟与 I/O CLOCK 是独立工作的,不必进行_____与_____匹配。

三、简答题

1. 说明 I^{2}C 总线器件地址码的意义。

2. 叙述 DS18B20 采集温度的步骤。

3. 说明 SPI 四根传输线的作用。

四、设计题

设计 AT89C51 与 AT24C02 进行串行通信的仿真电路。编写程序,实现如下功能:首先,AT89C51 向 AT24C02 中以 0x00 单元为起始地址的 8 个单元写入 8 位流水灯的编码;然后,AT89C51 从 AT24C02 中以 0x00 单元为起始地址读出 8 个数据;最后,把读出的 8 个数据依次送到单片机的 P1,用 LED 显示流水灯的效果。

第 11 章
CHAPTER 11 | 单片机应用系统设计

本章介绍单片机应用系统设计的基础知识,包括单片机应用系统设计的原则和步骤、硬件系统设计和软件系统设计需要考虑的问题,并以两个单片机应用系统设计为例,详细说明单片机应用系统设计的过程。通过本章的学习,应该达到以下目标。

(1) 掌握单片机应用系统设计的原则和步骤。

(2) 了解单片机应用系统设计需要考虑的问题。

(3) 掌握单片机应用系统设计的方法。

11.1　单片机应用系统设计概述

11.1.1　单片机应用系统设计的原则

单片机应用系统是指以单片机为核心部件、以必要的外围器件为辅助部件而构成的应用系统,包括工业控制系统、数据采集系统、智能仪器仪表等。在设计单片机应用系统时,应该遵循如下原则。

1. 保证性能可靠

在单片机应用系统设计的每个环节,都必须把可靠性作为首要准则。为了提高单片机应用系统的可靠性,可以从硬件系统设计和软件系统设计两方面考虑。

2. 方便操作与维护

在设计单片机应用系统时,应该站在普通用户的角度考虑问题,使用户的操作与维护简单方便,不要求用户具有单片机方面的专业知识,这样才有利于系统的推广。在设计时,尽可能采用内置方法,减少人机交互。同时,系统应该配有现场故障诊断程序,一旦发生故障,系统能够有效地对故障进行定位,方便专业人员快速排除故障。

3. 提高性价比

一个单片机应用系统能否得到广泛应用,性价比是一个关键因素。在系统设计时,除了保持高性能外,还应该尽可能降低成本。

4. 缩短设计周期

缩短设计周期能够有效降低设计费用,充分发挥新系统的技术优势,尽早占领市场,增加市场竞争力。为此,需要采用标准化、模块化的设计理念,平时注重技术积累,采用成熟的技术和经验,摒弃已被证明是失败的方法,少走弯路。另外,选用熟悉的单片机及辅助器件,也有助于缩短设计周期。

11.1.2　单片机应用系统设计的步骤

设计一个单片机应用系统,一般包括六个步骤,即方案论证、硬件系统设计、软件系统设计、系统调试、程序固化和文件编制。

1. 方案论证

在进行单片机应用系统设计之前,必须认真分析用户需求,确定设计规模和总体框架。在进行需求分析时,需要与用户沟通,搞清被测控参数的形式(电量、非电量、模拟量、数字量等),查明被测控参数的取值范围,了解系统的工作环境,明确系统的功能与性能指标等。根据用户的需求,初步确定适应现场工作环境、满足功能要求、达到性能指标、操作维护方便、性价比高的硬件系统和软件系统的设计方案。对初步确定的设计方案,找出技术难点和主攻方向,查找资料,寻找可以借鉴的成熟技术,尽量减少重复劳动。

2. 硬件系统设计

硬件系统是单片机应用系统的物理基础,是软件系统赖以存在的根本,因此,必须重视单片机应用系统的硬件系统设计。单片机应用系统硬件系统设计的主要任务是扩展单片机的外部功能部件,主要涉及存储器的扩展、I/O 端口的扩展、输入/输出设备的扩展、ADC/DAC 的扩展,以及附加的锁存器、译码器、接口芯片等。

3. 软件系统设计

软件系统是单片机应用系统的灵魂,软件系统质量的高低对单片机应用系统的功能与性能具有决定性的影响,因此,必须高度重视单片机应用系统的软件系统设计。软件系统设计的关键是确定软件应该完成的任务,选择合适的程序结构,使用通用的程序设计语言,编写、编译、调试代码,生成单片机可以直接运行的文件。

在设计软件系统之前,必须与用户进行充分、深入的沟通与交流,耐心、细致、全面、周到地做好调研工作,明确本系统的功能需求。

4. 系统调试

系统调试包括硬件系统调试、软件系统调试与系统联合调试。硬件系统调试的任务是排除系统的硬件电路故障,包括设计性错误和工艺性问题。软件系统调试是利用软件开发工具进行在线仿真调试,发现和解决硬件故障和程序错误。系统联合调试是让程序在硬件系统中运行,进行硬件系统、软件系统的联合调试,从中发现硬件系统故障或软件系统错误。

在软件开发平台上通过调试的程序,最终要在单片机中独立运行。在开发平台上运行正常的程序,在单片机中未必能够正常运行。如果不能正常运行,需要仔细查找出现问题的原因,例如,检查总线的驱动能力是否足够、接口芯片的操作时序是否匹配等。把经过修改后的程序再次写入单片机,反复运行调试,直到系统运行正常为止。

5. 程序固化

程序固化就是把经过反复调试证明是正确的、可靠的程序下载到单片机中,实现一个硬件系统与软件系统完美结合的、可以独立工作的单片机应用系统。

下载到单片机中的程序,不是用汇编语言或 C 语言编写的源程序,而是由 Keil 软件从汇编语言或 C 语言源程序编译生成的单片机可以直接运行的 HEX 文件。

　　为了便于把程序下载到单片机中,在设计单片机应用系统的硬件系统时,需要设计串行通信电路或 USB 接口电路。另外,把程序下载到单片机中,需要专用的下载器,同时,还需要在计算机中安装与下载器匹配的下载软件。

　　在单片机应用系统设计过程中,这些辅助工作都是必不可少的,读者可以参考相关的教材或辅导材料,通过实践,自己探索这些硬件模块和小软件的使用方法,不断提高自己的自学能力和实际操作能力。

6. 文件编制

　　为了方便用户使用,在设计单片机应用系统之后,需要编写配套的说明文件。说明文件不仅是设计工作的结果,也是以后使用、维护、维修的依据,还是今后进行升级设计的参考资料。因此,一定要精心编写,尽量描述清楚,保证数据、资料齐全。

　　文件包括任务描述、设计指导思想、设计方案论证、硬件资料(接插件引脚图、电路原理图、元件布局图、元件连接图、印刷电路板图等)、软件资料(程序流程图、程序功能说明、地址分配表、程序清单等)、性能测试报告、现场试用报告、使用指南等。

11.1.3　硬件系统设计需要考虑的问题

　　为了使硬件系统符合经济适用的基本要求,能够支持单片机应用系统的正常运行,同时还具有一定的可扩展性,在进行硬件系统设计时,应该重点考虑以下几个问题。

1. 单片机的选择

　　在使用单片机设计测控系统时,应该适当地选用单片机。当低档机型可以满足需要时,就不必采用高档机型。对于工作速度不高、数据处理量不大、控制过程不太复杂的场合,如常用的家用电器,选用 8 位单片机就足够了;对于工业控制、仪器仪表等,也可以选用 8 位单片机;对于实时性要求很高的控制系统,以及复杂的过程控制,如机器人、信号处理等,可以选用 16 位或 32 位单片机。

　　随着集成电路技术的飞速发展,许多原来需要扩展的外部器件都集成在单片机芯片内部,单片机本身就是一个功能强大的数字处理系统。例如,美国 Cygnal 公司生产的 8 位单片机 C8051F020,片内集成有 8 通道 ADC、两路 DAC、两路电压比较器,内置温度传感器、定时器、可编程数字交叉开关和 64 个通用 I/O 口、电源监测、看门狗、两个 UART 和一个 SPI 串行总线等。选择这样的单片机,可以省去许多外部器件的扩展工作,减少设计的工作量,降低电路的复杂度。

2. 存储器的容量

　　尽量选用片内带有大容量闪烁存储器的芯片,这样可以省去扩展程序存储器的工作,减少芯片的数量,缩小电路板的面积。例如,Atmel 公司的单片机 89C51/89C52/89C55,片内分别带有 4KB、8KB、20KB 的闪烁存储器;Philips 公司的 89C58,片内带有 32KB 的闪烁存储器。如果芯片的片内 ROM 不足,就需要扩展外部 ROM 芯片,此时,应该尽量选用容量大的 E^2 PROM 芯片。

　　AT89C51 内部 RAM 的存储单元有限,为了增强数据处理功能,就需要扩展外部 RAM 芯片,如 6264、62256 等。如果处理的数据量大,需要更大的数据存储器空间,可以选用数据存储器芯片 DS12887,其容量为 256KB,内有锂电池保护,保存数据可达 10 年以上。

3. 预留 I/O 端口

单片机应用系统的样机研制出来之后,在进行现场试用时,往往会发现一些被忽视的问题,而这些问题又不能单靠软件措施来解决。例如,有新的信号需要采集,就必须增加输入端;新添外部器件需要控制,就必须增加输出端。如果在硬件设计之初就预留一些 I/O 端口,这些问题就会迎刃而解了。

4. 预留 A/D 和 D/A 通道

与预留 I/O 端口的情况类似,预留一些 A/D 和 D/A 通道,可能为将来的系统扩展带来方便,使所设计的硬件系统更加具有生命力。

5. 以软代硬

对于单片机应用系统的某个功能,只要软件能够实现且满足性能要求,原则上就不用硬件来实现,因为硬件多了,会增加成本,还会增加系统的故障概率。由于在软件执行过程中需要消耗 CPU 的工作时间,因此,以软带硬的处理方法可能会造成系统实时性能的下降。在实时性要求不高的场合,可以考虑这种处理方法。

6. 设计工艺

为了便于使用和维护,在制造单片机应用系统实物时,必须考虑机箱、面板、配线、接插件等安装、调试、维修的方便。另外,还需要采取一定的硬件抗干扰措施,以提高系统的可靠性、稳定性和鲁棒性。

11.1.4　软件系统设计需要考虑的问题

一般来说,软件的功能分为两大类。一类是执行功能,完成某种具体任务,如测量、计算、显示、打印、输出控制等;另一类是监控功能,用来协调各执行模块之间的关系,在软件系统中起组织调度的作用。在进行单片机应用系统设计时,软件系统设计和硬件系统设计应该统筹考虑。当硬件系统的电路定型之后,软件系统设计的任务也就明确了。在进行软件系统设计时,设计人员应该考虑以下几个方面的问题。

1. 软件的总体结构

设计者在设计软件系统时,应该根据软件的功能要求,将软件分成若干个相对独立的模块,设计出清晰、简洁、流程合理的总体结构。

2. 程序流程图

在编写程序代码之前,应该绘制程序流程图。多花一些时间来绘制程序流程图,在编写程序代码时,就可以按照程序的流程依次进行,使程序逻辑清楚,从而节约更多的时间;在调试程序时,通过单步运行程序,也容易发现程序运行的次序是否符合预设的流程。

3. 功能程序模块化

在设计单片机应用系统时,基本上使用汇编语言或 C 语言进行程序设计。汇编语言和 C 语言都不是面向对象的程序设计语言,而是面向过程的程序设计语言,因此,在进行单片机应用系统程序设计时,尽量使用模块化程序设计方法,按照各个程序段的功能,把它们设计成相对独立的子程序或函数,以便于调试、修改、调用和移植。

4. 合理分配系统资源

在进行单片机应用系统程序设计时,应该合理分配 ROM、RAM、定时器/计数器、中断源等系统资源。

5. 软件抗干扰设计

如果单片机应用系统在噪声环境下运行,那么,除了采用硬件抗干扰措施外,还可以采用软件抗干扰措施,增强系统的抗干扰能力。

11.2　交通灯控制系统的设计

本节以交通灯控制系统设计为例,介绍单片机应用系统设计的步骤。通过本节的学习,全面了解一个十字路口交通灯控制系统的运行过程,学习方案论证的方法,学会分析一个十字路口交通灯控制系统的功能要求,掌握设计硬件系统的技术,掌握设计软件系统的方法,熟悉单片机应用系统的调试、运行、改进、优化等过程,掌握编写配套说明文件的方法。

例 11.1　基于 Proteus 仿真平台,采用 AT89C51 作为核心控制芯片,辅以必要的外围器件,设计一个十字路口交通灯控制系统。

11.2.1　方案论证

1. 系统工作状态

通过对一个十字路口交通控制系统实际运行情况进行观察、分析可知,交通灯控制系统主要有两种工作状态。

(1) 正常工作状态。无急救车时,信号灯按正常时序运行。系统启动后,从初始状态开始运行。南北路口的绿灯亮,东西路口的红灯亮,南北方向车辆、行人通行,东西方向车辆、行人禁行;延时一段时间后,南北路口的绿灯熄灭,黄灯开始闪烁;闪烁三次之后,南北路口红灯亮,同时东西路口的绿灯亮,东西方向车辆、行人通行,南北方向车辆、行人禁行;延时一段时间后,东西路口的绿灯熄灭,黄灯开始闪烁;闪烁三次之后,回到初始状态,即南北路口的绿灯亮,东西路口的红灯亮,南北方向车辆、行人通行,东西方向车辆、行人禁行。周而复始,不断重复以上过程。

(2) 特殊工作状态。当有消防车、救护车、警车等急救车到来时,系统的正常工作状态就被打断了。为了保证急救车能快速通过,各个方向绿灯熄灭,红灯亮,并延时一定时间。急救车过后,信号灯恢复到被打断时的正常工作状态。

2. 系统功能需求

从上面的系统工作状态分析可知,交通灯控制系统应该具有如下功能。

(1) 控制东、西、南、北四个方向信号灯的亮/灭、数码管的显示,实现对交通灯控制系统正常工作状态和急救车到达时的特殊工作状态的控制。

(2) 具有一般十字路口机动车道交通灯的指示功能,红灯与绿灯交替点亮,从绿灯切换到红灯时,黄灯点亮。

(3) 具有一般十字路口人行横道交通灯的指示功能,红灯与绿灯交替点亮。

(4) 如果在某个方向有急救车到来,交通灯控制系统允许急救车优先通行,处理完紧急情况之后,交通灯控制系统恢复到被打断时的正常运行状态。

3. 系统设计方案

为了实现交通灯控制系统的功能,提出如下设计方案。

（1）硬件系统设计。以 AT89C51 为控制核心，以发光二极管作为机动车道和人行横道的交通指示灯，用数码管显示机动车道交通指示灯切换的剩余时间。单片机发出控制信号，利用单片机的 I/O 端口传送控制信号，控制交通信号灯的亮/灭、数码管的显示。以外部中断 $\overline{INT0}$ 模拟有急救车到来的情况，并且在外部中断服务函数中对各个方向的信号灯、数码管进行控制。

（2）软件系统设计。设计 C 语言程序，实现交通灯切换、交通灯切换倒计时显示、处理紧急情况等功能。

（3）硬件系统与软件系统的联合调试。把程序下载到单片机中，在交通灯控制系统的硬件系统中调试程序，检查程序的正确性、稳定性与鲁棒性，根据调试、运行的结果，对硬件系统和软件系统进行改进和优化。

11.2.2　硬件系统设计

1. 单片机引脚划分

在本例中，单片机 AT89C51 是整个系统的控制核心，需要控制的引脚比较多，因此，硬件系统设计的关键是合理分配单片机的引脚。单片机引脚划分如下。

（1）用两个共阳极数码管显示交通灯切换倒计时的两位数字。由于本系统需要的数码管比较多，AT89C51 的引脚不够，因此，数码管采用动态显示方式。P2.0、P2.1 分别连接两个数码管的位选信号引脚 1、2。

（2）P0.0～P0.6 分别连接数码管的段码引脚 A、…、G，数码管的段码引脚 DP 悬空。

（3）P2.2～P2.4 用于控制东西方向机动车道的信号灯，P2.2 控制红灯，P2.3 控制黄灯，P2.4 控制绿灯。P2.5～P2.7 用于控制南北方向机动车道的信号灯，P2.5 控制红灯，P2.6 控制黄灯，P2.7 控制绿灯。

（4）P3.4、P3.5 用于控制东西方向人行横道的信号灯，P3.4 控制红灯，P3.5 控制绿灯。P3.6、P3.7 用作控制南北方向人行横道的信号灯，P3.6 控制红灯，P3.7 控制绿灯。

（5）P3.2 是外部中断信号的输入口，通过按键 K1 接地，用于模拟有急救车到来时的紧急情况。

（6）V_{CC} 接 5V 直流电源，GND 接地，RST 连接复位电路，XTAL1、XTAL2 连接时钟电路。

2. 仿真电路原理图

根据一个十字路口交通灯控制系统的功能要求，以及单片机引脚的划分，基于 Proteus 仿真平台，设计一个十字路口交通灯控制系统的仿真电路原理图，如图 11.1 所示。为了简化仿真电路原理图，这里省略了电源电路、复位电路和晶振电路。

11.2.3　软件系统设计

1. 软件系统功能分析

通过对交通灯控制系统实际应用的观察与调研，分析软件系统的功能需求。

（1）关于十字路口类型的假设。在城市道路中，十字路口有多种类型，可以是两条主干道的交叉口，可以是两条次干道的交叉口，还可以是一条主干道与一条次干道的交叉口，甚至还有其他类型。本例假设十字路口是两条主干道的交叉口，两个方向的交通具有相同的

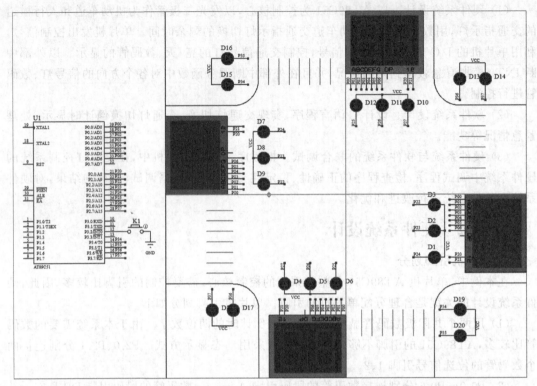

图 11.1　一个十字路口交通灯控制系统的仿真电路原理图

重要性,两个方向交通灯信号切换的延时时间相等。基于这个假设所建立的交通模型简单易懂,比较容易实现。至于其他类型的十字路口,只要在本模型的基础上修改一下交通灯信号切换的延时时间,就可以得到与之匹配的交通灯控制系统了。

（2）关于交通灯切换周期的假设。在现实道路的十字路口交通灯控制系统中,十字路口交通灯的切换周期长短不一,基本上都在 3min 左右。在本例建立的交通模型中,为了便于观察实验结果,节省调试时间,假设十字路口交通灯切换周期为 60s。虽然该假设与实际情况不完全符合,但是,这不会影响对实际问题的模拟效果。如果希望把本交通模型应用到现实之中,只需对切换周期稍加调整即可。

（3）从生活经验得知,在一个十字路口,同一方向的机动车道与人行横道的信号灯切换时刻是不一致的。在一个方向,行人和车辆可以同时放行,但是,由于行人的速度相对较慢,为了保证行人的安全,行人应该比车辆先禁行。

（4）在机动车道从绿灯切换到红灯时,起步线后面的机动车速度快,危险性大,因此,机动车道从绿灯切换到红灯前,应该设置黄灯点亮,提示起步线后面的司机注意减速、停车;而在机动车道从红灯切换到绿灯时,机动车刚刚起步,速度慢,危险性不大,因此,机动车道从红灯切换到绿灯前,不必设置黄灯点亮。

（5）由于行人的速度比较慢,因此,人行横道信号灯切换时,不必设置黄灯点亮。

（6）当某个方向出现消防车、急救车、警车到来等紧急情况时,应该及时处理紧急情况,然后系统再回到正常状态继续运行。

2. 主程序的结构

根据交通灯控制系统的功能要求,制定交通灯控制系统的控制策略。如果没有消防车、急救车、警车到来,那么,系统处于正常工作状态;当某个方向出现消防车、急救车、警车到来等紧急情况时,外部中断源向 CPU 发出中断请求,CPU 响应中断请求,调用中断服务函数。主程序的结构如图 11.2 所示。

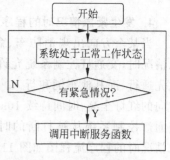

图 11.2　主程序的结构

3. 系统正常运行的程序流程

当系统处于正常工作状态时,可以在时间轴上设置各个指示灯和数码管在不同时刻的显示状态,得到交通灯控制系统正常运行的时序,如表 11.1 所示。

表 11.1　交通灯控制系统正常运行的时序

控制对象	时　间　轴					
	0s	4s	31s	34s	61s	64s
南北方向机动车道	初始化,四个方向全亮红灯,人行道亮红灯,数码管显示 88	绿灯亮,数码管显示 30	黄灯闪,数码管显示 3	红灯亮,数码管显示 30	红灯亮,数码管显示 3	绿灯亮,数码管显示 30
南北方向人行横道		绿灯亮	红灯亮	红灯亮	红灯亮	绿灯亮
东西方向机动车道		红灯亮,数码管显示 30	红灯亮,数码管显示 3	绿灯亮,数码管显示 30	黄灯闪,数码管显示 3	红灯亮,数码管显示 30
东西方向人行横道		红灯亮	红灯亮	绿灯亮	红灯亮	红灯亮

把交通灯控制系统正常运行的时序用图形表示,就得到交通灯控制系统正常运行的程序流程图,如图 11.3 所示。

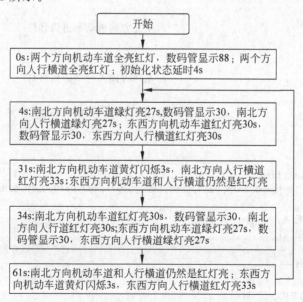

图 11.3　交通灯控制系统正常运行的程序流程图

4. 发生紧急情况时的程序流程

当某个方向出现消防车、急救车、警车到来等紧急情况时，交通灯控制系统允许消防车、急救车、警车优先通行，而其他车辆和行人一律禁行，即东西、南北方向的红灯全亮，时间持续 10s。紧急情况处理之后，交通灯控制系统从被打断的时刻继续执行。发生紧急情况时的程序流程图如图 11.4 所示。

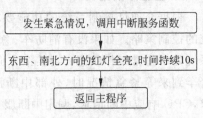

图 11.4　发生紧急情况时的程序流程图

5. 交通灯控制系统的程序

根据交通灯控制系统正常运行的程序流程图和发生紧急情况时的程序流程图，在 Keil μVision5 中编写一个十字路口交通灯控制系统的 C 语言程序。

程序的执行需要基于不同的时间，例如，信号灯的切换时间、数码管显示的刷新时间等。在程序执行过程中，这些时间的长短与单片机的时钟频率有关。这里，把单片机的时钟频率设置为 12MHz。另一方面，对这些时间的精确度要求也不一样，例如，信号灯的切换时间应该比较精确，而数码管显示的刷新时间就不必那么精确了。在具体设计时，用定时器 T0 来实现信号灯的切换时间，用延时函数来实现数码管显示的刷新时间。

综上所述，得到一个十字路口交通灯控制系统的 C 语言程序如下。

```c
#include <reg51.h>
#define uint unsigned int
#define uchar unsigned char

sbit P20 = P2^0;                    //数码管位选信号
sbit P21 = P2^1;
sbit WE_R = P2^2;                   //东西方向机动车道信号灯
sbit WE_Y = P2^3;
sbit WE_G = P2^4;
sbit NS_R = P2^5;                   //南北方向机动车道信号灯
sbit NS_Y = P2^6;
sbit NS_G = P2^7;
sbit WE_r = P3^4;                   //东西方向人行横道信号灯
sbit WE_g = P3^5;
sbit NS_r = P3^6;                   //南北方向人行横道信号灯
sbit NS_g = P3^7;

int i,j;
uchar k,m,n,r,count,time;
uchar code table[] = {0xc0,0xf9,0xa4,0xb0,0x99,0x92,0x82,0xf8,0x80,0x90};

/* 毫秒级延时函数 */
void delay_ms(uint a)
{
  for(i = a;i > 0;i--)
  {
    for(j = 300;j > 0;j--);
  }
}
```

```
/* 系统初始化函数 */
void initial(void)
{
  WE_R = 0;WE_Y = 1;WE_G = 1;NS_R = 0;NS_Y = 1;NS_G = 1;
  //机动车道东西方向红灯,南北方向红灯
  WE_r = 0;WE_g = 1;NS_r = 0;NS_g = 1;           //人行横道东西方向红灯,南北方向红灯
  for(k = 40;k > 0;k-- )
  {
    P20 = 0;P21 = 1;                             //数码管个位显示 8
    P0 = table[0x80];
    delay_ms(20);
    P20 = 1;P21 = 0;                             //数码管十位显示 8
    P0 = table[0x80];
    delay_ms(20);
  }
  TR0 = 1;                                       //启动定时器 T0
}

/* 交通灯控制系统正常运行函数 */
void normal(uint t)
{
  if(t < 30)
  {
    if(t < 27)                                   //延时 27s
    {
      WE_R = 0;WE_Y = 1;WE_G = 1;NS_R = 1;NS_Y = 1;NS_G = 0;
      //机动车道东西方向红灯,南北方向绿灯
      WE_r = 0;WE_g = 1;NS_r = 1;NS_g = 0;   //人行横道东西方向红灯,南北方向绿灯
    }
    else                                         //延时 3s
    {
      WE_R = 0;WE_Y = 1;WE_G = 1;NS_R = 1;NS_Y = 0;NS_G = 1;
      //机动车道东西方向红灯,南北方向黄灯
      WE_r = 0;WE_g = 1;NS_r = 0;NS_g = 1;   //人行横道东西方向红灯,南北方向红灯
    }
    for(m = 1;m > 0;m-- )
    {
      if((30 - t)/10)                            //有两位数字时,数码管显示十位与个位
      {
        P20 = 1;P21 = 0;                         //数码管十位显示
        P0 = table[(30 - t)/10];
        delay_ms(20);
      }
      P20 = 0;P21 = 1;                           //数码管个位显示
      P0 = table[(30 - t) % 10];
      delay_ms(20);
    }
  }
  else
  {
    if(t < 57)                                   //延时 27s
    {
      WE_R = 1;WE_Y = 1;WE_G = 0;NS_R = 0;NS_Y = 1;NS_G = 1;
      //机动车道东西方向绿灯,南北方向红灯
```

```
        WE_r = 1;WE_g = 0;NS_r = 0;NS_g = 1;    //人行横道东西方向绿灯,南北方向红灯
      }
      else                            //延时 3s
      {
        WE_R = 1;WE_Y = 0;WE_G = 1;NS_R = 1;NS_Y = 1;NS_G = 1;
        //机动车道东西方向黄灯,南北方向红灯
        WE_r = 0;WE_g = 1;NS_r = 0;NS_g = 1;    //人行横道东西方向红灯,南北方向红灯
      }
      for(n = 1;n > 0;n -- )
      {
        if((60 - t)/10)                //有两位数字时,数码管显示十位与个位
        {
          P20 = 1;P21 = 0;             //数码管十位显示
          P0 = table[(60 - t)/10];
          delay_ms(20);
        }
        P20 = 0;P21 = 1;               //数码管个位显示
        P0 = table[(60 - t) % 10];
        delay_ms(20);
      }
    }
  }

/ * INT0 中断服务函数,处理紧急情况 * /
void int0(void) interrupt 0
{
  WE_R = 0;WE_Y = 1;WE_G = 1;NS_R = 0;NS_Y = 1;NS_G = 1;
  //机动车道东西方向红灯,南北方向红灯
  WE_r = 0;WE_g = 1;NS_r = 0;NS_g = 1;          //人行横道东西方向红灯,南北方向红灯
  for(r = 9;r > 0;r -- )                        //延时 10s,数码管从 9 倒计时
  {
    P20 = 0;P21 = 1;                            //数码管个位显示
    P0 = table[r];
    delay_ms(400);
  }
}

/ * T0 中断服务函数,实现 60s 计时 * /
void T0_int(void) interrupt 1
{
  TH0 = (65536 - 50000)/256;                    //50µs 定时
  TL0 = (65536 - 50000) % 256;
  count++;
  if(count == 20)                               //1s 时间到
  {
    count = 0;
    time++;
  }
  time % = 60;                                  //系统运行周期为 60s
}

void main(void)
{
  TMOD = 0x01;                                  //T0 为 16 位定时方式
```

```
THO = (65536 - 50000)/256;                  //50μs
TLO = (65536 - 50000) % 256;
EA = 1;                                      //所有中断开
EXO = 1;                                     //INT0 中断开
IT0 = 1;                                     //INT0 中断采用跳沿触发方式
ET0 = 1;                                     //T0 中断开
initial();                                   //系统初始化
while(1)
{
    normal(time);                            //交通灯控制系统正常运行
}
```

11.2.4　系统调试

在 Proteus 仿真平台,设计交通灯控制系统的仿真电路原理图;在 Keil 软件,由 C 语言程序生成 HEX 文件;在 Proteus 仿真平台,对电路原理图和控制程序进行联合调试。交通灯控制系统的仿真运行界面如图 11.5 所示。

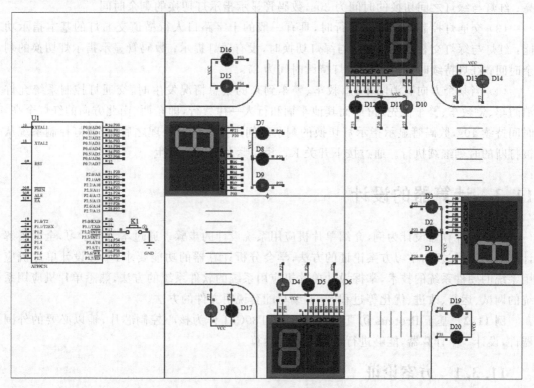

图 11.5　交通灯控制系统的仿真运行界面

在 Proteus 仿真平台,对交通灯控制系统进行了大量的实验与测试,包括交通灯控制系统正常运行的状态、发生紧急情况时的处理结果、交通灯切换的时间延时、数码管显示、机动车道与人行横道的协调控制等。根据仿真实验的观察结果,对硬件系统和软件系统进行了反复的修改与优化。最后的实验结果证明,交通灯控制系统的硬件系统、软件系统都是正确的,实现了预期的各项功能。

11.2.5　程序固化

本例设计的交通灯控制系统是在 Proteus 仿真平台完成的,没有制成实物,因此,不需要把程序固化到单片机中。

11.2.6　文件编制

交通灯控制系统的任务描述、设计方案论证、硬件资料、软件资料、性能测试等已经在前面详细叙述过了,这里不再重述。下面是交通灯控制系统的使用说明书。

(1) 交通灯控制系统以 AT89C51 为控制核心,以发光二极管作为机动车道和人行横道的交通指示灯,用数码管显示机动车道交通指示灯切换、人行横道交通指示灯切换的剩余时间。

(2) 交通灯控制系统正常运行时,具有一般的十字路口机动车道交通灯的基本指示功能:红灯与绿灯交替点亮;从绿灯切换到红灯时,黄灯点亮;从红灯切换到绿灯时,黄灯不亮;红灯与绿灯之间切换的时间为 30s,数码管显示指示灯切换的剩余时间。

(3) 交通灯控制系统正常运行时,具有一般的十字路口人行横道交通灯的基本指示功能:红灯与绿灯交替点亮;红灯与绿灯切换时,没有黄灯提示;数码管显示指示灯切换的剩余时间;红灯持续时间为 33s,绿灯持续时间为 27s。

(4) 当某个方向有消防车、急救车、警车到来的紧急情况发生时,交通灯控制系统允许消防车、急救车、警车优先通行,而其他车辆和行人一律禁行,即东西、南北方向的红灯全亮,时间持续 10s,数码管显示指示灯切换的剩余时间。紧急情况处理之后,交通灯控制系统从被打断的时刻继续执行。通过按下开关 K1,模拟紧急情况的发生。

11.3　计算器的设计

本节以计算器设计为例,介绍单片机应用系统设计的步骤。通过本节的学习,全面了解计算器的运行过程,学习方案论证的方法,学会分析计算器的功能要求,掌握设计单片机应用系统的硬件系统的技术,掌握设计单片机应用系统的软件系统的方法,熟悉单片机应用系统的调试、运行、改进、优化等过程,掌握编写配套说明文件的方法。

例 11.2　基于 Proteus 仿真平台,采用 AT89C51 作为核心控制芯片,辅以必要的外围器件,设计一个计算器,能够进行整数的四则运算。

11.3.1　方案论证

1. 系统工作状态

通过对计算器的实际运行情况进行观察、分析可知,当计算器启动之后,能够进行两个整数的加、减、乘、除四则运算,用 LCD 显示输入的运算数、输出的计算结果,运算结束后,可以进行清屏操作。

2. 系统功能需求

从上面的系统工作状态分析可知,计算器应该具有如下功能。

(1) 以单片机作为计算和控制核心,实现两个整数的加、减、乘、除四则运算。

（2）用矩阵键盘作为输入设备和控制设备，可以输入十个阿拉伯数字、四种算术运算符、等号，一个按键实现清屏功能。

（3）用液晶显示器显示运算数、运算符和计算结果。

3. 系统设计方案

为了实现计算器的功能，提出如下设计方案。

（1）硬件系统设计。以 AT89C51 为控制核心，以 4×4 矩阵键盘作为输入设备，以 LCD1602 作为显示器，设计计算器的硬件系统。

（2）软件系统设计。用 C 语言设计计算器的控制程序，实现矩阵键盘输入、LCD1602 显示、两个整数的四则运算、LCD 清屏等功能。

（3）硬件系统与软件系统的联合调试。把程序下载到单片机中，在计算器的硬件系统中调试程序，检查程序的正确性、稳定性与鲁棒性，根据调试、运行的结果，对硬件系统和软件系统进行改进和优化。

11.3.2　硬件系统设计

1. 单片机引脚划分

在本例中，以单片机 AT89C51 作为计算器的控制核心，以集成式 4×4 矩阵键盘作为输入设备，以液晶显示器 LCD1602 作为显示器，单片机引脚划分如下。

（1）LCD1602 有 16 个引脚，除去电源引脚、背光亮度调节引脚，还有 8 位数字引脚和 3 位控制引脚。背光亮度调节引脚通过一个 10kΩ 可调电阻与 V_{CC} 相连，P0.0～P0.7 连接 8 位数字引脚，P2.0～P2.2 分别连接 3 位控制引脚 RS、RW 和 E。

（2）P1.0～P1.3 连接矩阵键盘的行线引脚，P1.4～P1.7 连接矩阵键盘的列线引脚。

（3）V_{CC} 接 5V 直流电源，GND 接地，RST 连接复位电路，XTAL1、XTAL2 连接时钟电路。

2. 仿真电路原理图

根据计算器的功能要求，以及单片机引脚的划分，基于 Proteus 仿真平台，设计计算器的仿真电路原理图，如图 11.6 所示。为了简化仿真电路原理图，这里省略了电源电路、复位电路、晶振电路和 LCD1602 背光亮度调节电路。

11.3.3　软件系统设计

1. 软件系统功能分析

通过对计算器实际应用的观察与调研，分析软件系统的功能需求。

（1）矩阵键盘扫描。键盘采用 4×4 矩阵键盘，共 16 个按键。矩阵键盘的 4 个行线引脚连接到单片机的 P1.0～P1.3，矩阵键盘的 4 个列线引脚连接到单片机的 P1.4～P1.7。对 16 个按键进行编码，通过扫描 P1 的 8 个引脚的电平，可以确定按键的键值。

（2）运算数据处理。根据按键的键值，判断按键是数字、运输符、等号或清屏符号，针对不同情况，进行相应的处理。

（3）LCD1602 驱动。依据 LCD1602 的工作时序和常用指令，编写 LCD1602 的驱动程序，结合按键情况、数据处理情况，显示相应的内容。

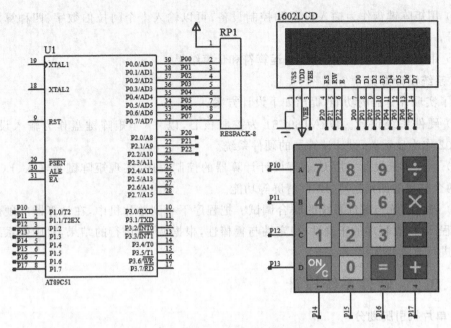

图 11.6 计算器的仿真电路原理图

2. 计算器工作的程序流程图

计算器根据按键的类型进行相应的处理,计算器工作的程序流程图如图 11.7 所示。

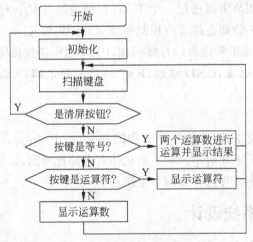

图 11.7 计算器工作的程序流程图

3. 计算器的程序

根据计算器工作的程序流程图,在 Keil μVision5 中编写了计算器的 C 语言程序。

```
# include < reg51. h >
# include < stdio. h >
# include < math. h >


typedef unsigned int uint;
typedef unsigned char uchar;
```

```
sbit RS = P2^0;                    //数据命令选择端口
sbit WR = P2^1;                    //读/写命令选择端口
sbit EN = P2^2;                    //使能端
uchar i,j,k,a,b;
int c;
uchar ka, temp, temp2, key = -1, key_count = -1;   //键盘扫描变量
uchar flag_data1 = 1;              //运算数 1 正在输入标志位
uchar flag_data2 = 0;              //运算数 2 正在输入标志位
uchar flag_count = 0;              //运算数计数标志位
uchar flag_fuhao;                  //运算符标志位
uchar flag_fushu;                  //负数标志位
uchar flag_dengyu;                 //等号存在标志:多次累加时避免重复出现等号
uchar flag_shuru = 0;              //数据输入标志位:运算结果后再按下数字键时的标志
uchar flag_jieguoqingchu = 0;      //结果清除标志位,高位清除
uchar flag_data2_youxiao;          //运算数 2 输入标志位
float data_z;                      //运算数
signed long int data1,data2,datax_1;
signed long int data_zz;           //整数部分

uchar code err1[] = "Error! 0 can't";    //输入错误提示
uchar code err2[] = "be the divisor!";
uchar code table1[] = "Tips:Lack the";   //输入不规范提示
uchar code table2[] = "first operand!";
uchar code table3[] = "Tips:Lack the";   //输入不规范提示
uchar code table4[] = "second operand!";

int datax[10] = {0,0,0,0,0,0,0,0,0,0};
int datax_count = 0;

void delay(uchar i)
{
  for(j = i;j > 0;j-- )
    for(k = 125;k > 0;k-- );
}

/ * 1ms 延时程序 * /
void delay1ms()
{
  for(a = 10;a > 0;a-- )
    for(b = 225;b > 0;b-- );
}

/ * n ms 延时函数 * /
void delaynms( int n)
{
  for(c = 0;c < n;c++)
  {delay1ms();}
}

/ * 向 LCD1602 写命令 * /
void write_com(uchar com)
{
  P0 = com; RS = 0;
  EN = 0; delaynms(1); EN = 1; delaynms(1); EN = 0;
```

```
}

/ * 向 LCD1602 写数据 * /
void write_date(uchar date)
{
    P0 = date; RS = 1;
    EN = 0; delaynms(1); EN = 1; delaynms(1); EN = 0;
}

/ * LCD1602 初始化 * /
void init()
{
    WR = 0;
    write_com(0x38); delaynms(1);          //显示模式设置,8 位数据接口
    write_com(0x0f); delaynms(1);          //开显示,显示光标,光标闪烁
    write_com(0x06); delaynms(1);          //读/写一个字符后,地址指针、光标加 1
    write_com(0x01); delaynms(1);          //显示器清屏
}

/ * 按键扫描函数 * /
void keyboard(void)
{
    for(i = 0;i < 4;i++)                    //逐行扫描 4 行按键
    {
        ka = ~(1 << i);
        P1 = ka; delay(10);                //输出扫描信号
        temp = P1;                         //延时后读取当前 P1 数值
        if(temp!= ka)                      //判断 P1 数值是否有变化,有变化则有按键按下
        {
            temp2 = temp;
            temp2& = 0xf0;                 //取 P1 的高 4 位中为 1 的位
            while(temp!= ka){temp = P1;}
            delay(10);
            temp = P1;
            switch(temp2)                  //根据高 4 位的数值,判断键值
            {
                case 0xe0: key = i * 4 + 0; break;
                case 0xd0: key = i * 4 + 1; break;
                case 0xb0: key = i * 4 + 2; break;
                case 0x70: key = i * 4 + 3; break;
            }
            key_count = key;
        }
    }
    key = - 2;
}

/ * 运算初始化函数 * /
void flag_clear(void)
{
    flag_data1 = 1;                        //数据 1 标志置 1
    flag_data2 = 0;                        //数据 2 标志清 0
    flag_fuhao = 0;                        //符号标志清 0
    flag_fushu = 0;                        //负数标志清 0
```

```
    flag_dengyu = 0;                        //等号标志位
    flag_shuru = 0;                         //运算一次后,输入数字键标志位
    flag_jieguoqingchu = 0;                 //结果位数清 0 标志位
    data1 = 0;                              //数据 1 清 0
    data2 = 0;                              //数据 2 清 0
    data_z = 0;                             //结果数据清 0
    flag_data2_youxiao = 0;                 //data2 数据输入标志位清 0
    flag_count = 0;
    datax_count = 0;
}

/ * 数字处理函数 * /
void Digital(void)
{
    if(flag_shuru)                          //判断按下此按键时,是否已经运算一次得到结果
    {
        init();
        flag_clear();
    }
    write_date((key_count + '0'));          //显示器输入按下的数字
    if(flag_data1){data1 = data1 * 10 + key_count;}
    if(flag_data2)                          //判断当前是否是数据 2
    {
        flag_data2_youxiao = 1;
        data2 = data2 * 10 + key_count;
    }
    flag_count += 1;
}

/ * 运算符处理函数 * /
void yunsuanfu(int fuhao)
{
    if(flag_count == 0||flag_fuhao!= 0)     //第一个数未输入,或者运算后又按运算符
    {
        if(flag_fuhao!= 0);                 //运算后再按运算符,不做处理
        else
        {
            init();
            for(i = 0;i < 16;i++){write_date(table1[i]);}   //提示输入第一个数
            write_com(0xc0); delaynms(1);
            for(i = 0;i < 16;i++){write_date(table2[i]);}
            write_com(0x0c);                //光标去除
            delaynms(1000);
            init();
        }
    }
    else                                    //正常符号的显示与运行
    {
        switch(fuhao)
        {
            case 1: write_date(' + '); break;
            case 2: write_date(' - '); break;
            case 3: write_date(' * '); break;
            case 4: write_date('/'); break;
```

```
          default:break;
      }                                      //LCD 写入运算符号
    flag_fuhao = fuhao;                      //符号对应的标志位
    data2 = 0;                               //data2 写入前清 0
    flag_data1 = 0; flag_data2 = 1;          //data1 输入结束,data2 输入开始
    flag_dengyu = 0;                         //上一次运算的等于号已经清除,这次运算还需加等号
    flag_count = 0;                          //第一个数,按键 count 清 0
  }
}

/ * 运算函数 * /
void operation(void)
{
  switch(key_count)                          //判断键值
  {
    case 0: key_count = 7; Digital(); break;  //数字输入键
    case 1: key_count = 8; Digital(); break;
    case 2: key_count = 9; Digital(); break;
    case 4: key_count = 4; Digital(); break;
    case 5: key_count = 5; Digital(); break;
    case 6: key_count = 6; Digital(); break;
    case 8: key_count = 1; Digital(); break;
    case 9: key_count = 2; Digital(); break;
    case 10: key_count = 3; Digital(); break;
    case 13: key_count = 0; Digital(); break;
    case 12: init();flag_clear(); break;     //清除键
    case 3: yunsuanfu(4); break;             //除法键
    case 7: yunsuanfu(3); break;             //乘法键
    case 11: yunsuanfu(2); break;            //减法键
    case 15: yunsuanfu(1); break;            //加法键
    case 14:                                 //等于键
    if(flag_count == 0&&flag_dengyu == 0)    //第二个数未输入且未按等号
    {
      init();
      if(flag_data2 == 1)                    //按到第二个数
      {
        for(i = 0;i < 16;i++){write_date(table3[i]);}
        write_com(0xc0); delaynms(1);
        for(i = 0;i < 16;i++){write_date(table4[i]);}
        write_com(0x0c);                     //光标去除
        delaynms(1000);
        init();
        datax_1 = data1;                     //用于计算第一个数的位数
        datax_count = 0;
        while(datax_1!= 0)                   //计算位数
        {
          datax[datax_count] = datax_1 % 10;
          datax_1 = datax_1/10;
          datax_count++;
        }
        for(i = datax_count;i > 0;i -- )
        write_date(datax[i - 1] + '0');
        switch(flag_fuhao)                   //输出运算符号
        {
```

```
      case 1: write_date(' + '); break;
      case 2: write_date(' - '); break;
      case 3: write_date(' * '); break;
      case 4: write_date('/'); break;
      default:break;
    }                                              //运算符号标志位重置
    data2 = 0;                                      //data2 写入前清 0
    flag_data1 = 0; flag_data2 = 1;                 //data1 输入结束,data2 输入开始
    flag_dengyu = 0;
    flag_count = 0;
    flag_shuru = 0;
    for(i = 0; i < = datax_count; i++)
    {datax[datax_count] = 0;}                       //临时数组清除
  }
  else                                              //若第一个数没输入就按等号,提示输入第一个数
  {
    for(i = 0; i < 16; i++){write_date(table1[i]);}
    write_com(0xc0); delaynms(1);
    for(i = 0; i < 16; i++){write_date(table2[i]);}
    write_com(0x0c);                                //光标去除
    delaynms(1000);
    init();
  }
}
else                                                //正常等于号
{
  if((data2 == 0)&&(flag_fuhao == 4)&&flag_count!= 0)   //除数为 0 报错
  {
  init();
  for(i = 0; i < 16; i++){write_date(err1[i]);}
  write_com(0xc0); delaynms(1);
  for(i = 0; i < 16; i++){write_date(err2[i]);}
  }
  else                                              //进行四则运算,显示运算结果
  {
    if(flag_dengyu == 0){write_date(' = '); }       //显示等号
    flag_dengyu = 1;
    write_com(0xc0 + 15); delaynms(1);              //光标跳到第二行最后
    write_com(0x04);                                //写入 DDRAM 后,地址指针减 1
    for(i = 0; i < = flag_jieguoqingchu; i++){write_date(' ');}
    //根据上次运算结果的位数,清除显示的内容
    flag_jieguoqingchu = 0;
    write_com(0xc0 + 15); delaynms(1);              //光标跳到第二行最后
    write_com(0x04);                                //写入 DDRAM 后,地址指针减 1
    switch(flag_fuhao)                              //进行 + 、- 、* 、/运算
    {
      case 1: data_z = data1 + data2; break;
      case 2: data_z = data1 - data2; break;
      case 3: data_z = data1 * data2; break;
      case 4: data_z = data1/data2; break;
      default:break;
    }
    if(data_z < 0){flag_fushu = 1;}
    else{flag_fushu = 0;}
```

```
        if(flag_fuhao == 0){data_z = data1;}
        if(data_z!= 0)                                   //如果结果不为 0
        {
          if(flag_fushu){ data_z = - data_z;}            //结果为负,取绝对值
          data_zz = data_z;                              //取结果整数部分
          if(data_zz!= 0)                                //整数的显示
          {
            while(data_zz!= 0)                           //从结果最后一位开始倒序输入
            {
            write_date(data_zz % 10 + '0');
            data_zz = data_zz/10;
            flag_jieguoqingchu++;
            }
          }
          else{write_date(0 + '0');}                     //若整数部分为 0,则显示 0
        }
        else{ write_date(0 + '0');}
        if(flag_fushu){ write_date(' - ');}              //若结果为负数,补上负号
      }
      write_com(0x0c);                                   //光标去除
      flag_shuru = 1;                                    //显示结果后,若写入数字标志位,则清除
      flag_count = 0;                                    //第二个数,按键 count 清 0
      }break;
      default:break;
    }
    key_count = - 1;                                     //为了不保存上一次的 key_count 值
}

void main()
{
  P0 = 0;                                                //数据初始化
  P2& = 0x07;                                            //端口初始化
  init();                                                //显示器初始化
  flag_clear();                                          //标志位初始化
  while(1)
  {
    keyboard();                                          //键盘扫描
    operation();                                         //运算处理
  }
}
```

11.3.4 系统调试

在 Proteus 仿真平台,设计计算器的仿真电路原理图;在 Keil 软件,由 C 语言程序生成 HEX 文件;在 Proteus 仿真平台,对电路原理图和控制程序进行联合调试。计算器的仿真运行界面如图 11.8 所示。

对计算器进行了大量的、反复的实验,包括整数的正常四则运算、整数的特殊四则运算等。整数的特殊四则运算包括差为负数的减法、除数为 0 的除法。

根据实验的观察结果,对硬件系统和软件系统进行修改与优化,最后的仿真结果证明,计算器的硬件系统、软件系统都是正确的,实现了预期的各项功能。

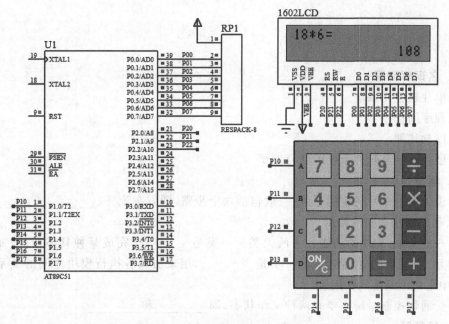

图 11.8 计算器的仿真运行界面

11.3.5 程序固化

本例设计的计算器是在 Proteus 仿真平台完成的，没有制成实物，因此，不需要把程序固化到单片机中。

11.3.6 文件编制

计算器的任务描述、设计方案论证、硬件资料、软件资料、性能测试等已经在前面详细叙述过了，这里不再重述。下面是计算器的使用说明书。

(1) 计算器以 AT89C51 作为计算和控制核心；用按键作为输入设备和控制设备，可以输入十个阿拉伯数字、四种算术运算符、等号，一个按键实现清屏功能；可以进行两个整数的加、减、乘、除四则运算；用 LCD 显示运算数、运算符、等号和运算结果。

(2) 计算器运行时，可以进行整数的正常四则运算。计算过程为：首先，输入第一个运算数；其次，按下运算符按键；接着，输入第二个运算数；最后，按下等号按键。LCD 显示完整的算式和运算结果。

(3) 在输入运算数时，不能输入负数和小数，只能输入非负整数。

(4) 如果被减数小于减数，那么差为负数；如果被除数不能被除数整除，那么商只取整数部分。

(5) 当除数为 0 时，LCD 会显示错误提示信息："Error! 0 can't be the divisor!"。

(6) 如果没有输入第一个运算数就按下运算符，LCD 会显示输入不规范提示信息："Tips：Lack the first operand!"。

(7) 在输入第一个运算数和运算符后，如果还没有输入第二个运算数就按下等号，LCD 会显示输入不规范提示信息："Tips：Lack the second operand!"。

习题

一、名词解释题

1. 单片机应用系统
2. 程序固化
3. 以软代硬
4. 硬件系统与软件系统的联合调试

二、填空题

1. 设计一个单片机应用系统,一般包括六个步骤,即方案论证、_____、_____、系统调试、程序固化和文件编制。

2. 一般来说,软件的功能分为两大类。一类是_____,完成某种具体任务,如测量、计算、显示、打印、输出控制等;另一类是_____,用来协调各执行模块之间的关系,在软件系统中起组织调度的作用。

3. 交通灯控制系统主要有两种工作状态,即_____和_____。

三、简答题

1. 简述系统调试的内涵。
2. 在设计单片机应用系统的硬件系统时,应该重点考虑哪几个问题?
3. 在设计单片机应用系统的硬件系统时,经常会以软代硬,为什么? 以软代硬有什么缺点?
4. 在设计单片机应用系统的软件系统时,应该重点考虑哪几个问题?

四、论述题

1. 试述单片机应用系统设计应该遵循的原则。
2. 试述单片机应用系统设计的步骤。

参 考 文 献

[1] 8-bit Microcontroller With 4K Bytes Flash AT89C51. Atmel,2000.

[2] 魏鸿磊.单片机原理及应用(C语言编程)[M].上海:同济大学出版社,2015.

[3] 孙宝法.单片机原理与应用[M].北京:清华大学出版社,2014.

[4] 孙宝法.微控制系统设计与实现[M].北京:清华大学出版社,2015.

[5] 苏珊,高如新,谭兴国.单片机原理与应用[M].成都:电子科技大学出版社,2016.

[6] 李全利.单片机原理及应用(C51编程)[M].北京:高等教育出版社,2012.

[7] 张毅刚,彭喜元.单片机原理与接口技术[M].北京:人民邮电出版社,2008.

[8] 李文华.单片机技术应用与系统开发[M].大连:大连理工大学出版社,2008.

[9] 陈育斌.MCS-51单片机应用实验教程[M].大连:大连理工大学出版社,2011.

[10] 周明德.单片机原理与技术[M].北京:人民邮电出版社,2008.

[11] 侯殿有.单片机C语言程序设计[M].北京:人民邮电出版社,2010.

[12] 王效华,张咏梅.单片机原理与应用[M].北京:北京交通大学出版社,2007.

[13] 田亚娟.单片机原理及应用[M].大连:大连理工大学出版社,2008.

[14] 徐爱钧.单片机应用实用教程——基于Proteus虚拟仿真[M].2版.北京:电子工业出版社,2011.

[15] 徐成,凌纯清,刘彦,等.嵌入式系统导论[M].北京:中国铁道出版社,2011.

[16] 王宜怀,曹金华.嵌入式系统设计实践——基于飞思卡尔S12X微控制器[M].北京:北京航空航天大学出版社,2011.

[17] 李春林,吴恒玉,王建华,等.电子技术[M].大连:大连理工大学出版社,2003.

[18] 查丽斌.电路与模拟电子技术基础[M].3版.北京:电子工业出版社,2015.

[19] 张伟.Protel 99 SE基础教程[M].北京:人民邮电出版社,2010.

[20] 谈世哲,王圣旭,姜茂林.Protel DXP基础与实例进阶[M].北京:清华大学出版社,2012.

[21] 高立新.Protel DXP2002电子CAD教程[M].北京:科学出版社,2014.

[22] 谷树忠,姜航,李钰.Altium Designer简明教程[M].北京:电子工业出版社,2014.

[23] 高海宾,辛文,胡仁喜.Altium Designer 10从入门到精通[M].北京:机械工业出版社,2011.

[24] 段荣霞.Altium Designer 20标准教程[M].北京:清华大学出版社,2020.

图书资源支持

感谢您一直以来对清华版图书的支持和爱护。为了配合本书的使用，本书提供配套的资源，有需求的读者请扫描下方的"书圈"微信公众号二维码，在图书专区下载，也可以拨打电话或发送电子邮件咨询。

如果您在使用本书的过程中遇到了什么问题，或者有相关图书出版计划，也请您发邮件告诉我们，以便我们更好地为您服务。

我们的联系方式：

地　　址：北京市海淀区双清路学研大厦 A 座 714

邮　　编：100084

电　　话：010-83470236　　010-83470237

客服邮箱：2301891038@qq.com

QQ：2301891038（请写明您的单位和姓名）

资源下载：关注公众号"书圈"下载配套资源。

资源下载、样书申请

图书案例

书 圈

清华计算机学堂

观看课程直播